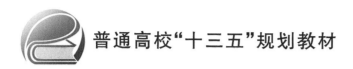

普通高校"十三五"规划教材

电子工艺基础
（第 3 版）

主　编　付　蔚　童世华
副主编　王大军　王炳鹏　郑方雄

U0245658

北京航空航天大学出版社

内 容 简 介

本书系统地介绍了电子产品工艺与实训的相关理论及应用知识,以电子产品的工艺流程为主线,介绍了电子产品设计需要掌握的理论知识、设计方法和步骤。同时介绍了典型电子工艺实训案例,具有很强的操作性。

本书共分 6 章,包括常用电子元器件的介绍、常用电子测试仪器的原理及应用、绘图原理及 PCB 制版工艺、元器件的焊接工艺、电子装配工艺、典型电子工艺实训案例,还有 4 个附录,以供参考。

本书内容全面,实例丰富,可作为高等院校电子产品工艺与实训类实验课程教材,也可作为自学者的参考书。

图书在版编目(CIP)数据

电子工艺基础 / 付蔚,童世华主编. -- 3 版. -- 北京:北京航空航天大学出版社,2018.9

ISBN 978 - 7 - 5124 - 2813 - 3

Ⅰ. ①电… Ⅱ. ①付… ②童… Ⅲ. ①电子技术－高等学校－教材 Ⅳ. ①TN

中国版本图书馆 CIP 数据核字(2018)第 195064 号

电子工艺基础(第 3 版)

主　编　付　蔚　童世华

副主编　王大军　王炳鹏　郑方雄

责任编辑　蔡　喆　周世婷

*

北京航空航天大学出版社出版发行

北京市海淀区学院路 37 号(邮编 100191)　http://www.buaapress.com.cn

发行部电话:(010)82317024　传真:(010)82328026

读者信箱:goodtextbook@126.com　邮购电话:(010)82316936

北京富资园科技发展有限公司印装　各地书店经销

*

开本:787×1 092　1/16　印张:15.25　字数:390 千字

2019 年 1 月第 3 版　2024 年 1 月第 3 次印刷　印数:4 001～4 500 册

ISBN 978 - 7 - 5124 - 2813 - 3　定价:39.00 元

若本书有倒页、脱页、缺页等印装质量问题,请与本社发行部联系调换。联系电话:(010)82317024

前　言

　　"电子工艺基础"是高等院校电子信息类专业及相关专业的一门非常重要的实践性很强的技术基础课程,是工程训练中的重要环节之一。随着当前电子技术的飞速发展和其在国民经济各行各业中的日益渗透,电子工业已成为国民经济的支柱产业。目前,社会对人才的需求,尤其是对具有创新性、实践性人才的需求越来越高,因此,要求我们在工科学生的培养方面必须加强实践环节的教学,使学生从在校期间开始熟悉电子元器件,了解电子工艺的一般知识,掌握最基本的装焊操作技能,接触电子产品的生产过程。这样,既有利于今后的专业实验、课程设计、毕业设计等,也提高了学生的实践动手能力,为毕业后从事实际工作奠定良好的基础。

　　本书是根据国家大力恢复工业制造业、推动高校生产实习基地建设、提高生产实习教学质量的文件精神以及结合编者多年实践教学经验编写的。全书共6章,以电子产品整机制造工艺为主线,分别介绍了常用电子元器件、常用电子测试仪器的原理及应用、绘图原理及PCB制版工艺、元器件的焊接工艺、电子装配工艺、典型电子工艺实训案例,还有4个附录,以供参考。通过本书的学习,能够帮助读者掌握电子产品生产、制作的基本技能,了解电子产品先进的生产工艺和生产手段。

　　本书的特色主要有如下两个方面:一、系统性:系统地以电子产品整机制造工艺为主线,结合常用元器件、常用测试仪,介绍PCB制版工作、焊接工艺和电子装配工艺,并以生动的实训案例巩固学生所学理论知识。二、实用性:本书已经在重庆、四川、广东、湖南等省市高职院校及本科院校开展了6年的实践教学。作为电子工艺基础、电装实训、电子工艺实训、课程设计/综合设计/毕业设计等理论与实践课程的指导用书,较好的发挥示范作用。

　　本书可作为高等院校电子信息类专业及相关专业的电子工艺实训教材或教学参考书,同时也可供职业教育、技术培训及有关技术人员参考。

　　本书由重庆邮电大学付蔚、童世华担任主编,王大军、王炳鹏、郑方雄担任副主编。第1章和第2章由付蔚编写;第3章由王大军、王炳鹏编写;第4章由郑方雄编写;第5章和第6章由童世华编写。研究生刘均、何雨、李克宁、赵红莹、张继柱、杨鑫宇、徐赞参与了部分资料收集工作,吕霞付、罗萍、申国勇、陈绍明老师在本书编写过程中,提出了很多宝贵意见,在此表示诚挚的谢意。本书在编写过程中,参阅了相关同类教材和资料,在此向其编者表示感谢。

　　由于电子工艺技术发展较快,加上编者的经验有限、时间仓促,书中难免有错误和不足之处,敬请各位读者批评指正。

编　者

2018 年 4 月

目　　录

第 1 章　常用电子元器件的介绍 ··· 1

　1.1　电阻元件 ·· 1

　　1.1.1　电阻的分类 ·· 1

　　1.1.2　电阻的命名方法及符号 ·· 2

　　1.1.3　电阻的性能参数 ·· 4

　　1.1.4　阻值和误差的标注方法 ·· 6

　　1.1.5　常用电阻器 ·· 7

　　1.1.6　电阻的选用 ·· 12

　1.2　电容元件 ·· 13

　　1.2.1　电容的分类 ·· 13

　　1.2.2　电容器的命名及符号 ·· 15

　　1.2.3　电容器的标注方法 ··· 16

　　1.2.4　电容器的性能参数 ··· 17

　　1.2.5　常用电容的特性 ·· 19

　　1.2.6　电容器的选用 ··· 21

　1.3　电感元件 ·· 22

　　1.3.1　电感的符号、单位及命名方法 ··· 23

　　1.3.2　电感的作用及分类 ··· 23

　　1.3.3　电感的主要特性参数 ·· 24

　　1.3.4　常用电感线圈 ··· 25

　　1.3.5　常用电感的型号和规格 ··· 25

　　1.3.6　电感的选用 ·· 26

　1.4　变压器 ··· 27

　　1.4.1　变压器的分类 ··· 27

　　1.4.2　电源变压器的特性参数 ··· 27

　1.5　半导体分立元件 ··· 28

　　1.5.1　二极管的识别与检测 ·· 28

　　1.5.2　三极管 ··· 32

　　1.5.3　场效应管 ·· 36

　1.6　光　耦 ··· 40

　1.7　光电管 ··· 40

　　1.7.1　真空光电管 ·· 40

　　1.7.2　充气光电管 ·· 41

1.7.3 光电倍增管 ··· 41

1.8 机电元件 ··· 42

1.8.1 继电器 ··· 42

1.8.2 开　关 ··· 46

1.9 集成电路 ··· 49

1.9.1 集成电路的分类 ··· 49

1.9.2 集成电路的命名 ··· 49

1.9.3 常用集成电路介绍 ·· 50

1.9.4 集成电路的检测方法 ··· 56

1.10 微处理器 ·· 56

1.10.1 常用单片机 ··· 56

1.10.2 ARM 系列单片机 ·· 57

1.10.3 看门狗电路 ··· 58

思考题 ·· 59

第 2 章　常用电子测试仪器的原理及应用 ··· 60

2.1 万用表的应用 ·· 60

2.1.1 指针式万用表 ·· 60

2.1.2 数字式万用表 ·· 61

2.2 示波器的原理及应用 ·· 63

2.2.1 模拟示波器 ·· 63

2.2.2 数字示波器 ·· 66

2.2.3 数字示波器的使用 ·· 66

2.3 信号发生器的应用 ··· 71

2.3.1 信号发生器的分类和主要质量指标 ······································· 71

2.3.2 信号发生器的使用 ·· 72

2.4 直流稳压电源的原理及应用 ·· 76

2.4.1 直流稳压电源简介 ·· 76

2.4.2 直流稳压电源的使用 ··· 77

2.5 逻辑笔的应用 ·· 81

思考题 ·· 82

第 3 章　绘图原理及 PCB 制版工艺 ··· 83

3.1 Altium Designer 内容简介 ·· 83

3.2 Altium Designer 简明使用方法 ·· 84

3.2.1 Altium Designer 的安装 ·· 84

3.2.2 新建工程 ··· 84

3.2.3 原理图设计 ·· 84

3.2.4 PCB 设计 ··· 90

　　　3.2.5　快捷键说明 ·· 92

　3.3　PCB 设计规则 ··· 94

　　　3.3.1　PCB 设计的一般原则 ·································· 94

　　　3.3.2　PCB 设计中应注意的问题 ···························· 97

　　　3.3.3　PCB 及电路抗干扰措施 ································ 98

　3.4　元器件的封装 ·· 99

　　　3.4.1　定　义 ··· 99

　　　3.4.2　元器件的封装形式 ···································· 100

　　　3.4.3　Altium Designer 元件封装库总结 ················· 102

　3.5　PCB 制版工艺 ··· 103

　　　3.5.1　PCB 的发展历史 ······································ 104

　　　3.5.2　PCB 的特点 ·· 104

　　　3.5.3　PCB 的种类 ·· 105

　　　3.5.4　PCB 的制造方法 ······································ 105

　　　3.5.5　PCB 的制造工艺 ······································ 106

　　　3.5.6　小工业制版流程 ······································ 106

　思考题 ·· 112

第 4 章　元器件的焊接工艺 ·· 113

　4.1　元器件的手工焊接技术 ·· 113

　　　4.1.1　手工焊接原理 ·· 113

　　　4.1.2　助焊剂的作用 ·· 114

　　　4.1.3　焊锡丝的组成与结构 ·································· 114

　　　4.1.4　电烙铁的基本知识 ···································· 115

　　　4.1.5　手工焊接 ··· 116

　4.2　SMT 流程 ··· 120

　　　4.2.1　焊膏印刷 ··· 120

　　　4.2.2　贴　片 ··· 121

　　　4.2.3　焊　接 ··· 121

　　　4.2.4　SMT 生产中的静电防护技术 ······················· 123

　思考题 ·· 128

第 5 章　电子装配工艺 ·· 129

　5.1　工艺文件 ·· 129

　　　5.1.1　工艺文件的作用 ······································ 129

　　　5.1.2　工艺文件的编制方法 ·································· 129

　　　5.1.3　工艺文件格式填写方法 ································ 130

　5.2　电子设备组装工艺 ·· 131

　　　5.2.1　概　述 ··· 131

5.2.2 电子设备组装的内容和方法 ……………………………………………… 131

5.2.3 组装工艺技术的发展 ……………………………………………………… 132

5.2.4 整机装配工艺过程 ………………………………………………………… 132

5.3 印制电路板的插装 ……………………………………………………………… 133

5.3.1 元器件加工(成形) ………………………………………………………… 133

5.3.2 印制电路板装配图 ………………………………………………………… 134

5.3.3 印制电路板组装工艺流程 ………………………………………………… 134

5.4 连接工艺和整机总装 …………………………………………………………… 134

5.4.1 连接工艺 …………………………………………………………………… 134

5.4.2 整机总装 …………………………………………………………………… 137

5.5 整机总装质量的检测 …………………………………………………………… 137

5.5.1 外观检查 …………………………………………………………………… 137

5.5.2 性能检查 …………………………………………………………………… 137

5.5.3 出厂试验 …………………………………………………………………… 138

思考题 ……………………………………………………………………………… 138

第 6 章 典型电子工艺实训案例 ……………………………………………………… 139

6.1 半导体收音机 …………………………………………………………………… 139

6.1.1 无线电波基础知识 ………………………………………………………… 139

6.1.2 无线电信号的传送与接收 ………………………………………………… 140

6.1.3 怎样装调收音机 …………………………………………………………… 142

6.2 万用表 …………………………………………………………………………… 162

6.2.1 万用表原理与安装实习的目的与意义 …………………………………… 162

6.2.2 指针式万用表的结构、组成与特征 ……………………………………… 162

6.2.3 指针式万用表的工作原理 ………………………………………………… 164

6.2.4 MF47 型万用表安装步骤 ………………………………………………… 167

6.3 51 单片机开发板 ………………………………………………………………… 182

6.3.1 51 单片机简介 ……………………………………………………………… 182

6.3.2 单片机开发板简介 ………………………………………………………… 185

6.3.3 硬件设计 …………………………………………………………………… 185

6.3.4 软件编程设计 ……………………………………………………………… 192

6.3.5 产品组装及测试 …………………………………………………………… 192

思考题 ……………………………………………………………………………… 195

附录 A HX108-2 型 7 管半导体收音机原理、装配、调试实例 …………………… 196

A.1 HX108-2 型 7 管半导体收音机电路原理 ……………………………………… 196

A.2 HX108-2 型 7 管半导体收音机电路原理图

A.3 电子元器件的识别、质量检验及整机装配 ……………………………………… 198

A.4 整机调试 ………………………………………………………………………… 201

A.5　故障检测 ··· 202

　　A.5.1　故障排除的一般方法 ······································ 202

　　A.5.2　HX108-2型超外差式收音机一般故障排除方法 ············· 203

附录B　TF2010型手机万能充电器原理、装配、调试实例 ············· 205

B.1　TF2010型手机万能充电器电路原理 ·························· 205

B.2　TF2010型手机万能充电器电路原理图 ······················ 205

B.3　TF2010型手机万能充电器装配图 ···························· 205

B.4　TF2010型手机万能充电器的安装及使用说明 ················· 207

附录C　51单片机开发板 ··· 209

附录D　常用电工与电子学图形符号 ·································· 219

参考文献 ·· 234

第 1 章　常用电子元器件的介绍

近年来,随着电子产品的飞速发展,智能手机、PC 机等电子产品走进了千家万户,日益充斥着人们的生活,影响和改变着人们的生活方式。然而电子产品的设计制作离不开基本的电子元器件,本章主要对常用的电子元器件进行介绍,主要包括:

- 电阻元件,包括电阻的作用、分类、命名、性能参数、选用等。
- 电容元件,包括电容的作用、分类、命名、性能参数、选用等。
- 电感元件,包括电感的作用、分类、命名、性能参数、选用等。
- 变压器的分类及特性参数。
- 半导体分立元件,包括二极管、三极管及场效应管。
- 光耦、光电管、机电元件的认识。
- 集成电路,主要包括其分类、命名、封装与引脚识别等。
- 微处理器简介,包括常用的单片机、看门狗电路等。

通过本章的学习,读者可以熟悉和了解基本电子元器件的识别、性能与选用。

1.1　电阻元件

1.1.1　电阻的分类

① 按电阻的阻值特性分类:固定电阻、可调电阻和特种电阻。固定电阻的电阻值是固定不变的,阻值的大小就是它的标称值,固定电阻器的文字符号常用字母 R 表示。阻值可变的电阻为可调电阻。特种电阻的阻值会根据一些外界因素的变化而变化,如受光影响的电阻称为光敏电阻;受外界压力影响的电阻称为压敏电阻;还有热敏电阻、气敏电阻、电敏电阻等。

② 按制造材料分类:金属膜电阻、碳膜电阻、水泥电阻、线绕电阻、薄膜电阻等。

③ 按用途分类:限流电阻、降压电阻、分压电阻、保护电阻、启动电阻、取样电阻、去耦电阻、信号衰减电阻等。

④ 按安装方式分类:插件电阻、贴片电阻。贴片电阻按形状分有两种:长方形的和圆柱形。

⑤ 按功率分类:1/16 W、1/8 W、1/4 W、1/2 W、1 W 等。

图 1-1 为电阻的分类,表 1-1 为常用电阻的外形和特点。

表 1-1　常用电阻的外形和特点

名称	碳膜电阻（RT）	金属膜电阻（RJ）	线绕电阻（RX）	金属氧化膜（RY）	水泥电阻	片状电阻	集成电阻
外形							
结构	陶瓷管架上高温沉积碳氧化合物电阻材料，通过厚度和刻槽控制阻值，表面涂有保护漆	陶瓷管架上用真空蒸发或烧渗法形成金属膜（镍铬合金），表面涂有保护漆	合金丝（康铜、锰铜或镍铬合金）绕在陶瓷管支架上，表面涂有保护漆	金属盐溶液在陶瓷管架上水解沉积成膜而成	将电阻线绕在耐热瓷片上，或用氧化膜电阻等，用特殊不燃性耐热水泥填充密封而成	采用高稳定性金属膜在陶瓷基体上蒸发而成	采用高稳定性金属膜在陶瓷基体上蒸发或溅射而成的高精度网络
阻值及功率	1 Ω～10 MΩ 0.125～10 W	1 Ω～620 MΩ 0.125～5 W	0.1 Ω～5 mΩ 0.125～500 W	1 Ω～1 mΩ 25 W～50 kW	1 Ω～200 kΩ 0.5～50 W	1 Ω～1 MΩ 1/32～3 W	51 Ω～33 kΩ
特点	稳定，电压频率影响小，负温度系数，价廉	耐热，稳定性和温度系数都优于碳膜电阻，体积小，精度高，可达 0.5%～0.05%	噪声低，线性度高，温度系数小，稳定度高，工作温度可达 315 ℃	抗氧化性和耐高温，高温下热稳定性优于金属膜电阻	具有耐高功率、散热性好、稳定性高等特点	体积小，精度高，稳定性好，温度系数小，高频特性好	精度高、稳定性好、噪声低、温度系数小、高频特性好
应用	民用低挡电子产品	要求较高的电子产品	大功率、高稳定性、高温工作场合	补充金属膜大功率及低阻值部分	用于电源和功率电路中的分流和降压	计算机、通信及家用电器、精密仪器仪表等	计算机、仪器、仪表及特殊要求电路

1.1.2　电阻的命名方法及符号

根据国家标准 GB 2470—1995 的规定,电阻器及电位器的型号由 4 个部分组成,如表 1-2 所列。

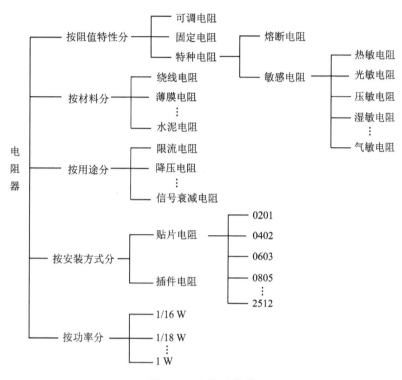

图 1 - 1　电阻的分类

表 1 - 2　电阻(位)器的型号命名法

第 1 部分		第 2 部分		第 3 部分		第 4 部分	
用字母表示主称		用字母表示材料		用数字或字母表示特征		用数字表示序号	
符 号	意 义	符 号	意 义	符 号	意 义	符 号	意 义
R	电阻器	T	碳膜	1,2	普通	无固定	额定功率
W	电位器	H	合成膜	3	超高频	标识	阻值
		P	硼碳膜	4	高阻		允许误差
		U	硅碳膜	5	高温		精度等级等
		C	沉积膜	7	精密		
		I	玻璃釉膜	8	电阻器—高压		
		J	金属膜	9	电位器—特殊函数		
		Y	氧化膜	G	高功率		
		S	有机实心	T	可调		
		N	无机实心	X	小型		
		X	线绕	L	测量用		
		R	热敏	W	微调		
		G	光敏	D	多圈		
		M	压敏				

【例 1】　有一电阻器为 RJ71 - 0.25 - 4.7 k I 型,则其表示含义如下:

R—主称,电阻;J—材料为金属膜;7—分类,为精密型;1—序号为 1;0.25—额定功率为

1/4 W；4.7 k—标称阻值为 4.7 kΩ；Ⅰ—允许误差为Ⅰ级，±5%。

【例2】 有一电阻器为 WSW-1-0.5-4.7 kΩ ±10 型，则其表示含义如下：

W—主称，电位器；S—材料，为有机实心；W—特征，为微调型；1—品种，为非紧锁型；0.5—额定功率为 0.5 W；4.7 kΩ—标称阻值；±10%—允许误差。

常用电阻的图形符号如表1-3所列，更多符号见附录D。

表1-3　常用电阻器的图形符号

图形符号	名　称	图形符号	名　称
	固定电阻		可调电位器
	带抽头的固定电阻		微调电位器
	可调电阻(变阻器)		热敏电阻
	微调电阻		光敏电阻

1.1.3　电阻的性能参数

在电阻的使用中，必须正确应用电阻的参数。电阻的性能参数包括标称阻值及允许偏差、额定功率、极限工作电压、电阻温度系数、频率特性和噪声电动势等。对于普通电阻使用中最常用的参数是标称阻值、允许偏差和额定功率。

1. 标称阻值

标注在电阻器上的电阻值称为标称值。单位为 Ω、kΩ、MΩ。标称值是根据国家制定的标准系列标注的，不是生产者任意标定的，不是所有阻值的电阻都存在。

标称阻值组成的系列称为标称系列，表1-4为固定电阻的标称阻值系列，电阻的标称阻值应符合表列数值之一(或表列数值再乘以 10^n，其中 n 为正整数或负整数)。

表1-4　常用固定电阻的标称系列

系列代号	允许误差	电阻系列标称值
E_{24}	Ⅰ级±5%	1.0　1.1　1.2　1.3　1.5　1.6　1.8　2.0　2.2　2.4　2.7　3.0 3.3　3.6　3.9　4.3　5.1　5.6　6.2　6.8　7.5　8.2　9.1
E_{12}	Ⅱ级±10%	1.0　1.2　1.5　1.8　2.2　2.7　3.3　3.9　4.7　5.6　6.8　8.2
E_6	Ⅲ级±20%	1.0　1.5　2.2　3.3　4.7　6.8

2. 允许误差

电阻器的实际阻值对于标称值的最大允许偏差范围称为允许误差，它直接以允许偏差的百分数表示。常用电阻的允许误差有5个等级，如表1-5所列。

表 1 - 5　常用电阻允许误差等级

允许误差/%	±0.5	±1	±5	±10	±20
等 级	005	01	I	II	III
文字符号	D	F	J	K	M
系列代号	E192	E96	E24	E12	E6

　　目前生产的固定电阻多为 I 级或 II 级, III 级已甚少见, 一般电子线路采用 I 级或 II 级电阻已能满足要求, 某些要求高的线路(如分压器、测试仪表)则应采用精度更高的电阻。

　　3. 额定功率

　　指在规定的环境温度下, 假设周围空气不流通, 在长期连续工作而不损坏或基本不改变电阻器性能的情况下, 电阻器上允许的消耗功率。常见的功率有 1/16 W、1/8 W、1/4 W、1/2 W、1 W、2 W、5 W、10 W。在电阻的使用中, 应使电阻的额定功率大于电阻在电路中实际功率值的 1.5~2 倍以上。

　　电路图中, 若不进行说明, 电阻的额定功率一般为 1/16~1/8 W, 较大功率时用文字标注或用符号表示。

　　表 1 - 6 列出电阻额定功率系列, 图 1 - 2 描述电阻额定功率的符号表示。

表 1 - 6　电阻额定功率系列

种 类	电阻额定功率系列/W									
线绕电阻	0.05	0.125	0.25	0.5	1	2	3	4	8	10
	16	25	40	50	75	100	150	250	500	
非线绕电阻	0.05	0.125	0.25	0.5	1	2	5	10	25	50	100

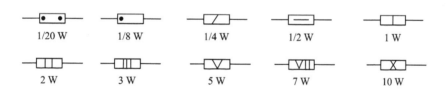

图 1 - 2　电阻额定功率的符号表示

　　4. 电阻的温度系数

　　当温度每变化 1 ℃ 时, 阻值的相对变化叫做电阻的温度系数。一般手册上给出的电阻温度系数是在使用条件下, 某一温度范围内的平均值, 即:

$$\rho_{iR} = \frac{R_1 - R_2}{R_1(t_1 - t_2)} (1/℃)$$

式中:ρ_{iR} 是电阻的平均温度系数;t_1、t_2 是规定的两个温度;R_1、R_2 分别对应于 t_1、t_2 温度时的阻值。温度系数与阻值大小有关, 阻值越大, ρ_{iR} 也越大。碳膜电阻有负的温度系数, 温度升高, 阻值减小, 而其他类型电阻的温度系数有些为正, 有些为负。

　　5. 电阻的噪声

　　由于电阻器本身的结构和热效应作用, 通过电流时, 电阻器两端会产生一定的噪声电压。当信号很微弱时, 噪声电压将产生显著的干扰。线绕电阻器的噪声只决定于热噪声, 它仅与阻

值、温度、外界电压的频率有关,可用以下公式表示:

$$U^2 = 4kT\Delta fR$$

式中:U 为热噪声有效电压,单位为 V;T 为绝对温度;$k=1.38\times10^{-23}$ J/K,称为波耳兹曼常数;Δf 为外界电压的频带,单位为 Hz。

非线绕电阻除了热噪声外,还有电流噪声,这是由于在外加电压作用下,导电微粒间产生不规则的振动,使阻值起伏变化,对电流起了调制作用,这种噪声与外加电压成正比。

常用电阻器的温度系数和噪声电势见表 1−7。

表 1−7 常用电阻器技术特性

名称和型号	额定功率 /W	标称阻值 范围/Ω	温度系数/ (1/℃)	噪声电势 ($\mu V \cdot V^{-1}$)	运用频率
RT 型碳膜电阻	0.05 0.125 0.25 0.5 1、2	$10\sim100\times10^3$ $5.1\sim510\times10^3$ $5.1\sim910\times10^3$ $5.1\sim2\times10^6$ $5.1\sim5.1\times10^6$	$-(6\sim20)\times10^{-4}$	$1\sim5$	10 MHz 以下
RU 型硅碳膜电阻	0.125、0.25 0.5 1、2	$5.1\sim510\times10^3$ $10\sim1\times10^6$ $10\sim10\times10^6$	$\pm(7\sim12)\times10^{-4}$	$1\sim5$	10 MHz 以下
RJ 型金属膜电阻	0.125 0.25 0.5 1、2	$30\sim510\times10^3$ $30\sim1\times10^6$ $30\sim5.1\times10^6$ $30\sim10\times10^6$	$\pm(6\sim10)\times10^{-4}$	$1\sim4$	10 MHz 以下
RXYC 型线绕电阻	$2.5\sim100$	$5.1\sim56\times10^6$			低频
WTH 型碳膜电位器	$0.5\sim2$	$470\sim4.7\times10^6$	$\pm(10\sim20)\times10^{-4}$	$5\sim10$	几百 kHz 以下
WX 型线绕电位器	$1\sim3$	$10\sim20\times10^3$			低频

当运用频率为 10 MHz 以上时,电阻的分布参数对电路特性的影响更加显著。

6. 电阻器的极限工作电压

电阻器两端的耐压也是有限度的,当加于电阻器的电压超过极限工作电压时,即使没有超过它的额定功率,也会产生击穿和表面飞弧现象而损坏。一般说来,极限工作电压 U 由阻值 R 和额定功率 P 决定,即:

$$U = \sqrt{PB}$$

对于阻值较高的电阻,手册中给出的极限工作电压小于上式的计算值,使用时必须注意。

1.1.4 阻值和误差的标注方法

1. 直标法

将电阻的主要参数和技术性能用数字或字母直接标注在电阻体上。对小于 1 000 Ω 的阻值只标出数值,不标单位;对 kΩ、MΩ 只标注 k、M。精度等级标Ⅰ或Ⅱ级,Ⅲ级不标明,如图 1−3 所示。

2. 文字符号法

将数字与特殊符号两者有规律组合起来表示电阻的主要参数。常见符号有 M、k、R。如 4k7(4.7 kΩ),3R3(3.3 Ω),如图 1-4 所示。

图 1-3　直标法　　　　　　　图 1-4　文字符号法

3. 数码法

用 3 位数字表示元件的标称值。从左至右,前两位表示有效数位,第 3 位表示 10^n(n = $0\sim8$)。当 $n=9$ 时为特例,表示 10^{-1}。而标志是 0 或 000 的电阻器,表示是跳线,阻值为 0 Ω。贴片电阻多用数码法标注,数码法标注时,电阻单位为 Ω,例如:471 表示 470 Ω,105 表示 1 MΩ,512 表示 5.1 kΩ。

$0\sim10$ Ω 带小数点电阻值表示为 XRX,RXX,例如:2R2 表示 2.2 Ω。

4. 色环标注法

对体积很小的电阻和一些合成电阻,其阻值和误差常用不同颜色的色环来标注,色环标注法有 4 环和 5 环两种。普通电阻一般用 4 环表示,精密电阻用 5 环表示。

4 环电阻的一端有 4 道色环,前两道色环表示两位有效数字;第 3 道环表示 10 的乘方数 (10^n,n 为颜色所表示的数字);第 4 道环表示允许误差,由于表示误差的色环只有金色或银色,色环中的金色或银色一定是第 4 环。若无第 4 道色环,则误差为 $\pm20\%$。色环电阻的单位一律为 Ω。

5 环电阻用 5 道色环标注,前 3 道色环表示 3 位有效数字;第 4 道色环表示 10^n(n 为颜色所代表的数字);第 5 道色环表示阻值的允许误差。

在读色环电阻时,应正确识别第 1 色环,一般第 1 色环距电阻头较近,如图 1-5 所示。

$$阻值 = 有效数字 \times 倍率$$

允许误差直接由允许误差环读出。

注:有的电阻表面只有 3 道色环,这个电阻其实用的是 4 道色环表示法,只不过它的允许误差环为本色,即允许误差为 $\pm20\%$。

固定电阻的色环举例:

标称阻值为 27 000 Ω,允许误差 $\pm5\%$,其表示为红紫橙金;

标称阻值为 17.5 Ω,允许误差 $\pm1\%$,其表示为棕紫绿金棕;

标称阻值为 47 000 Ω,允许误差 $\pm20\%$,其表示为黄紫橙。

1.1.5　常用电阻器

1. 电位器

电位器是一种机电元件,靠电刷在电阻体上的滑动,取得与电刷位移成一定关系的输出电压。

① 合成碳膜电位器。电阻体是用经过研磨的碳黑、石墨、石英等材料涂敷于基体表面而成,该种电位器工艺简单,是目前应用最广泛的电位器。其优点是分辨力高耐磨性好,寿命较长;缺点是有电流噪声,非线性大,耐潮性以及阻值稳定性差。

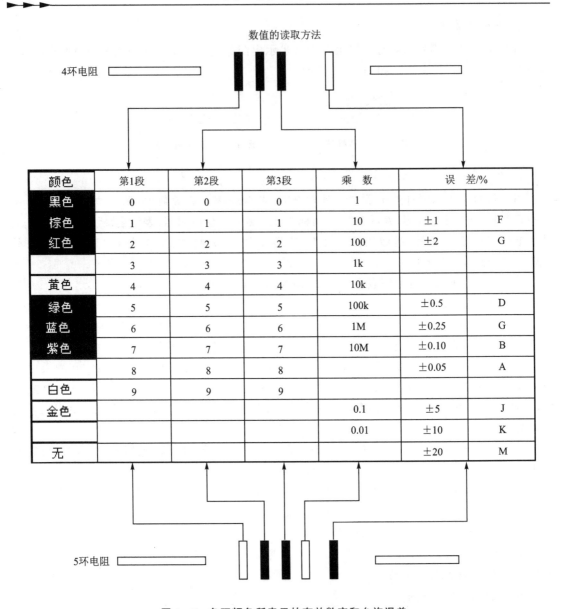

图 1-5　色环颜色所表示的有效数字和允许误差

② 有机实心电位器。有机实心电位器是一种新型电位器，它是用加热塑压的方法，将有机电阻粉压在绝缘体的凹槽内。有机实心电位器与碳膜电位器相比具有耐热性好、功率大、可靠性高、耐磨性好的优点。但温度系数大、动噪声大、耐潮性能差、制造工艺复杂以及阻值精度较差。该电位器在小型化、高可靠性、高耐磨性的电子设备以及交、直流电路中用做调节电压和电流。

③ 金属玻璃铀电位器。该电位器用丝网印刷法按照一定图形，将金属玻璃铀电阻浆料涂覆在陶瓷基体上，经高温烧结而成。其特点是阻值范围宽、耐热性好、过载能力强、耐潮、耐磨等都很好，是很有前途的电位器品种；其缺点是接触电阻和电流噪声大。

④ 绕线电位器。绕线电位器是将康铜丝或镍铬合金丝作为电阻体，并把它绕在绝缘骨架

上制成。其特点是接触电阻小、精度高、温度系数小;其缺点是分辨力差,阻值偏低,高频特性差。该电位器主要用做分压器、变阻器、仪器中调零和工作点等。

⑤ 金属膜电位器。金属膜电位器的电阻体可由合金膜、金属氧化膜、金属箔等分别组成。其特点是分辨力高、耐高温、温度系数小、动噪声小、平滑性好。

⑥ 导电塑料电位器。该电位器用特殊工艺将 DAP(邻苯二甲酸二烯丙脂)电阻浆料覆在绝缘机体上,加热聚合成电阻膜,或将 DAP 电阻粉热塑压在绝缘基体的凹槽内形成的实心体作为电阻体。其特点是平滑性好、分辨力优异且耐磨性好、寿命长、动噪声小、可靠性极高、耐化学腐蚀。适用于宇宙装置、导弹、飞机雷达天线的伺服系统等。

⑦ 带开关的电位器。有旋转式开关电位器、推拉式开关电位器、推推开关式电位器。

⑧ 预调式电位器。预调式电位器在电路中,一旦调试好,用蜡封住调节位置,在一般情况下不再调节。

⑨ 直滑式电位器。采用直滑方式改变电阻值。

⑩ 双连电位器。有异轴双连电位器和同轴双连电位器。

⑪ 无触点电位器。无触点电位器消除了机械接触,寿命长、可靠性高,分光电式电位器、磁敏式电位器等。

2. 排　阻

排阻是将若干个参数完全相同的电阻集中封装在一起,组合制成的;又称厚膜网络电阻,通过在陶瓷基片上丝网印刷形成电极和电阻并印有玻璃保护层。有坚硬的钢夹接线柱,用环氧树脂包封。适用于密集度高的电路装配。

排阻型号的命名方法如表 1-8 所列。

表 1-8　排阻型号命名方法

例子:RP	A	08	472	J
产品型号	电路类型	针数	阻值代号	误差代号
网络排阻	A,B,C,D,E,F,G	4-14PIN		F=±1 % G=±2 %,J=±5 %
电路类型中各符号的意义: 　A:多个电阻公用一端,公用端左端引出; 　B:每个电阻各自引出,且彼此没有相连; 　C:各个电阻首尾相连,各个端都有引出; 　D:所有电阻公用一端,公用端中间引出; 　E:所有电阻公用一端,公用端两端都有引出; 　F 和 G 比较复杂,这里从略。				

3. 实心碳质电阻器

实心碳质电阻器用碳质颗粒状导电物质、填料和粘合剂混合制成一个实体的电阻器。其特点是价格低廉;但其阻值误差、噪声电压都大,稳定性差,目前较少用。

4. 绕线电阻器

绕线电阻器用高阻合金线绕在绝缘骨架上制成,外面涂有耐热的釉绝缘层或绝缘漆。绕线电阻具有较低的温度系数、阻值精度高、稳定性好、耐热耐腐蚀,主要做精密大功率电阻使用;其缺点是高频性能差,时间常数大。

5. 薄膜电阻器

薄膜电阻器用蒸发的方法将一定电阻率材料蒸镀于绝缘材料表面制成。主要有以下几种:

① 碳膜电阻器:将结晶碳沉积在陶瓷棒骨架上制成。碳膜电阻器成本低、性能稳定、阻值范围宽、温度系数和电压系数低,是目前应用最广泛的电阻器。

② 金属膜电阻器:用真空蒸发的方法将合金材料蒸镀于陶瓷棒骨架表面。金属膜电阻比碳膜电阻的精度高,稳定性好,噪声和温度系数小,在仪器仪表及通信设备中大量采用。

③ 金属氧化膜电阻器:在绝缘棒上沉积一层金属氧化物。由于其本身即是氧化物,所以在高温下稳定,耐热冲击,负载能力强。

④ 合成膜电阻:将导电合成物悬浮液涂敷在基体上而得,因此也叫漆膜电阻。由于其导电层呈现颗粒状结构,所以其噪声大,精度低,主要用于制造高压、高阻、小型电阻器。

6. 金属玻璃铀电阻器

金属玻璃铀电阻器将金属粉和玻璃铀粉混合,采用丝网印刷法印在基板上。这种电阻耐潮湿和高温,温度系数小,主要应用于厚膜电路。

7. 贴片电阻

片状电阻是金属玻璃铀电阻的一种形式,它的电阻体是高可靠的钌系列玻璃铀材料经过高温烧结而成,电极采用银钯合金浆料。这种电阻体积小、精度高、稳定性好。由于其为片状元件,所以高频性能好。

8. 敏感电阻

敏感电阻是指器件特性对温度、电压、湿度、光照、气体、磁场、压力等作用敏感的电阻器。敏感电阻的符号是在普通电阻的符号中加一斜线,并在旁标注敏感电阻的类型,如 t、v 等。

① 熔断电阻:熔断电阻在正常情况下具有普通电阻的功能,一旦电路出现故障,超过其额定功率时,它会在规定时间内断开电路,从而达到保护其他元器件的作用。熔断电阻在电路图中起着保险丝和电阻的双重作用,主要应用在电源电路输出和二次电源的输出电路中。

② 压敏电阻:主要有碳化硅和氧化锌压敏电阻,氧化锌具有更多的优良特性。

③ 湿敏电阻:由感湿层、电极、绝缘体组成。湿敏电阻主要包括氯化锂湿敏电阻、碳湿敏电阻、氧化物湿敏电阻。氯化锂湿敏电阻随湿度上升而电阻减小,缺点为测试范围小,特性重复性不好,受温度影响大。碳湿敏电阻缺点为低温灵敏度低,阻值受温度影响大,有老化特性,较少使用。氧化物湿敏电阻性能较优越,可长期使用,温度影响小,阻值与湿度变化呈线性关系。氧化物湿敏电阻的构成材料有氧化锡、镍铁酸盐等。

④ 光敏电阻:是电导率随着光强的变化而变化的电子元件。当某种物质受到光照时,载流子的浓度增加从而增加了电导率,这就是光电导效应。

⑤ 气敏电阻:利用某些半导体吸收某种气体后发生氧化还原反应制成,主要成分是金属氧化物。其主要品种有金属氧化物气敏电阻、复合氧化物气敏电阻和陶瓷气敏电阻等。

⑥ 力敏电阻:是一种阻值随压力变化而变化的电阻,国外称为压电电阻器。所谓压力电阻效应,是指即半导体材料的电阻率随机械应力的变化而变化,力敏电阻可制成各种力矩计,半导体话筒,压力传感器等。其主要品种有硅力敏电阻器,硒碲合金力敏电阻器。相对而言,合金电阻器具有更高灵敏度。

⑦ 热敏电阻：是敏感元件的一类,其电阻值会随着热敏电阻本体温度的变化呈现出阶跃性的变化,具有半导体特性。热敏电阻按照温度系数的不同分为正温度系数热敏电阻(简称 PTC 热敏电阻)、负温度系数热敏电阻(简称 NTC 热敏电阻),如图 1-6 和图 1-7 所示。

图 1-6　正温度热敏电阻(PTC Thermistor)

图 1-7　负温度热敏电阻(NTC Thermistor)

PTC(Positive Temperature Coefficient)意思是正的温度系数,泛指正温度系数很大的半导体材料或元器件。通常人们提到的 PTC 是指正温度系数热敏电阻,简称 PTC 热敏电阻。PTC 热敏电阻是一种具有温度敏感性的半导体电阻,当超过一定的温度(居里温度)时,它的电阻值将随着温度的升高呈阶跃性增高。

PTC 热敏电阻根据其材质的不同分为陶瓷 PTC 热敏电阻和有机高分子 PTC 热敏电阻。目前大量使用的 PTC 热敏电阻有:恒温加热用 PTC 热敏电阻、过流保护用 PTC 热敏电阻、空气加热用 PTC 热敏电阻、延时启动用 PTC 热敏电阻、传感器用 PTC 热敏电阻、自动消磁用 PTC 热敏电阻。

一般情况下,有机高分子 PTC 热敏电阻适用于过流保护,陶瓷 PTC 热敏电阻可适用于以上所列各种用途。

NTC(Negative Temperature Coefficient)意思是负的温度系数,泛指负温度系数很大的半导体材料或元器件。通常人们提到的 NTC 是指负温度系数热敏电阻,简称 NTC 热敏电阻。

NTC 热敏电阻是一种典型具有温度敏感性的半导体电阻,它的电阻值随着温度的升高呈阶跃性减小。NTC 热敏电阻是以锰、钴、镍和铜等金属氧化物为主要材料,采用陶瓷工艺制造而成的。这些金属氧化物材料都具有半导体性质,因为在导电方式上完全类似锗、硅等半导体材料。温度低时,这些氧化物材料的载流子(电子和孔穴)数目少,所以其电阻值较高;随着温度的升高,载流子数目增加,所以电阻值降低。

NTC 热敏电阻根据其用途的不同分为:功率型 NTC 热敏电阻、补偿型 NTC 热敏电阻、测温型 NTC 热敏电阻。

1.1.6　电阻的选用

1. 根据电路特点和用途选用

高频电路和对整机质量和工作稳定性、可靠性要求较高的电路一般要求分布参数越小越好，为此应选用金属膜电阻或金属氧化膜电阻。

低频电路和对性能要求不高的电子线路可选用绕线电阻、碳膜电阻。普通绕线电阻常用于低频电路或作限流电阻、分压电阻、泄放电阻或大功率管的偏压电阻。精度较高的绕线电阻多用于固定衰减器、电阻箱、计算机及各种精密电子仪器中。

功率放大电路、偏置电路、取样电路对稳定性要求比较高，应选温度系数小的电阻。退耦电路和滤波电路对阻值变化没有严格要求，任何类电阻都适用。

2. 根据电阻的阻值和误差选用

阻值选用：所用电阻的标称阻值与所需电阻器阻值差值越小越好。

误差选用：时间常数 RC 电路所需电阻的误差尽量小，一般可选 5％以内。退耦电路、反馈电路、滤波电路和负载电路对误差要求不太高，可选 10 ％～20 ％的电阻。

3. 根据电阻的极限参数选用

额定电压：当实际电压超过额定电压时，即便满足功率要求，电阻器也会被击穿而损坏。

额定功率：所选电阻器的额定功率应大于实际承受功率的两倍以上才能保证电阻在电路中长期工作的可靠性。

4. 根据电路板大小选用

电阻的封装形式有很多种，大小差别很大，价格相差也很大，根据设计电路板的大小选择合适的电阻封装也很重要。

5. 特殊电阻的选用

① 熔断电阻的选用。熔断电阻是具有保护功能的电阻。选用时应考虑其双重性能，根据电路的具体要求选择其阻值和功率等参数。既要保证它在过负荷时能快速熔断，又要保证它在正常条件下能长期稳定的工作。电阻值过大或功率过大，均不能起到保护作用。

② 热敏电阻的选用。热敏电阻器的种类和型号较多，选哪一种热敏电阻器，应根据电路的具体要求而定。

正温度系数热敏电阻器(PTC)一般用于电冰箱压缩机启动电路、彩色显像管消磁电路、电动机过电流过热保护电路、限流电路及恒温电加热电路。

负温度系数热敏电阻器(NTC)一般用于各种电子产品中的微波功率测量、温度检测、温度补偿、温度控制及稳定电压，选用时应根据电路的需要选择合适的类型及型号。

③ 压敏电阻的选用。压敏电阻有多种型号和规格，所选压敏电阻的主要参数(包括标称电压、最大连续工作电压、最大限制电压、通流容量等)必须符合应用电路的要求，尤其是标称电压要准确。标称电压过高，压敏电阻起不到过电压保护作用；标称电压过低，压敏电阻容易误动作或被击穿。

④ 光敏电阻的选用。选用光敏电阻时，应首先确定应用电路中所需光敏电阻的光谱特性类型。若用于各种光电自动控制系统，电子照相机和光报警器等电子产品，则应选用可见光光敏电阻；若用于红外信号检测及天文、军事等领域的有关自动控制系统、则应选用红外光光敏

电阻;若是用于紫外线探测等仪器中,则应选用紫外光光敏电阻。

选好光敏电阻的光谱特性类型后,还应看所选光敏电阻的主要参数(包括亮电阻、暗电阻、最高工作电压、视电流、暗电流、额定功率、灵敏度等)是否符合应用电路的要求。

⑤ 湿敏电阻的选用。选用湿敏电阻时,首先应根据应用电路的要求选择合适的类型。若用于洗衣机、干衣机等家电中的高湿度检测,可选用氯化锂湿敏电阻;若用于空调、恒湿机等家电中作中等湿度环境的检测,则可选用陶瓷湿敏电阻;若用于气象监测、录像机记录检测等方面,则可以选用高分子聚合物湿敏电阻或硒膜湿敏电阻。此外,还应保证所选用湿敏电阻器的主要参数(包括测湿范围、标称阻值、工作电压等)符合应用电路的要求。

1.2　电容元件

电容是电子设备中大量使用的电子元件之一,广泛应用于隔直、耦合、旁路、滤波、调谐回路、能量转换以及控制电路等。所谓电容,就是容纳和释放电荷的电子元件。电容的基本工作原理就是充电放电,当然还有整流、振荡以及其他作用。电容的结构非常简单,主要由两块正负电极和夹在中间的绝缘介质组成,因此电容类型主要是由电极和绝缘介质决定的。电容用符号 C 表示,其单位有法(F)、微法(μF)、皮法(pF),$1\ F=10^6\ \mu F=10^{12}\ pF$。

1.2.1　电容的分类

1. 按电容器的作用分类

电容器的基本作用就是充电与放电,但由这种基本充放电所延伸出来的许多电路现象,使得电容器有着种种不同的用途。例如在电动机中,用它来产生相移;在照相闪光灯中,用它来产生高能量的瞬间放电等。而在电子电路中,不同性质的电容器用途尤多。这不同的用途,虽然截然不同,但其作用均来自充电与放电。电容器按其作用可分为:

耦合电容:用在耦合电路中的电容器称为耦合电容。在阻容耦合放大器和其他电容耦合电路中大量使用这种电容电路,起隔直流通交流的作用。

滤波电容:用在滤波电路中的电容器称为滤波电容。在电源滤波和各种滤波器电路中使用这种电容,滤波电容可将一定频段内的信号从总信号中去除。

退耦电容:用在退耦电路中的电容器称为退耦电容。在多级放大器的直流电压供给电路中使用这种电容,退耦电容可消除每级放大器之间的有害低频交连。

高频消振电容:用在高频消振电路中的电容器称为高频消振电容。在音频负反馈放大器中,为了消除可能出现的高频自激,采用高频消振电容,以消除放大器可能出现的高频啸叫。

谐振电容:用在 LC 谐振电路中的电容器称为谐振电容。LC 并联和串联谐振电路中都需这种电容电路。

旁路电容:用在旁路电路中的电容器称为旁路电容。电路中如果需要从信号中去掉某一频段的信号,可以使用旁路电容电路,根据所去掉信号频率不同,有全频域(所有交流信号)旁路电容电路和高频旁路电容电路。

中和电容:用在中和电路中的电容器称为中和电容。在收音机高频和中频放大器及电视机高频放大器中,采用这种中和电容电路,以消除自激。

定时电容:用在定时电路中的电容器称为定时电容。在需要通过电容充电、放电进行时间控制的电路中使用定时电容电路,电容起控制时间常数大小的作用。

积分电容:用在积分电路中的电容器称为积分电容。在电视场扫描的同步分离级电路中,采用这种积分电容,可以从行场复合同步信号中取出场同步信号。

微分电容:用在微分电路中的电容器称为微分电容。在触发器电路中为了得到尖顶触发信号,采用这种微分电容电路,以从各类(主要是矩形脉冲)信号中得到尖顶脉冲触发信号。

补偿电容:用在补偿电路中的电容器称为补偿电容。在卡座的低音补偿电路中,使用这种低频补偿电容,可以提升放音信号中的低频信号。此外,还有高频补偿电容电路。

自举电容:用在自举电路中的电容器称为自举电容。常用的 OTL 功率放大器输出级电路采用这种自举电容,以通过正反馈的方式少量提升信号的正半周幅度。

分频电容:在分频电路中的电容器称为分频电容。在音箱的扬声器分频电路中,使用分频电容电路,以使高频扬声器工作在高频段,中频扬声器工作在中频段,低频扬声器工作在低频段。

2. 按电容器的结构分类

电容器按结构可分为:固定电容器、可变电容器和微调电容器。

3. 按电容器的电解质分类

电容器按电解质可分为:气体介质电容、纸介电容、有机薄膜电容、瓷介电容、云母电容、玻璃釉电容、电解电容、钽电容等。

4. 按电容器的极性分类

电容器还可分为有极性电容器和无极性电容器。常用电容器的种类和结构如表 1 - 9 所列。

表 1 - 9　常用电容器的种类和结构

电容种类	电容结构和特点	实物图片
铝电解电容	它是由铝圆筒做负极,筒内装有液体电解质,插入一片弯曲的铝带做正极制成。该电容还需要经过直流电压处理,使正极片上形成一层氧化膜做介质。它的特点是容量大,但是漏电、误差也大,稳定性差,常用做交流旁路和滤波,在要求不高时也用于信号耦合。电解电容有正、负极之分,使用时不能接反	
纸介电容	用两片金属箔做电极,夹在极薄的电容纸中,卷成圆柱形或者扁柱形芯子,然后密封在金属壳或者绝缘材料(如火漆、陶瓷、玻璃釉等)壳中制成。它的特点是体积较小,容量可以做得较大;但是固有电感和损耗都比较大,用于低频比较合适	
金属化纸介电容	结构和纸介电容基本相同。它是在电容器纸上覆上一层金属膜来代替金属箔,体积小,容量较大,一般用在低频电路中	

续表 1 - 9

电容种类	电容结构和特点	实物图片
油浸纸介电容	它是把纸介电容浸在经过特别处理的油里,能增强它的耐压。它的特点是电容量大、耐压高,但是体积较大	
玻璃釉电容	以玻璃釉做介质,具有瓷介电容器的优点,且体积更小,耐高温	
陶瓷电容	用陶瓷做介质,在陶瓷基体两面喷涂银层,然后烧成银质薄膜做极板制成。它的特点是体积小、耐热性好、损耗小、绝缘电阻高,但容量小,适宜用于高频电路。铁电陶瓷电容容量较大,但是损耗和温度系数较大,适宜用于低频电路	
薄膜电容	结构和纸介电容相同,介质是涤纶或者聚苯乙烯。涤纶薄膜电容,介电常数较高,体积小,容量大,稳定性较好,适宜做旁路电容。聚苯乙烯薄膜电容,介质损耗小,绝缘电阻高,但是温度系数大,可用于高频电路	
云母电容	用金属箔或者在云母片上喷涂银层做电极板,极板和云母一层一层叠合后,再压铸在胶木粉或封固在环氧树脂中制成。它的特点是介质损耗小,绝缘电阻大、温度系数小,适宜用于高频电路	
钽、铌电解电容	它用金属钽或者铌做正极,用稀硫酸等配液做负极,用钽或铌表面生成的氧化膜做介质而制成。它的特点是体积小、容量大、性能稳定、寿命长、绝缘电阻大、温度特性好。用在要求较高的设备中	
半可变电容	也叫做微调电容。它是由两片或者两组小型金属弹片,中间夹着介质制成。调节时,改变两片之间的距离或者面积。它的介质有空气、陶瓷、云母、薄膜等	
可变电容	它由一组定片和一组动片组成,它的容量随着动片的转动连续改变。把两组可变电容装在一起同轴转动,叫做双联。可变电容的介质有空气和聚苯乙烯两种。空气介质可变电容体积大,损耗小,多用在电子管收音机中。聚苯乙烯介质可变电容做成密封式的,体积小,多用在晶体管收音机中	

1.2.2 电容器的命名及符号

根据国标 GB 2470—1995 的规定,电容器的产品型号一般由 4 部分组成,各部分含义见表 1 - 10。

【例 3】 某电容器的标号为 CJX - 250 - 0.33 - ±10%,则其含义如下:

C—主称,电容;J—材料,金属化介质;X—特征,小型;250—耐压,250 V;0.33—标称容量,0.33 μF;±10%—允许误差,±10%。

常用电容器的图形符号,如表 1-11 所列。

表 1-10 电容器型号命名法

第 1 部分		第 2 部分		第 3 部分		第 4 部分	
用字母表示主体		用字母表示材料		用字母表示特征		用数字或字母表示序号	
符 号	意 义	符 号	意 义	符 号	意 义	符 号	意 义
C	电容器	C	瓷介	T	铁电	无固定标志	品种、尺寸代号、温度特性、直流工作电压、标称值、允许误差、标准代号等
		I	玻璃釉	W	微调		
		O	玻璃膜	J	金属化		
		Y	云母	X	小型		
		V	云母纸	S	独石		
		Z	纸介	D	低压		
		J	金属化纸	M	密封		
		B	聚苯乙烯	Y	高压		
		F	聚四氟乙烯	C	穿心式		
		L	涤纶				
		S	聚碳酸酯				
		Q	漆膜				
		H	纸膜复合				
		D	铝电解				
		A	钽电解				
		G	金属电解				
		N	铌电解				
		T	钛电解				
		M	压敏				
		E	其他电解材料				

表 1-11 常用电容器的图形符号

图形符号					
名 称	电容器	电解电容器	可变电容器	微调电容器	同轴双可变电容

1.2.3 电容器的标注方法

电容的标称容量和误差的标注方法有如下几种。

1. 直标法

直标法是在产品的表面直接标志出产品的主要参数和技术指标的方法。例如,在电容器上标志:33 μF±5%,32 V。

2. 文字符号法

将需要标志的主要参数与技术性能用文字、数字符号有规律地组合标志在产品的表面上。采用文字符号法时,将容量的整数部分写在容量单位标志符号前面,小数部分放在单位符号后面。例如,4n7 表示 4.7 nF 或 4 700 pF;3p3 表示 3.3 pF;6n8 表示 6 800 pF。

3. 数字表示法

体积较小的电容器常用数字标志法。一般用 3 位整数,前两位为有效数字,第 3 位表示有效数字后面零的个数,单位为皮法(pF);但是当第 3 位数是 9 时表示 10^{-1}。例如 243 表示容量为 24 000 pF;而 339 表示容量为 33×10^{-1} pF(3.3 pF);223J 代表 22 000 pF=0.022 μF,允许误差为 ±5%;479k 代表 47×10^{-1} pF,允许误差为 ±5% 的电容。

有时用大于 1 的两位以上的数字表示单位为 pF 的电容,例如 101 表示 100 pF;用小于 1 的数字表示单位为 μF 的电容,例如 0.1 表示 0.1 μF。

4. 色标法

色标法与电阻器的色环表示法类似,颜色涂于电容器的一端或从顶端向引线排列。色码一般只有 3 种颜色,前两环为有效数字,第 3 环为位率,单位为 pF。有时色环较宽,如红红橙,两个红色环涂成一个宽的,表示 22 000 pF。

1.2.4　电容器的性能参数

1. 标称容量与允许误差

电容器上标注的电容量值,称为标称容量。标准单位是法拉(F),另外还有微法(μF)、纳法(nF)、皮法(pF),它们之间的换算关系为:1 F$=10^6$ μF$=10^9$ nF $=10^{12}$ pF。表 1-12 为常用固定电容器容量的标称值系列。

表 1-12　固定电容器容量的标称值系列

电容器类别	允许误差	标称值系列
高频纸介质、云母介质 玻璃釉介质 高频(无极性)有机薄膜介质	±5%	1.0　1.1　1.2　1.3　1.5　1.6　1.8　2.0 2.2　2.4　2.7　3.0　3.3　3.6　3.9　4.3 4.7　5.1　5.6　6.2　6.8　7.5　8.2　9.1
纸介质、金属化纸介质 复合介质 低频(有极性)有机薄膜介质	±10%	1.0　1.5　2.0　2.2　3.3　4.0　4.7　5.0　6.0 6.8　8.2
电解电容器	±20%	1.0　1.5　2.2　3.3　4.7　6.8

电容器的标称容量与其实际容量之差,再除以标称值所得的百分比,就是允许误差。一般分为 8 个等级,如表 1-13 所列。

表 1-13　电容器允许误差等级

级　别	01	02	I	II	III	IV	V	VI
允许误差	1%	±2%	±5%	±10%	±20%	+20%~-30%	+50%~-20%	+100%~-10%

2. 电容器的耐压(额定耐压)

电容器的耐压是指按技术条件所规定的温度下长期工作,电容器所能承受的最大电压。

它直接与所用的绝缘介质及其厚度有关,同一电容的耐压随外界电压的频率、波形和温度而改变。一般用直流工作电压、交流工作电压、试验电压来表示电容器的耐压性能。试验电压为较短时间内(5~1 s)能承受的最大电压,通常试验电压为直流工作电压的 2~3 倍。

由于在交流电压作用下电容介质损耗和发热量增加,因此交流工作电压总小于直流工作电压,频率愈高,交流工作电压愈小。当频率高于几兆赫时,电容发热量大大增加,此时耐压主要决定于无功功率 P,其高频工作电压 U_{hf} 由下式决定:

$$U_{hf} \leqslant \sqrt{\frac{P}{2\pi fC}} \ \ \mathrm{V}$$

常用固定式电容器的直流工作电压系列如表 1-14 所列。

表 1-14　常用固定式电容器的直流工作电压系列

序　号	1	2	3	4	5	6	7	8	9	10
耐压值/V	1.6	4	6.3	10	16	25	32*	40	50	63
序　号	11	12	13	14	15	16	17	18	19	20
耐压值/V	100	125*	160	250	300	400	450	500	630	1 000

　　* 只限电解电容专用。1 000 V 以上至 6 000 V 还有 20 别挡。

耐压值一般直接标在电容器上,但有些电解电容器在正极根部用色点来表示耐压等级,如 6.3 V 用棕色,10 V 用红色,16 V 用灰色。电容器在使用时不允许超过这个耐压值,若超过此值,电容器就可能损坏或被击穿,甚至爆裂。

3. 绝缘电阻

加到电容器上的直流电压和漏电流的比值,称为电容器的绝缘电阻(漏阻),它决定于所用介质的特性、厚度和面积。漏阻越低,漏电流越大,介质耗能越大,电容器的性能就越差,寿命也越短。电容器绝缘电阻的量级见表 1-14。

4. 电容器的损耗

电容器的损耗分介质损耗和金属损耗两部分,金属损耗是由引出线和接触点的电阻、电极电阻产生的,在高频时由于趋肤效应而使金属损耗大大增加。

5. 电容器的温度系数

当温度每变化 1℃ 时,容量的相对变化称为电容器的温度系数,它主要取决于介质的温度系数,也取决于电容结构和极板尺寸随温度的变化。某些瓷介电容的温度系数较大,并且有正有负,有时可以选择具有适当的温度系数的瓷介电容来补偿电路特性随温度的变化。

6. 电容器的固有电感和极限工作频率

电容器极板的电感和引出线的电感,构成了电容器的固有电感,其数值虽小,但在高频运用时,其影响就不能忽略。对于实际的电容器,可用图 1-8 所示的等效电路来表示,图中 L 表示电容器的固有电感,C 表示电容器本身的电容,R 表示绝缘电阻,C′ 表示对外壳的分布电容。由图可见,一定的电容器有它的固有谐振频率 f_r,当工作频率超过 f_r 后,电容器实际转化为电感元件。一般最大工作频率选在 f_r 的 1/2~1/3 以下。

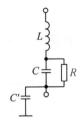

图 1-8　电容的等效电路

各种电容器的运用频率见表 1-15。

表 1-15　常用电容器的几项特性

名　称	容量范围	直流工作电压/V	运用频率	准确度	漏阻/MΩ
纸介电容器(中、小型)	470 pF～0.22 μF	63～630	8 MHz 以下	Ⅰ～Ⅲ	>5 000
金属壳密封纸介电容器	0.01 μF～10 μF	250～1 600	直流 脉动直流	Ⅰ～Ⅲ	>1 000～5 000
金属化纸介电容器(中、小型)	0.01 μF～0.22 μF	160、250、400	8 MHz 以下	Ⅰ～Ⅲ	>2 000
金属壳密封金属化纸介电容器	0.22 μF～30 μF	160～1 600	直流 脉动直流	Ⅰ～Ⅲ	>30～5 000
薄膜电容器	3 pF～0.1 μF	63～500	高频、低频	Ⅰ～Ⅲ	>10 000
云母电容器	10 pF～0.051 μF	1 007 000	75～250 MHz 以下	02～Ⅲ	>10 000
瓷介电容器	1 pF～0.1 μF	63～630	高频、低频 50～3 000 MHz 以下	02～Ⅲ	>10 000
铝电解电容器	1 μF～10 000 μF	4～500	直流 脉动直流	Ⅳ、Ⅴ	
钽、铌电解电容器	0.47 μF～1 000 μF	6.3～160	直流 脉动直流	Ⅲ、Ⅳ	
瓷介微调电容器	2/7 pF～7/25 pF	250～500	高频		>1 000～10 000
可变电容器	最小容量>7 pF 最大容量<1 100 pF	100 以上	高频、低频		>500

1.2.5　常用电容的特性

1. 铝电解电容器

铝电解电容器外形如图 1-9 所示。

铝电解电容器是用浸有糊状电解质的吸水纸夹在两条铝箔中间卷绕而成,是用薄的氧化膜作为介质的电容器。因为氧化膜有单向导电性,所以电解电容器具有极性、容量大,能耐受大的脉动电流,容量误差大,泄漏电流大。普通的电容器不适用于在高频和低温下应用,不宜使用在 25 kHz 以上频率低频旁路、信号耦合、电源滤波。

➢ 电容量：0.47～10 000 μF；
➢ 额定电压：6.3～450 V；
➢ 主要特点：体积小、容量大、损耗大、漏电大；
➢ 应用：电源滤波、低频耦合、去耦、旁路等。

图 1-9　铝电解电容器

2. 钽电解电容器(CA)和铌电解电容器(CN)

钽电解电容器和铌电解电容器是用烧结的钽块做正极,使用固体二氧化锰作为电解质的电容器。其温度特性、频率特性和可靠性均优于普通电解电容器,特别是漏电流极小,储存性良好,寿命长,容量误差小,而且体积小,单位体积下能得到最大的电容电压乘积。这两种电容对脉动电流的耐受能力差,若损坏易呈短路状态,多用于超小型高可靠机件中。

➢ 电容量:0.1～1 000 μF;
➢ 额定电压:6.3～125 V;
➢ 主要特点:损耗、漏电小于铝电解电容;
➢ 应用:在要求高的电路中代替铝电解电容。

3. 薄膜电容器

薄膜电容器的结构与纸质电容器相似,但用聚酯、聚苯乙烯等低损耗塑材作为介质。其频率特性好,介电损耗小,不能制成大的容量,耐热能力差,多用于滤波器、积分、振荡、定时电路。

聚酯(涤纶)电容(CL):
➢ 电容量:40 pF～4 μF;
➢ 额定电压:63～630 V;
➢ 主要特点:小体积、大容量、耐热耐湿、稳定性差;
➢ 应用:对稳定性和损耗要求不高的低频电路。

聚苯乙烯电容(CB):
➢ 电容量:10 pF～1 μF;
➢ 额定电压:100 V～30 kV;
➢ 主要特点:稳定性好,损耗低,体积较大;
➢ 应用:对稳定性和损耗要求较高的电路。

聚丙烯电容(CBB):
➢ 电容量:1 000 pF～10 μF;
➢ 额定电压:63～2 000 V;
➢ 主要特点:性能与聚苯相似但体积小,稳定性略差;
➢ 应用:代替大部分聚苯或云母电容,用于要求较高的电路。

4. 瓷介电容器

穿心式或支柱式结构瓷介电容器,其中一个电极用螺丝,引线电感极小,频率特性好,介电损耗小,有温度补偿作用,不能做成大的容量,受振动会引起容量变化特别适于高频旁路。

高频瓷介电容(CC):
➢ 电容量:1～6 800 pF;
➢ 额定电压:63～500 V;
➢ 主要特点:高频损耗小,稳定性好;
➢ 应用:高频电路。

低频瓷介电容(CT):
➢ 电容量:10 pF～4.7 μF;
➢ 额定电压:50～100 V;
➢ 主要特点:体积小,价廉,损耗大,稳定性差;
➢ 应用:要求不高的低频电路。

5. 独石电容器

独石电容器(多层陶瓷电容器)在若干片陶瓷薄膜坯上覆以电极浆材料,叠合后一次绕结成一块不可分割的整体,外面再用树脂包封而成。其为体积小、容量大、可靠性高和耐高温的新型电容器。高介电常数的低频独石电容器也具有稳定的性能,体积极小,Q 值高容量误差较大,多用于噪声旁路、滤波器、积分、振荡电路。

➤ 电容量:0.5 pF～1 μF;
➤ 耐压:2 倍额定电压;
➤ 主要特点:电容量大、体积小、可靠性高、电容量稳定,耐高温耐湿性好等;
➤ 应用:广泛应用于电子精密仪器,各种小型电子设备作为谐振、耦合、滤波旁路。

6. 纸质电容器

纸质电容器一般是用两条铝箔作为电极,中间以厚度为 0.008～0.012 mm 的电容器纸隔开重叠卷绕而成,制造工艺简单,价格便宜,能得到较大的电容量。其通常用在低频电路内,一般不能用在高于 3～4 MHz 的频率。油浸电容器的耐压比普通纸质电容器高,稳定性好,适用于高压电路。

7. 微调电容器

微调电容器的电容量可在某一小范围内调整,并可在调整后固定于某个电容值。瓷介微调电容器的 Q 值高,体积也小,通常可分为圆管式及圆片式两种。云母和聚苯乙烯介质的电容器通常都采用弹簧式,结构简单,但稳定性较差。线绕瓷介微调电容器是拆铜丝(外电极)来变动电容量的,故容量只能变小,不适合在需反复调试的场合使用。

8. 陶瓷电容器

陶瓷电容器用高介电常数的电容器陶瓷(钛酸钡一氧化钛)挤压成圆管、圆片或圆盘作为介质,并用烧渗法将银镀在陶瓷上作为电极制成。它又分高频瓷介和低频瓷介两种。具有小的正电容温度系数的电容器,用于高稳定振荡回路中,作为回路电容器及垫整电容器。低频瓷介电容器限于在工作频率较低的回路中作为旁路或隔直流用,或对稳定性和损耗要求不高的场合(包括高频在内)。这种电容器不宜使用在脉冲电路中,因为它们易于被脉冲电压击穿。高频瓷介电容器适用于高频电路。

9. 玻璃釉电容器(CI)

玻璃釉电容器由一种浓度适于喷涂的特殊混合物喷涂成薄膜而成,介质再以银层电极经烧结而成"独石"结构,性能可与云母电容器媲美,能耐受各种气候环境,一般可在 200℃ 或更高温度下工作,额定工作电压可达 500 V。

➤ 电容量:10 pF～0.1 μF;
➤ 额定电压:63～400 V;
➤ 主要特点:稳定性较好、损耗小、耐高温(200 ℃);
➤ 应用:脉冲、耦合、旁路等电路。

1.2.6　电容器的选用

1. 根据电路特点和用途选用

不同电路应该选用不同种类的电容。在电源滤波和退耦电路中应选用电解电容;在高频电路和高压电路中应选用瓷介和云母电容;在谐振电路中可选用云母、陶瓷和有机薄膜等电容;用做隔直时可选用纸介、涤纶、云母、电解、陶瓷等电容;旁路可以选用涤纶、纸介、陶瓷、电解等电容。表 1－16 为各类电容器的主要应用场合。

表 1-16 各类电容器的主要应用场合

电容器类型	应用范围								
	隔直	脉冲	旁路	耦合	滤波	调谐	启动交流	温度补偿	储能
空气微调电容器				O	O	O			
微调陶瓷电容器				O		O			
I 类陶瓷电容器				O		O		O	
II 类陶瓷电容器			O	O		O			
玻璃电容器	O		O	O		O			
穿心电容器			O						
密封云母电容器		O	O	O	O	O			
小型云母电容器			O	O		O			
密封纸介电容器	O	O	O	O	O		O		
小型纸介电容器	O		O						
金属化纸介电容器	O		O	O	O				O
薄膜电容器	O	O	O	O	O				
直流电解电容器			O						
交流电解电容器							O		
钽电解电容器	O		O	O	O				O

2. 根据电容性能参数选用

① 根据耐压值选用。电容在电路中实际要承受的电压不能超过它的耐压值,一般电容器的额定电压应高于其实际工作电压的 10%~20%,以确保电容器不被击穿而损坏。特别是在交流条件下工作,直流电压值加上交流电压峰值应不得超过电容的额定直流电压。

② 根据允许误差选用。在业余制作电路时一般不考虑电容的允许误差;对于用在振荡和延时电路中的电容器,其允许误差应尽可能小(一般小于 5%);在低频耦合电路中的电容误差可稍大一些(一般为 10%~20%)。

③ 根据绝缘电阻选用。小容量电容器,绝缘电阻单位为 MΩ。大容量绝缘电阻值用参数 RC,即电容器的时间常数表示,单位为 $MΩ·μF$。电解电容器以漏电流来反映绝缘电阻,单位为 $μA$。

1.3 电感元件

凡能产生自感作用的元件称为电感,电感也是构成电路的基本元件,电感和电容一样也是一种储能元件,它能把电能转变为磁场能,并在磁场中储存能量。电感在电路中有阻碍交流电通过而让直流电通过的特性,其基本特性是通低频、阻高频,在交流电路中常作扼流、降压、谐振等。

1.3.1　电感的符号、单位及命名方法

1. 电感符号和单位

➤ 电感符号：L，其各种符号如图 1-10 所示；

空芯线圈　　　　　可变线圈　　　　铁氧体磁芯线圈　　　铁芯线圈

图 1-10　电感符号

➤ 电感单位：亨（H）、毫亨（mH）、微亨（μH），$1\ \text{H}=10^3\ \text{mH}=10^6\ \mu\text{H}$；

➤ 电感量的标称：直标式、色环标式、无标式；

➤ 电感方向性：无方向；

➤ 检查电感好坏方法：用电感测量仪测量其电感量；用万用表测量其通断，理想的电感电阻很小，近乎为零。

2. 电感的命名方法

电感的命名方法如图 1-11 所示。

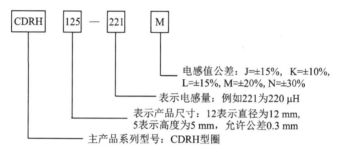

电感值公差：J=±15%，K=±10%，
L=±15%，M=±20%，N=±30%
表示电感量：例如221为220 μH
表示产品尺寸：12表示直径为12 mm，
5表示高度为5 mm，允许公差0.3 mm
主产品系列型号：CDRH型圈

图 1-11　电感的命名方法

1.3.2　电感的作用及分类

1. 电感的作用

电感的基本作用为滤波、振荡、延迟、限波等。形象说法是"通直流，阻交流"。细化解说：在电子线路中，电感线圈对交流有限流作用，它与电阻器或电容器能组成高通或低通滤波器、移相电路及谐振电路等；变压器可以进行交流耦合、变压、变流和阻抗变换等。

由感抗 $X_L=2\pi f_L$ 知，电感 L 越大，频率 f 越高，感抗就越大。该电感器两端电压的大小与电感 L 成正比，还与电流变化速度 $\Delta i/\Delta t$ 成正比。这关系也可用下式表示：

$$U=L\,\Delta i/\Delta t$$

电感线圈也是一个储能元件，它以磁的形式储存电能，储存的电能大小可用下式表示：

$$W_L=1/2\,Li^2。$$

可见，线圈电感量越大，流过电流越大，储存的电能也就越多。

电感在电路最常见的作用就是与电容一起组成 LC 滤波电路。电容具有"阻直流，通交流"的功能，而电感则有"通直流，阻交流"的功能。如果把伴有许多干扰信号的直流电通过 LC 滤波电路，如图 1-12 所示，那么，交流干扰信号将被电容变成热能消耗掉；变得比较纯净的直

流电流通过电感时,其中的交流干扰信号也被变成磁感和热能,频率较高的最容易被电感阻抗,这就可以抑制较高频率的干扰信号。

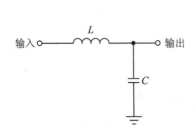

图 1－12　LC 滤波电路图及实际接线图

　　LC 滤波电路:在线路板电源部分的电感一般是由线径非常粗的漆包线环绕在涂有各种颜色的圆形磁芯上,而且附近一般有几个高大的滤波铝电解电容,这二者组成的就是上述的 LC 滤波电路。另外,线路板还大量采用"蛇行线＋贴片钽电容"来组成 LC 电路,因为蛇行线在电路板上来回折行,也可以看成一个小电感。

　　2. 电感的分类

　　电感的分类如下:

　　按电感形式分类:固定电感、可变电感。

　　按导磁体性质分类:空心线圈、铁氧体线圈、铁芯线圈、铜芯线圈。

　　按工作性质分类:天线线圈、振荡线圈、扼流线圈、限波线圈、偏转线圈。

　　按绕线结构分类:单层线圈、多层线圈、蜂房式线圈。

　　按工作频率分类:高频线圈、低频线圈。

　　按结构特点分类:磁芯线圈、可变电感线圈、色码电感线圈、无磁芯线圈等。

1.3.3　电感的主要特性参数

　　① 电感量 L。电感量 L 表示线圈本身固有特性,与电流大小无关。除专门的电感线圈(色码电感)外,电感量一般不专门标注在线圈上,而以特定的名称标注。

　　② 感抗 X_L。电感线圈对交流电流阻碍作用的大小称感抗 X_L,单位为 Ω。它与电感量 L 和交流电频率 f 的关系为 $X_L=2\pi f_L$。

　　③ 品质因数 Q。品质因数 Q 是表示线圈质量的一个物理量,Q 为感抗 X_L 与其等效的电阻的比值,即:$Q=X_L/R$。线圈的 Q 值越高,回路的损耗越小。线圈的 Q 值与导线的直流电阻,骨架的介质损耗,屏蔽罩或铁芯引起的损耗,高频趋肤效应的影响等因素有关。线圈的 Q 值通常为几十到几百。采用磁芯线圈,多股粗线圈均可提高线圈的 Q 值。

　　④ 分布电容。线圈的匝与匝间、线圈与屏蔽罩间、线圈与底板间存在的电容被称为分布电容。分布电容的存在使线圈的 Q 值减小,稳定性变差,因而线圈的分布电容越小越好。采用分段绕法可减少分布电容。

　　⑤ 允许误差。电感量实际值与标称之差除以标称值所得的百分数。

　　⑥ 标称电流。标称电流指线圈允许通过的电流大小,通常用字母 A、B、C、D、E 表示的标称电流值分别为 50 mA、150 mA、300 mA、700 mA、1 600 mA。

1.3.4　常用电感线圈

导线中有电流时,其周围即建立磁场。通常人们把导线绕成线圈,以增强线圈内部的磁场。电感线圈就是据此把导线(漆包线、纱包或裸导线)一圈靠一圈(导线间彼此互相绝缘)地绕在绝缘管(绝缘体、铁芯或磁芯)上制成的。常用的电感线圈如下:

单层线圈:单层线圈是用绝缘导线一圈挨一圈地绕在纸筒或胶木骨架上,如晶体管收音机中波天线线圈。

蜂房式线圈:如果所绕制的线圈,其平面不与旋转面平行,而是相交成一定的角度,这种线圈称为蜂房式线圈。而其旋转一周,导线来回弯折的次数,常称为折点数。蜂房式绕法的优点是体积小,分布电容小,而且电感量大。蜂房式线圈都是利用蜂房绕线机来绕制,折点越多,分布电容越小。

铁氧体磁芯和铁芯线圈:线圈的电感量大小与有无磁芯有关。在空心线圈中插入铁氧体磁芯,可增加电感量和提高线圈的品质因数。

铜芯线圈:铜芯线圈在超短波范围应用较多,利用旋动铜芯在线圈中的位置来改变电感量,这种调整比较方便、耐用。

色码电感线圈:是一种高频电感线圈,它是在磁芯上绕上一些漆包线后再用环氧树脂或塑料封装而成。它的工作频率为 10 kHz～200 MHz,电感量一般为 0.1 μH～3 300 μH。色码电感线圈具有固定的电感量,其电感量的标志方法同电阻的标志方法一样以色环来标记,其单位为 μH。

阻流圈(扼流圈):限制交流电通过的线圈称阻流圈,分高频阻流圈和低频阻流圈。

偏转线圈:偏转线圈是电视机扫描电路输出级的负载。偏转线圈要求偏转灵敏度高、磁场均匀、Q 值高、体积小、价格低。

1.3.5　常用电感的型号和规格

国内外有众多的电感生产厂家,其中名牌厂家有 SAMUNG、PHI、TDK、AVX、VISHAY、NEC、KEMET、ROHM 等。

1. 片状电感

电感量:10 nH～1 mH;

材料:铁氧体,绕线型,陶瓷叠层;

精度:J＝±5%,K＝±10%,M＝±20%;

封装:0402,0603,0805,1008,1206,1210,1812;其中 1008 封装尺寸为 2.5 mm×2.0 mm;1210 封装尺寸为 3.2 mm×2.5 mm。

片状电感的外形如图 1－13 所示。

2. 功率电感

电感量:1 nH～20 mH;

带屏蔽、不带屏蔽;

尺寸:SMD43、SMD54、SMD73、SMD75、SMD104、SMD105;RH73/RH74/RH104R/RH105R/RH124;CD43/54/73/75/104/105。

功率电感的外形如图 1－14 所示。

图 1 - 13　贴片绕线电感和贴片叠层电感

3. 片状磁珠

CBG(普通型)阻抗：5 Ω～3 kΩ；

CBH(大电流)阻抗：30～120 Ω；

CBY(尖峰型)阻抗：5 Ω～2 kΩ；

规格：0402/0603/0805/1206/1210/1806(贴片磁珠)；

规格：SMB302520/SMB403025/SMB853025(贴片大电流磁珠)。

贴片磁珠和贴片大电流磁珠的外形如图 1 - 15 所示。

图 1 - 14　贴片功率电感和屏蔽式功率电感　　　　**图 1 - 15　贴片磁珠和贴片大电流磁珠**

4. 色环电感

电感量：0.1 μH～22 mH；

尺寸：0204、0307、0410、0512；

豆形电感：0.1μH～22 mH；

尺寸：0405、0606、0607、0909、0910；

精度：J＝±5%，K＝±10%，M＝±20%；

精度：J＝±5%，K＝±10%，M＝±20%；

另外,还有立式电感、轴向滤波电感、磁环电感、空心电感等。

1.3.6　电感的选用

选用电感时,首先应明确其使用的频率范围。铁芯线圈只能用于低频,铁氧体线圈、空心线圈可用于高频;其次要根据线圈的电感量和适用的电压范围进行选用。部分电感的性能和用途如表 1 - 17 所列。

表 1 - 17　部分电感的性能和用途

名　称	性能和用途
固定电感线圈	体积小、Q 值高、性能稳定。常用于滤波、扼流、延时、限波等电路中
磁芯电感线圈	体积小，通过调节磁芯改变电感量的大小。用于滤波、振荡、频率补偿等

1.4　变压器

　　变压器是变换交流电压、电流和阻抗的器件，当初级线圈中通有交流电流时，铁芯（或磁芯）中便产生交流磁通，使次级线圈中感应出电压（或电流）。变压器由铁芯（或磁芯）和线圈组成，线圈有两个或两个以上的绕组，其中接电源的绕组叫初级线圈，其余的绕组叫次级线圈。

1.4.1　变压器的分类

➤ 按冷却方式分类：干式（自冷）变压器、油浸（自冷）变压器、氟化物（蒸发冷却）变压器。
➤ 按防潮方式分类：开放式变压器、灌封式变压器、密封式变压器。
➤ 按铁芯或线圈结构分类：芯式变压器（插片铁芯、C 形铁芯、铁氧体铁芯）、壳式变压器（插片铁芯、C 形铁芯、铁氧体铁芯）、环形变压器、金属箔变压器。
➤ 按电源相数分类：单相变压器、三相变压器、多相变压器。
➤ 按用途分类：电源变压器、调压变压器、音频变压器、中频变压器、高频变压器、脉冲变压器。

1.4.2　电源变压器的特性参数

1. 电源变压器的特性参数

➤ 工作频率：变压器铁芯损耗与频率关系很大，故应根据使用频率来设计和使用，这种频率称工作频率。
➤ 额定功率：在规定的频率和电压下，变压器能长期工作，而不超过规定温升的输出功率。
➤ 额定电压：指在变压器的线圈上所允许施加的电压，工作时不得大于规定值。
➤ 电压比：指变压器初级电压和次级电压的比值，有空载电压比和负载电压比的区别。
➤ 空载电流：变压器次级开路时，初级仍有一定的电流，这部分电流称为空载电流。空载电流由磁化电流（产生磁通）和铁损电流（由铁芯损耗引起）组成。对于 50 Hz 电源变压器而言，空载电流基本上等于磁化电流。
➤ 空载损耗：指变压器次级开路时，在初级测得功率损耗。主要损耗是铁芯损耗，其次是空载电流在初级线圈铜阻上产生的损耗（铜损），这部分损耗很小。
➤ 效率：指次级功率 P_2 与初级功率 P_1 比值的百分比。通常变压器的额定功率越大，效率就越高。
➤ 绝缘电阻：表示变压器各线圈之间、各线圈与铁芯之间的绝缘性能。绝缘电阻的高低与所使用的绝缘材料的性能、温度高低和潮湿程度有关。

2．音频变压器和高频变压器的特性参数

➤ 频率响应：指变压器次级输出电压随工作频率变化的特性。

➤ 通频带：如果变压器在中间频率的输出电压为 U_o，当输出电压(输入电压保持不变)下降到 $0.707U_o$ 时的频率范围，称为变压器的通频带 B。

➤ 初、次级阻抗比：变压器初、次级接入适当的阻抗 R_o 和 R_i，使变压器初、次级阻抗匹配，则 R_o 和 R_i 的比值称为初、次级阻抗比。在阻抗匹配的情况下，变压器工作在最佳状态，传输效率最高。

1.5　半导体分立元件

半导体是一种具有特殊性质的物质，它不像导体一样能够完全导电，又不像绝缘体那样不能导电，它介于两者之间，所以称为半导体。半导体器件是电子元器件中功能和品种最为复杂的一类器件。半导体分立器件包括二极管、三极管、场效应管和其他一些特殊的半导体器件。半导体的电阻率为 $10^{-3} \sim 10^{-9}$ Ω·cm。典型的半导体有硅 Si 和锗 Ge 以及砷化镓 GaAs 等。

半导体器件的命名。根据我国国家标准(GB 249—64)，半导体器件的型号由 5 个部分组成，如表 1-18 所列。

表 1-18　中国半导体器件型号组成及符号意义

第 1 部分		第 2 部分		第 3 部分				第 4 部分	第 5 部分
数字表示电极数目		字母表示材料及极性		字母表示类型				数字表示序号	字母表示规格
符号	意义	符号	意义	符号	意义	符号	意义		
2	二极管	A	N 型锗材料	P	普通管	D	低频大功率管		
		B	P 型锗材料	V	微波管	A	高频大功率管		
		C	N 型硅材料	W	稳压管	T	半导体闸流管		
		D	P 型硅材料	C	参量管	Y	体效应器件		
3	三极管	A	PNP 型锗材料	Z	整流管	B	雪崩管		
		B	NPN 型锗材料	L	整流堆	J	阶跃恢复管		
		C	PNP 型硅材料	S	隧道管	CS	场效应器件	—	—
		D	NPN 型硅材料	N	阻尼管	BT	特殊器件		
				U	光电器件	FH	复合管		
				K	开关管	PI	PIN 管		
				X	低频小功率管	JG	激光器件		
				G	高频小功率管				

例如：3DG18 表示 NPN 型硅材料高频三极管。

1.5.1　二极管的识别与检测

二极管是由一个 PN 结，加上引线、接触电极和管壳而构成。

1．二极管的类型

将 PN 结用外壳封装起来，并加上电极引线就构成了半导体二极管，简称二极管。由 P 区引出的电极为阳极，由 N 区引出的电极为阴极。

➤ 按用途分：整流二极管、检波二极管、发光二极管、光电二极管、稳压二极管、变容二极管等。

> 按材料分：硅管，多为面接触型，热稳定性好，反向电流小，适应于功率稍大的整流电路；锗管，多为点接触型，反向电流比硅管大，热稳定性较差，但工作频率高，适用于高频整流与滤波电路。

> 按管子的结构和工艺分：

　- 点接触型二极管——PN 结面积小，结电容小，用于检波和变频等高频电路。点接触型二极管适用于高频下工作，最高工作频率可达几百兆赫，但不能通过很大电流，也不能承受高的反向电压，主要用于小电流整流和高频检波，也适用于开关电路。

　- 面接触型二极管——PN 结面积大，用于工频大电流整流电路。面接触型二极管能通过较大的电流，结电容也大，适用于工作频率较低的整流电路。

　- 平面型二极管——往往用于集成电路制造工艺中。PN 结面积可大可小，用于高频整流和开关电路中。

各类二极管的符号如图 1 - 16 所示，二极管的结构如图 1 - 17 所示，常见二极管的外形如图 1 - 18 所示。

普通二极管　　发光二极管　　光电二极管　　变容二极管　　稳压二极管

图 1 - 16　各类二极管的符号

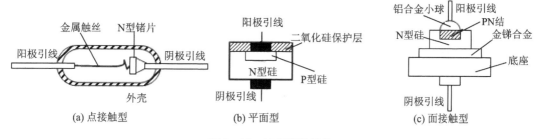

(a) 点接触型　　　　　　　(b) 平面型　　　　　　　(c) 面接触型

图 1 - 17　二极管的结构

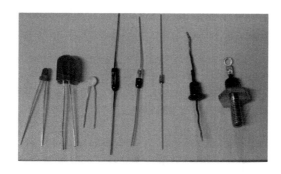

图 1 - 18　二极管的常见外形

2. 二极管的主要参数

半导体二极管的参数包括最大整流电流 I_F、反向击穿电压 V_{BR}、最大反向工作电压 V_{RM}、

反向电流 I_R、最高工作频率 f_{max} 和结电容 C_j 等。几个主要的参数介绍如下:

① 最大整流电流 I_F。二极管长期连续工作时,允许通过二极管的最大整流电流的平均值。

② 反向击穿电压 V_{BR} 和最大反向工作电压 V_{RM}。二极管反向电流急剧增加时对应的反向电压值称为反向击穿电压 V_{BR}。为安全计,在实际工作时,最大反向工作电压 V_{RM} 一般只按反向击穿电压 V_{BR} 的一半计算。

③ 反向电流 I_R。在室温和规定的反向电压下,一般是最大反向工作电压下的反向电流值。硅二极管的反向电流一般在纳安(nA)级;锗二极管的反向电流在微安(μA)级。

④ 正向压降 V_F。在规定的正向电流下,二极管的正向电压降。小电流硅二极管的正向压降在中等电流水平下为 $0.6 \sim 0.8$ V;锗二极管为 $0.2 \sim 0.3$ V。

⑤ 动态电阻 r_d。反映了二极管正向特性曲线斜率的倒数。显然,r_d 与工作电流的大小有关,即:

$$r_d = \Delta V_F / \Delta I_F$$

⑥ 半导体二极管的温度特性。温度对二极管的性能有较大的影响,温度升高时,反向电流将呈指数规律增加,如硅二极管温度每增加 8 ℃,反向电流将约增加一倍;锗二极管温度每增加 12 ℃,反向电流大约增加一倍。另外,温度升高时,二极管的正向压降将减小,每增加 1 ℃,正向压降 $V_F(V_d)$ 大约减小 2 mV,即具有负的温度系数。这些可以从图 1-19 所示二极管的伏安特性曲线上看出。

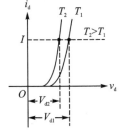

图 1-19 温度对二极管伏安特性曲线的影响

在实际应用中,二极管的有关参数是通过查器件手册获得的。

3. 特殊的二极管

(1) 稳压二极管

稳压二极管是一种特殊的面接触型二极管,它和普通二极管的区别是:

① 制造工艺不同,它的击穿电压低,反向击穿电流大。

② 工作环境不同,它工作在反向击穿区。

稳压二极管符号和伏安特性曲线如图 1-20 所示。

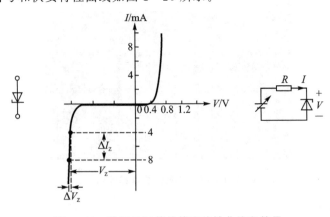

图 1-20 稳压二极管的伏安特性曲线和符号

由图可见,当反向电流 ΔI_Z 在很大的范围内变化时,其端电压 ΔV_Z 的变化却很小,因而具有稳压作用。

稳压二极管的主要参数:

① 稳定电压 V_Z。指流过规定电流时稳压二极管两端的反向电压值。

② 稳定电流 I_Z。是稳压二极管稳压工作时 V_Z 所对应的电流值,当工作电流低于 I_Z 时,稳压效果变差,当工作电流低于 I_{Zmin} 时,将失去稳压作用。

③ 最大耗散功率 P_{ZM} 和最大工作电流 I_{ZM}。P_{ZM} 和 I_{ZM} 是为了保证管子不被热击穿而规定的极限参数,由管子允许的最高结温决定,$P_{ZM}=I_{ZM}V_Z$。

通常:$V_Z < 4$ V 时,具有负温度系数,即温度上升,V_Z 下降;

$V_Z > 7$ V 时,具有正温度系数,即温度上升,V_Z 上升;

$V_Z = 4 \sim 7$ V 时,稳压效果最好。

稳压二极管在工作时应反接,即稳压二极管的负极必须接高电位端,并串入一只电阻。电阻的作用一是起限流作用,以保护稳压管;其次是当输入电压或负载电流变化时,通过该电阻上电压降的变化,取出误差信号以调节稳压管的工作电流,从而起到稳压作用。

常用稳压二极管的型号及稳压值如表 1-19 所列。

表 1-19 常用稳压二极管的型号及稳压值

型 号	IN4728	IN4729	IN4730	IN4732	IN4733	IN4734	IN4735	IN4744	IN4750	IN4751	IN4761
稳压值/V	3.3	3.6	3.9	4.7	5.1	5.6	5.6	6.2	15	27	30

(2) 发光二极管

发光二极管简写为 LED。它通常用砷化镓或磷化镓等材料制成,当有电流通过它时便会发出一定颜色的光。按发光的颜色不同发光二极管可分为红色、黄色、绿色、蓝色、变色和红外发光二极管等。一般情况下,通过 LED 的电流为 $10 \sim 30$ mA,正向压降约为 $1.5 \sim 3$ V。LED 可用直流、交流、脉冲等电源驱动,但必须串接限流电阻。LED 能把电能转换成光能,广泛应用在音响设备、数控装置、微机系统的显示器上。除单个使用外,也可做成 7 段或矩阵列显示器。关于发光二极管的特性参数,如表 1-20 所列。

表 1-20 发光二极管特性参数

颜 色	波长/mm	基本材料	正向电压 (10 mA 时)/V	光强(10 mA 时, 张角±45°)	光功率/μW
红外	900	砷化镓	$1.3 \sim 1.5$		$100 \sim 500$
红	655	磷砷化镓	$1.6 \sim 1.8$	$0.4 \sim 1$	$1 \sim 2$
鲜红	635	磷砷化镓	$2.0 \sim 2.2$	$2 \sim 4$	$5 \sim 10$
黄	583	磷砷化镓	$2.0 \sim 2.2$	$1 \sim 3$	$3 \sim 8$
绿	565	磷化镓	$2.2 \sim 2.4$	$0.5 \sim 3$	$1.5 \sim 8$

(3) 光电二极管

光电二极管的结构与普通二极管类似,使用时,光电二极管的 PN 结工作在反向偏置状态。其特点是:它的反向电流随光照强度的增加而上升,即它的反向电流与光的照度成正比。灵敏度的典型值为 0.1 μA/lx(勒克斯为照度 E 的单位)数量级。

光电二极管可用来测量光的强度,大面积的光电二极管可用做能源,即光电池。

(4) 隧道二极管

隧道二极管是采用砷化镓(GaAs)和锑化镓(GaSb)等材料混合制成的半导体二极管,其优点是开关特性好,速度快、工作频率高;缺点是热稳定性较差。隧道二极管一般应用于某些开关电路或高频振荡等电路中。

(5) 变容二极管

变容二极管是利用 PN 结加反向电压时绝缘层的变化制成的二极管。PN 结此时相当于一个结电容,反偏电压越大,PN 结的绝缘层加宽,其结电容越小。如 2CB14 型变容二极管,当反向电压为 3～25 V 时,其结电容为 20～30 pF。它主要用在高频电路中作自动调谐、调频、调相等,如在彩色电视机的高频头中作电视频道的选择。

(6) 肖特基二极管(如 BAT85)

肖特基二极管是由金属和半导体采用平面工艺制造形成的,它仅用一种载流子(电子)输送电荷,因而没有少数载流子的存储效应。因此它具有反向恢复时间短(7 ns)和正向压降低(0.4 V)的突出优点,它主要用于开关稳压电源做整流和逆变器中作续流二极管。

(7) 快恢复二极管

快恢复二极管工作原理与普通二极管相似,亦是利用 PN 结单导性,但制造工艺与普通二极管不同。它的扩散深度及处延层可以精确控制。因而可获得较高的开关速度。同时,在耐压允许范围内,外延层可做得较薄。它的反向恢复时间是快恢复二极管的重要参数,定义是电流通过零点由正向转换成反向,再从反向转换到规定低值的时间间隔。与肖特基二极管相比,其耐压高得多,主要也用在逆变电源中做整流元件,以降低关断损耗,提高效率和减少噪声。

通常把它用在整流、隔离(如 1N4148)、稳压、极性保护、编码控制、调频调制和静噪等电路中。

4. 二极管的识别方法

二极管的识别很简单,小功率二极管的 N 极(负极),在二极管外表大多采用一种色圈标出来;有些二极管也用二极管专用符号来表示 P 极(正极)或 N 极(负极);也有采用符号标志为 P、N 来确定二极管极性的。发光二极管的正负极可从引脚长短来识别,长脚为正,短脚为负。

1.5.2　三极管

1. 三极管的分类

➢ 按工作频率分,有高频三极管和低频三极管;
➢ 按功率大小分,有大功率、中功率及小功率三极管;
➢ 按封装形式分,有金属封装和塑料封装;
➢ 按电极性不同分,有 PNP 和 NPN 三极管。

2. 晶体三极管的结构及工作状态

(1) 三极管的结构

三极管的结构为:

三区＋两结＋三电极

三区:指发射区、基区、集电区;

两结：指发射结、集电结；

三电极：指发射极、基极、集电极。

晶体三极管是半导体基本元器件之一，具有电流放大作用，是电子电路的核心元件。三极管是在一块半导体基片上制作两个相距很近的 PN 结，两个 PN 结把整块半导体分成三部分。中间部分是基区，两侧部分是发射区和集电区，排列方式有 PNP 和 NPN 两种，如图 1 - 21 所示。从三个区引出相应的电极，分别为基极 b、发射极 e 和集电极 c。

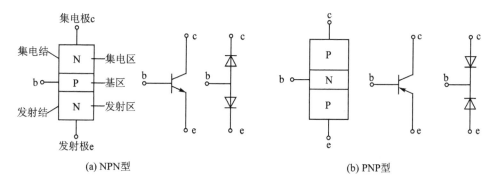

(a) NPN型　　　　　　　　　　　　　　　　　　(b) PNP型

图 1 - 21　PNP 和 NPN 型三极管结构图

发射区和基区之间的 PN 结叫发射结，集电区和基区之间的 PN 结叫集电结。基区很薄，而发射区较厚，杂质浓度大。PNP 型三极管发射区"发射"的是空穴，其移动方向与电流方向一致，故发射极箭头向里；NPN 型三极管发射区"发射"的是自由电子，其移动方向与电流方向相反，故发射极箭头向外。发射极箭头指向也是 PN 结在正向电压下的导通方向。硅晶体三极管和锗晶体三极管都有 PNP 型和 NPN 型两种类型。

（2）三极管的工作状态

① 截止状态。当加在三极管发射结的电压小于 PN 结的导通电压，基极电流为零，集电极电流和发射极电流都为零，三极管这时失去了电流放大作用，集电极和发射极之间相当于开关的断开状态，通常称为三极管处于截止状态。

② 放大状态。当加在三极管发射结的电压大于 PN 结的导通电压，并处于某一恰当的值时，三极管的发射结正向偏置，集电结反向偏置，这时基极电流对集电极电流起着控制作用，使三极管具有电流放大作用，其电流放大倍数 $\beta = \Delta I_c / \Delta I_b$，这时三极管处放大状态。

③ 饱和导通状态。当加在三极管发射结的电压大于 PN 结的导通电压，并当基极电流增大到一定程度时，集电极电流不再随着基极电流的增大而增大，而是处于某一定值附近不怎么变化，这时三极管失去电流放大作用，集电极与发射极之间的电压很小，集电极和发射极之间相当于开关的导通状态。三极管的这种状态称为饱和导通状态。

3. 三极管的主要参数

（1）电流放大系数

直流放大系数 $\bar{\beta}$：

$$\bar{\beta} = I_c / I_b$$

交流放大系数 β：

$$\beta = \Delta I_c / \Delta I_b$$

（2）极间反向饱和电流

包括集电极—基极反向饱和电流 I_{CBO} 和集电极—发射极反向饱和电流 I_{CEO}。公式如下：

$$I_{CEO} = (1 + \bar{\beta}) I_{CBO}$$

I_{CBO} 和 I_{CEO} 都是由少数载流子的运动形成的，所以对温度非常敏感。当温度升高时，I_{CBO} 和 I_{CEO} 都将急剧增大。实际工作中选用三极管时，要求三极管的反向饱和电流 I_{CBO} 和穿透电流 I_{CEO} 尽可能小一些，这两个反向电流的值越小，表明三极管的质量越高。

（3）极限参数

① 集电极最大允许电流 I_{CM}。三极管正常工作时，集电结允许通过的最大电流。

② 集电极-发射极击穿电压 BU_{CEO}。基极开路时，集电极与发射极之间所能承受的最大反向电压。

③ 集电极最大允许功率损耗 P_{CM}。在保证管子不损坏的情况下，允许消耗的最大功率。

$$P_{CM} = U_{CE} I_C$$

4. 三极管的封装形式和引脚识别

常用三极管的封装形式有金属封装和塑料封装两大类，引脚的排列方式具有一定的规律，如图 1-22 所示。对于小功率金属封装三极管，按图示底视图位置放置，使 3 个引脚构成等腰三角形的顶点上，从左向右依次为 e b c；对于中小功率塑料三极管按图使其平面朝向自己，3 个引脚朝下放置，则从左到右依次为 e b c。

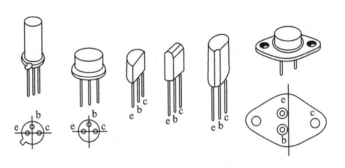

图 1-22　常用晶体三极管的外形及引脚排列

目前，国内各种类型的晶体三极管有许多种，引脚的排列不尽相同，在使用中不确定引脚排列的三极管，必须进行测量确定各引脚正确的位置，或查找晶体管使用手册，明确三极管的特性及相应的技术参数和资料。图 1-23 为常用晶体三极管的实物图。

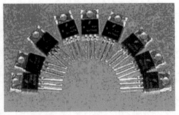

图 1-23　常用晶体三极管实物图

5. 三极管的选用与引脚判别

（1）三极管的选用

① 根据电路需要，应使其特征频率高于电路工作频率的 3～10 倍，但不能太高，否则将引起高频振荡。

② 三极管的 β 值应选择适中，一般选 30～200 为宜。β 值太低，电路的放大能力差；β 值过高又可能使管子工作不稳定，造成电路的噪声增大。选用管子的穿透电流 I_{CEO} 越小越好，硅管比锗管的小。

③ 反向击穿电压 $U_{(BR)CEO}$ 应大于电源电压。在常温下，集电极耗散功率 P_{CM} 应选择适中。如选小了会因管子过热而烧毁；选大了又会造成浪费。

（2）三极管的引脚判别

① 管型与基极的判别。万用表置电阻挡，量程选 1k 挡（或 R×100），将万用表任一表笔先接触某一个电极（假定的公共极），另一表笔分别接触其他两个电极，当两次测得的电阻均很小（或均很大），则前者所接电极就是基极，如两次测得的阻值一大一小，相差很多，则前者假定的基极有错，应更换其他电极重测。

例如，黑表笔任接一极，红表笔分别依次接另外二极。若两次测量中表针均偏转很大（说明管子的 PN 结已通，电阻较小），则黑笔接的电极为 b 极，同时该管为 NPN 型；反之，将表笔对调（红表笔任接一极），重复以上操作，则也可确定管子的 b 极，其管型为 PNP 型。

根据上述方法，可以找出公共极，该公共极就是基极 b，若公共极是阳极，该管属 NPN 型管，反之则是 PNP 型管。

② 发射极与集电极的判别。对于 NPN 型的管子，先假设一极为 c 极，将黑笔（对应表内电池的正极）接 c，红笔（对应表内电池的负极）接 e，用手捏住基极和集电极，观察指针的偏转情况，然后两表笔交换，重复测量一次，则偏转大的一次黑笔所接为集电极，另一极为发射极。对于 PNP 型的管子，将红笔接假设的 c 极，其他与 NPN 型的管子测试相似。

6. 特殊三极管

（1）光敏三极管

光敏三极管是一种相当于在基极和集电极接入光电二极管的三极管。为了对光有良好的响应，其基区面积比发射区面积大得多，以扩大光照面积。光敏三极管的引脚有三个也有两个的，在两个引脚的管子中，光窗口即为基极。其等效电路和符号如图 1-24 所示。

（2）光电耦合器

光电耦合器是把发光二极管和光敏三极管组装在一起而成的光-电转换器件，其主要原理是以光为媒介，实现了电—光—电的传递与转换。其等效电路和符号如图

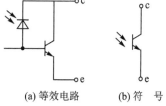

(a) 等效电路　　(b) 符 号

图 1-24 光敏三极管等效电路及符号

1-25 所示。在光电隔离电路中，为了切断干扰的传输途径，电路的输入回路和输出回路必须各自独立，不能共地。由于光电耦合器是一种以光为媒体传送信号的器件，实现了输出端与输入端的电气绝缘（绝缘电阻大于 10^{19} Ω），耐压在 1 kV 以上，为单向传输，无内部反馈，抗干扰能力强，尤其是抗电磁干扰，所以是一种广泛应用于微机检测和控制系统中光电隔离方面的新型器件。

7. 中国半导体器件型号命名方法

半导体器件型号由 5 部分(场效应器件、半导体特殊器件、复合管、PIN 型管、激光器件的型号命名只有第 3、4、5 部分)组成。5 个部分意义如下:

第 1 部分:用数字表示半导体器件有效电极数目,如 2 表示二极管、3 表示三极管。

第 2 部分:用汉语拼音字母表示半导体器件的材料和极性。表示二极管时,A 表示 N 型锗材料;B 表示 P 型锗材料;C 表示 N 型硅材料;D 表示 P 型硅材料。表示三

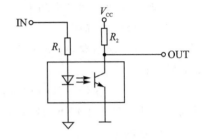

图 1 - 25 光电耦合器

极管时,A 表示 PNP 型锗材料;B 表示 NPN 型锗材料;C 表示 PNP 型硅材料;D 表示 NPN 型硅材料。

第 3 部分:用汉语拼音字母表示半导体器件的类型。P 表示普通管;V 表示微波管;W 表示稳压管;C 表示参量管;Z 表示整流管;L 表示整流堆;S 表示隧道管;N 表示阻尼管;U 表示光电器件;K 表示开关管;X 表示低频小功率管($f < 3$ MHz,$P_c < 1$ W);G 表示高频小功率管($f > 3$ MHz,$P_c < 1$ W);D 表示低频大功率管($f < 3$ MHz,$P_c > 1$ W);A 表示高频大功率管($f > 3$ MHz,$P_c > 1$ W);T 表示半导体晶闸管(可控整流器);Y 表示体效应器件;B 表示雪崩管;J 表示阶跃恢复管;CS 表示场效应管;BT 表示半导体特殊器件;FH 表示复合管;PIN 表示PIN 型管;JG 表示激光器件。

第 4 部分:用数字表示序号。

第 5 部分:用汉语拼音字母表示规格号。例如:3DG18 表示 NPN 型硅材料高频三极管。

1.5.3 场效应管

场效应半导体三极管是只有一种载流子参与导电的半导体器件,是一种用输入电压控制输出电流的半导体器件,即 VCCS 器件。场效应管的特点是输入电阻很高($10^7 \sim 10^{15}$ Ω)、噪声小、功耗低、无二次击穿现象,受温度和辐射影响小,特别适用于要求高灵敏度和低噪声的电路。一般结型场效应管的源极和漏极可互换使用,灵活性比三极管强。场效应管和三极管一样都能实现信号的控制和放大,但由于它们的构造和工作原理截然不同,所以二者的差别很大。在某些特殊应用方面,场效应管优于三极管,是三极管所无法替代的。表 1 - 21 为场效应管和三极管的性能比较。

表 1 - 21 三极管与场效应管的性能比较

项　目	三极管	场效应管
导电机构	既用多子,又用少子	只用多子
导电方式	载流子浓度扩散及电场漂移	电场漂移
控制方式	电流控制	电压控制
类型	PNP、NPN C、E 一般不可倒置使用	P 沟道,N 沟道 D、S 一般可倒置使用
放大参数	$\beta = 50 \sim 100$ 或更大	$g_m = 1 \sim 6$ ms

续表 1 - 21

项　目	三极管	场效应管
输入电阻	$10^2 \sim 10^4\ \Omega$	$10^7 \sim 10^{15}\ \Omega$
抗辐射能力	差	在宇宙射线辐射下,仍能正常工作
噪声	较大	小
热稳定性	差	好
制造工艺	较复杂	简单,成本低,便于集成化

1. 场效应管的分类

从参与导电的载流子来划分,它有电子作为载流子的 N 沟道器件和空穴作为载流子的 P 沟道器件。从场效应管的结构来划分有结型场效应三极管 JFET 和绝缘栅型场效应三极管 IGFET。IGFET 也称金属-氧化物-半导体三极管 MOSFET,绝缘栅型场效应管除有 N 沟道和 P 沟道之分外,还有增强型与耗尽型之分。

(1) 结型场效应管(JFET)

结型场效应管的结构与电路符号如图 1 - 26 所示。结型场效应管也有 3 个电极,N 型硅半导体两端各引出一个电极,分别叫漏极(D)和源极(S)。N 型硅两侧的 P 型区的引线连接在一起称为栅极(G)。如果和普通晶体管相比,漏极相当于集电极,源极相当于发射极,栅极相当于基极。

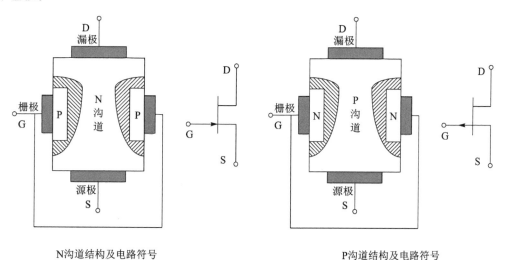

N沟道结构及电路符号　　　　　　　　　　P沟道结构及电路符号

图 1 - 26　结型场效应管(JFET)

(2) 绝缘栅型场效应管(MOSFET)

绝缘栅场效应管又叫做 MOS 场效应管,意为金属-氧化物-半导体场效应管。结型场效应管和绝缘栅场效应管不同的是它们的栅极结构。绝缘栅场效应管的栅极结构分为增强型和耗尽型两种,每种又分为 N 沟道和 P 沟道,其结构和电路符号分别如图 1 - 27、1 - 28 所示。

2. 场效应管的主要参数

① 开启电压 $V_{GS}(th)$(或 V_T)。开启电压是 MOS 增强型管的参数,栅源电压小于开启电

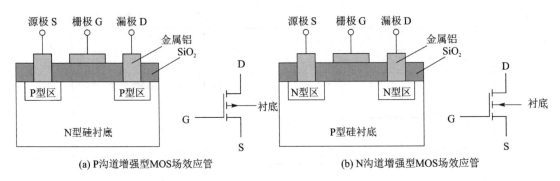

(a) P沟道增强型MOS场效应管   (b) N沟道增强型MOS场效应管

图 1-27 增强型绝缘栅场效应管

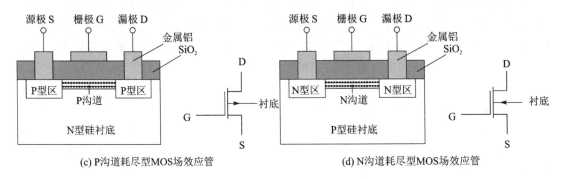

(c) P沟道耗尽型MOS场效应管   (d) N沟道耗尽型MOS场效应管

图 1-28 耗尽型绝缘栅型场效应管

压的绝对值,场效应管不能导通。

② 夹断电压 $V_{GS}(off)$(或 V_P)。指结型或耗尽型绝缘栅场效应管中,当 $V_{GS}=V_{GS}(off)$时,使漏源电流等于零时的栅极电压值。夹断的意思是栅极负压增大到一定值时,两 PN 结阻挡层变得很厚,以致导电沟道闭合,关断了电流通路。

③ 饱和漏极电流 I_{DSS}。耗尽型场效应三极管,当 $V_{GS}=0$ 时所对应的漏极电流。

④ 输入电阻 R_{GS}。场效应三极管的栅源输入电阻的典型值,对于结型场效应三极管,反偏时 R_{GS} 约大于 10^7 Ω,对于绝缘栅场型效应三极管,R_{GS} 约是 $10^9 \sim 10^{15}$ Ω。

⑤ 低频跨导 g_m。低频跨导反映了栅压对漏极电流的控制作用,这一点与电子管的控制作用十分相像。g_m 可以在转移特性曲线上求取,单位是 mS(毫西门子)。

⑥ 最大漏极功耗 P_{DM}。最大漏极功耗可由 $P_{DM}=V_{DS}I_D$ 决定,与双极型三极管的 P_{CM} 相当。

3. 场效应管的选用

① 要适应电路的要求。当信号源内阻高,希望得到大的放大倍数和较低的噪声系数时;当信号为超高频且要求低噪声时;当环境变化较强烈时;当信号为弱信号且要求低电流运行时;当要求作为双向导电的开关等场合;这些情况都可优先选用场效应管。

② 场效应管的栅、漏、源 3 个电极,一般可以和普通晶体管的基极、集电极、发射极相对应。在使用时,要根据电路要求选择合适的管型。注意漏源电压、栅源电压、最大电流、耗散功率不要超过极限运用参数。

③ 结型场效应管的栅源电压不能反接,但可以在开路状态下保存。MOS 场效应管在不

使用时,必须将各极引线短路。焊接时,应将电烙铁外壳接地,以防止由于烙铁带电而损坏管子。不允许在电源接通的情况下拆装场效应管。

④ 结型场效应管可用万用表定性检查管子的质量,而绝缘栅型场效应管则不能用万用表检查,必须用测试仪。测试仪需有良好的接地装置,以防止绝缘栅击穿。

⑤ 场效应管输入电阻很高,特别是绝缘栅场效应管更是这样。因此,在栅极产生的感应电荷很难通过极高的输入电阻泄放掉,会逐渐积累造成电压升高,很容易把二氧化硅层击穿损坏。为了避免管子击穿,关键是要保证栅极不悬空。在保存、焊接管子时都要使 3 个电极相互短路。另外,安装、测试用的烙铁、仪器、仪表等的外壳都要接地良好。

4. 场效应管的测试

以结型场效应管(JFET)为例说明有关测试方法:

① 电极的判别。根据 PN 结的正、反向电阻值不同的现象可以很方便地判别出结型场效应管的 G、D、S 极。

方法一:将万用表置于 R×1k 挡,任选两电极,分别测出它们之间的正、反向电阻。若正、反向的电阻相等(约几千欧),则该两极为漏极 D 和源极 S(结型场效应管的 D、S 极可互换)余下的则为栅极 G。

方法二:用万用表的黑笔任接一个电极,另一表笔依次接触其余两个电极,测其阻值。若两次测得的阻值近似相等,则该黑笔接的是栅极 G,余下的两个分别为 D 极和 S 极。

② 放大倍数的测量。将万用表置于 R×1k 或 R×100 挡,两只表笔分别接触 D 极和 S 极,用手靠近或接触 G 极,此时表针右摆,且摆动幅度越大,放大倍数越大。

对 MOS 管来说,为防止栅极击穿,一般测量前先在其 GS 极间接一只几 MΩ 的大电阻,然后按上述方法测量。

③ 判别 JEET 的好坏。检查两个 PN 结的单向导电性,PN 结正常,管子是好的,否则为坏的。测漏、源间的电阻 R_{DS},应约为几千欧;若 $R_{DS} \rightarrow 0$ 或 $R_{DS} \rightarrow \infty$,则表明管子已损坏。测 R_{DS} 时,用手靠近栅极 G,表针应有明显摆动,摆幅越大,说明管子的性能越好。

常用场效应三极管主要参数如表 1-22 所列。

表 1-22　常用场效应三极管主要参数

参数名称	N 沟道结型				MOS 型 N 沟道耗尽型		
	3DJ2	3DJ4	3DJ6	3DJ7	3D01	3D02	3D04
	D~H	D~H	D~H	D~H	D~H	D~H	D~H
饱和漏源电流 I_{DSS}/mA	0.3~10	0.3~10	0.3~10	0.35~1.8	0.35~10	0.35~25	0.35~10.5
夹断电压 V_{GS}/V	<|1~9|	<|1~9|	<|1~9|	<|1~9|	≤|1~9|	≤|1~9|	≤|1~9|
正向跨导 g_m/μV	≥2 000	≥2 000	≥1 000	≥3 000	≥1 000	≥4 000	≥2 000
最大漏源电压 BV$_{DS}$/V	≥20	≥20	≥20	≥20	≥20	≥12~20	≥20
最大耗散功率 P_{DNI}/mW	100	100	100	100	100	25~100	100
栅源绝缘电阻 R_{GS}/Ω	≥10^8	≥10^8	≥10^8	≥10^8	≥10^8	≥10^8~10^9	≥100

1.6　光　耦

光耦合器(opticalcoupler,英文缩写为 OC)亦称光电隔离器或光电耦合器,简称光耦。它是以光为媒介来传输电信号的器件,通常把发光器(红外线发光二极管 LED)与受光器(光敏半导体管)封装在同一管壳内。当输入端加电信号时发光器发出光线,受光器接受光线之后就产生光电流,从输出端流出,从而实现了"电-光-电"转换。以光为媒介把输入端信号耦合到输出端的光电耦合器,由于它具有体积小、寿命长、无触点、抗干扰能力强、输出和输入之间绝缘、单向传输信号等优点,在数字电路上获得广泛的应用。

在各种应用中,往往有一些远距离的开关量信号需要传送到控制器,如果直接将这些信号接到单片机的 I/O 上,会存在以下问题:

① 信号不匹配,输入的信号可能是交流信号、高压信号、按键等节点信号。

② 比较长的连接线路容易引进干扰、雷击、感应电等,不经过隔离不可靠。因此,以上信号需要光耦进行隔离,以便接入单片机系统。

常见的光耦有:

① TLP521-1/TLP521-2/TLP521-4,分别工作是 1 个光耦、2 个光耦和 4 个光耦,由 HP 公司和日本的东芝公司生产。发光管的工作电流要在 10 mA 时,具有较高的转换速率;在 5 V 工作时,上拉电阻不小于 5 kΩ,一般是 10 kΩ,太小容易损坏光耦。

② 4N25/4N35,Motorola 公司生产,隔离电压高达 5 000 V。

③ 6N136,HP 公司生产,若使 6N136 工作,需要比较大的电流,大概在 15~20 mA,才能发挥高速传输数据的作用。如果对速率要求不高,其实 TLP521-1 也可以用,实际传输速率可以到 19 200 波特。

选择光耦要看使用场合,TLP521-1 是最常用的,比较经济,0.7~1 元/只;当要求隔离电压高时,选用 4N25/4N35,在 3 元左右;当要求在通信中高速传输数据时,选用 6N136,在 4 元左右。

1.7　光电管

光电管是利用光电效应制成的光电器件。光电管可使光信号转换成电信号,分真空光电管和充气光电管两种。光电管的典型结构是将球形玻璃壳抽成真空,在内半球面上涂一层光电材料作为阴极,球心放置小球形或小环形金属作为阳极。若球内充低压惰性气体就成为充气光电管。光电子在飞向阳极的过程中与气体分子碰撞而使气体电离,可增加光电管的灵敏度。用做光电阴极的金属有碱金属、汞、金、银等,可适合不同波段的需要。光电管灵敏度低、体积大、易破损,已被固体光电器件所代替。

1.7.1　真空光电管

真空光电管(又称电子光电管)由封装于真空管内的光电阴极和阳极构成。当入射光线穿过光窗照到光阴极上时,由于外光电效应(见光电式传感器),光电子就从极层内发射至真空。在电场的作用下,光电子在极间做加速运动,最后被高电位的阳极接收。在阳极电路内就可测出光电流,其大小取决于光照强度和光阴极的灵敏度等因素。按照光阴极和阳极的形状和设置的不同,光电管一般可分为 5 种类型。

① 中心阴极型。这种类型由于阴极面积很小,受照光通量不大,仅适用于低照度探测和光子初速度分布的测量。

② 中心阳极型。这种类型由于阴极面积大,对入射聚焦光斑的大小限制不大;又由于光电子从光阴极飞向阳极的路程相同,电子渡越时间的一致性好;其缺点是光电子接收特性差,需要较高的阳极电压。

③ 半圆柱面阴极型。这种结构有利于增加极间绝缘性能和减少漏电流。

④ 平行平板极型。这种类型的特点是光电子从阴极飞向阳极基本上保持平行直线的轨迹,电极对于光线入射的一致性好。

⑤ 带圆筒平板阴极型:它的特点是结构紧凑,体积小,工作稳定。

1.7.2　充气光电管

充气光电管(又称离子光电管)由封装于充气管内的光阴极和阳极构成。它不同于真空光电管的是,光电子在电场作用下向阳极运动时与管中气体原子碰撞而发生电离现象。由电离产生的电子和光电子一起都被阳极接收,正离子却反向运动被阴极接收。因此在阳极电路内形成数倍于真空光电管的光电流。充气光电管的电极结构也不同于真空光电管。常用的电极结构有中心阴极型、半圆柱阴极型和平板阴极型。充气光电管最大缺点是在工作过程中灵敏度衰退很快,其原因是正离子轰击阴极而使发射层的结构破坏。充气光电管按管内充气不同可分为单纯气体型和混合气体型。

① 单纯气体型。这种类型的光电管多数充氩气,优点是氩原子量小,电离电位低,管子的工作电压不高。有些管内充纯氖或纯氮,使工作电压提高。

② 混合气体型。这种类型的管子常选氩氖混合气体,其中氩占 10% 左右。由于氩原子的存在使处于亚稳态的氖原子碰撞后即能恢复常态,因此减少惰性。

1.7.3　光电倍增管

光电倍增管是进一步提高光电管灵敏度的光电转换器件。管内除光电阴极和阳极外,两极间还放置多个瓦形倍增电极。使用时相邻两倍增电极间均加有电压用来加速电子。光电阴极受光照后释放出光电子,在电场作用下射向第一倍增电极,引起电子的二次发射,激发出更多的电子,然后在电场作用下飞向下一个倍增电极,又激发出更多的电子。如此电子数不断倍增,阳极最后收集到的电子可增加 $10^4 \sim 10^8$ 倍,这使光电倍增管的灵敏度比普通光电管要高得多,可用来检测微弱光信号。光电倍增管高灵敏度和低噪声的特点使它在光测量方面获得广泛应用。

1.8　机电元件

1.8.1　继电器

1. 继电器的工作原理和特性

继电器是一种电子控制器件,它是根据外界输入信号(电量或非电量)的变化来接通或断开被控电路,以实现控制和保护的作用。继电器具有控制系统(又称输入回路)和被控制系统(又称输出回路),通常应用于自动控制电路中。它实际上是用较小的电流去控制较大电流的一种"自动开关",故在电路中起着自动调节、安全保护、转换电路等作用。继电器的输入信号可以是电量(电流、电压),也可以是非电量(转速、时间、温度)等,输出信号则是触点的动作或电量的变化。

(1) 电磁继电器的工作原理和特性

电磁式继电器一般由铁芯、线圈、衔铁、触点簧片等组成。只要在线圈两端加上一定的电压,线圈中就会流过一定的电流,从而产生电磁效应,衔铁就会在电磁力吸引的作用下克服返回弹簧的拉力吸向铁芯,从而带动衔铁的动触点与静触点(常开触点)吸合。当线圈断电后,电磁的吸力也随之消失,衔铁就会在弹簧的反作用力返回原来的位置,使动触点与原来的静触点(常闭触点)吸合。这样吸合、释放,从而达到了在电路中的导通、切断的目的。对于继电器的"常开、常闭"触点,可以这样来区分:继电器线圈未通电时处于断开状态的静触点,称为"常开触点";处于接通状态的静触点称为"常闭触点"。

(2) 热敏干簧继电器的工作原理和特性

热敏干簧继电器是一种利用热敏磁性材料检测和控制温度的新型热敏开关。它由感温磁环、恒磁环、干簧管、导热安装片、塑料衬底及其他一些附件组成。热敏干簧继电器不用线圈励磁,而由恒磁环产生的磁力驱动开关动作。恒磁环能否向干簧管提供磁力是由感温磁环的温控特性决定的。

(3) 固态继电器(SSR)的工作原理和特性

固态继电器是一种两个接线端为输入端,另两个接线端为输出端的四端器件,中间采用隔离器件实现输入输出的电隔离。

固态继电器按负载电源类型可分为交流型和直流型;按开关类型可分为常开型和常闭型;按隔离类型可分为混合型、变压器隔离型和光电隔离型,以光电隔离型为最多。

2. 继电器的分类

① 按继电器的工作原理或结构特征分类。

➢ 电磁继电器:利用输入电路内电路在电磁铁铁芯与衔铁间产生的吸力作用而工作的一种电气继电器;

➢ 固态继电器:指电子元件履行其功能而无机械运动构件,输入和输出隔离的一种继电器;

➢ 温度继电器:当外界温度达到给定值时而动作的继电器;

➢ 舌簧继电器:利用密封在管内且具有触电簧片和衔铁磁路双重作用的舌簧动作来开、闭或转换线路的继电器;

> 时间继电器:当加上或除去输入信号时,输出部分需延时或限时到规定时间才闭合或断开其被控线路的继电器;
> 高频继电器:用于切换高频,射频线路而具有最小损耗的继电器;
> 极化继电器:有极化磁场与控制电流通过控制线圈所产生的磁场综合作用而动作的继电器,其动作方向取决于控制线圈中流过的电流方向;
> 其他类型的继电器:光继电器、声继电器、热继电器、仪表式继电器、霍尔效应继电器、差动继电器等。

② 按继电器的外形尺寸分类。

> 微型继电器;
> 超小型微型继电器;
> 小型微型继电器。

注:对于密封或封闭式继电器,外形尺寸为继电器本体 3 个相互垂直方向的最大尺寸,不包括安装件、引出端、压筋、压边、翻边和密封焊点的尺寸。

③ 按继电器的负载分类。

> 微功率继电器;
> 弱功率继电器;
> 中功率继电器;
> 大功率继电器。

④ 按继电器的防护特征分类。

> 密封继电器;
> 封闭式继电器;
> 敞开式继电器。

⑤ 按继电器的参数分:电流、电压、速度、压力继电器。
⑥ 按继电器的用途分:控制继电器、保护继电器、中间继电器。
⑦ 按继电器的动作时间分:瞬时继电器、延时继电器。
⑧ 按继电器的输出形式分:有触点、无触点继电器。

常见继电器的外形如图 1-29 所示。

3. 继电器主要产品技术参数

① 额定工作电压。是指继电器正常工作时线圈所需要的电压。根据继电器的型号不同,可以是交流电压,也可以是直流电压。

② 直流电阻。是指继电器中线圈的直流电阻,可以通过万用表测量。

③ 吸合电流。是指继电器能够产生吸合动作的最小电流。在正常使用时,给定的电流必须略大于吸合电流,这样继电器才能稳定地工作。而对于线圈所加的工作电压,一般不要超过额定工作电压的 1.5 倍,否则会产生较大的电流而把线圈烧毁。

④ 释放电流。是指继电器产生释放动作的最大电流。当继电器吸合状态的电流减小到一定程度时,继电器就会恢复到未通电的释放状态,这时的电流远远小于吸合电流。

⑤ 触点切换电压和电流。是指继电器允许加载的电压和电流。它决定了继电器能控制电压和电流的大小,使用时不能超过此值,否则很容易损坏继电器的触点。

图 1 - 29　常见继电器的外形

4. 继电器的电符号和触点形式

继电器线圈在电路中用一个长方框符号表示,如果继电器有两个线圈,就画两个并列的长方框。同时在长方框内或长方框旁标上继电器的文字符号 J。继电器的触点有两种表示方法:一种是把它们直接画在长方框一侧,这种表示法较为直观;另一种是按照电路连接的需要,把各个触点分别画到各自的控制电路中。通常在同一继电器的触点与线圈旁分别标注上相同的文字符号,并将触点组编上号码,以示区别。继电器的触点有 3 种基本形式:

① 动合型(H 型):线圈不通电时两触点是断开的,通电后,两个触点就闭合,以合字的拼音字头 H 表示。

② 动断型(D 型):线圈不通电时两触点是闭合的,通电后两个触点就断开,用断字的拼音字头 D 表示。

③ 转换型(Z 型)触点组型:这种触点组共有 3 个触点,即中间是动触点,上下各一个静触点。线圈不通电时,动触点和其中一个静触点断开和另一个闭合;线圈通电后,动触点就移动,使原来断开的闭合,原来闭合的断开,达到转换的目的。这样的触点组称为转换触点,用"转"字的拼音字头 Z 表示。

5. 继电器的选用

(1) 了解继电器使用的必要条件

① 控制电路的电源电压,能提供的最大电流。

② 被控制电路中的电压和电流。

③ 被控电路需要几组、什么形式的触点。

选用继电器时,不能以空载电压作为继电器工作电压依据,而应将线圈接入作为负载来计算实际电压,特别是电源内阻大时更是如此。当用三极管作为开关元件控制线圈通断时,三极管必须处于开关状态,对 6 V(DC)以下工作电压的继电器来讲,还应扣除三极管饱和压降。当然,并非工作值加得越高越好,超过额定工作值太高会增加衔铁的冲击磨损,增加触点回跳次数,缩短电气寿命,一般可选择工作电压值为吸合电压值的 1.5 倍,工作值的误差一般为±10%。一般控制电路的电源电压也可作为选用的依据。控制电路应能给继电器提供足够的工作电流,否则继电器吸合是不稳定的。

(2) 确定继电器的型号和规格

确定了继电器的使用条件后,可查找相关资料,找出需要的继电器的型号和规格。若手头已有继电器,可依据资料核对是否可以利用。最后考虑尺寸是否合适。

（3）注意器具的容积

若是用于一般用电器,除考虑机箱容积外,小型继电器主要考虑电路板安装布局。对于小型电器,如玩具、遥控装置则应选用超小型继电器产品。

（4）继电器工作电压的选择

继电器的吸合电压一般只有其额定工作电压的 $1/2\sim2/3$,但在使用继电器时,一定要在其额定工作电压下工作,而不能取其吸合电压作为工作电压。这是因为在吸合电压条件下,继电器虽然已经动作,但其动合触点间的压力还未达到规定值,这将导致触点间的接触电阻偏大,如触点在大电流条件工作,就会加大触点功率,容易造成触点烧蚀,缩短工作寿命。

（5）触点负载的选择

触点负载是指触点的承受能力。继电器的触点在转换时可承受一定的电压和电流,因此在使用继电器时,应考虑加在触点上的电压和通过触点的电流不能超过该继电器的触点负载能力。例如,有一继电器的触点负载为 28 V(DC)×10 A,表明该继电器触点只能工作在直流电压为 28 V 的电路上,触点电流为 10 A,超过 28 V 或 10 A,会影响继电器正常使用,甚至烧毁触点。

（6）继电器线圈电源的选择

这是指继电器线圈使用的是直流电(DC)还是交流电(AC)。通常,初学者在进行电子制作活动中,都是采用电子线路,而电子线路往往采用直流电源供电,因此必须采用线圈是直流电压的继电器。

（7）采用无电流切换

虽然继电器的技术指标中给出了允许的触点功率,同时也给出了相应的电气寿命,允许继电器的触点带电进行切换,但在可能的情况下还是应尽量避免触点带电切换,采用无电流切换将大大提高继电器的使用寿命。

（8）避免在低电平、微电流下使用继电器

由于继电器存在低电平失效的失效模式,应尽量避免继电器触点工作在低电平、微电流下。在有可能的情况下可以选择固态继电器、模拟电子开关代替电磁继电器。在一定要选用电磁继电器切换低电平、微电流的情况下可选用干簧继电器,因为干簧继电器将触点密封在玻璃管中,而绕组在玻璃管外。这与将触点与绕组密封在同一壳体中的普通继电器相比,将明显降低触点产生钝化膜进而造成低电平失效的可能。

（9）继电器的灭火花线路

继电器的绕组是一个电感,绕组中又有衔铁,因此在绕组通电后会储存磁能,而在绕组断电瞬时,磁能释放会产生很高的反电势(有时高达数百伏)。这一反电势一方面容易将驱动继电器的器件(如晶体管、集成电路)击穿,另一方面会造成尖峰干扰,干扰整机和系统中其他线路的正常工作。这一问题最简单的解决办法就是在继电器的绕组上并联一只消反峰二极管(也称续流二极管)。但应注意,消反峰二极管的加入将会明显延长继电器的释放时间。

（10）继电器触点的并联使用

当需要继电器去切换较大的电流时,尽量选用触点电流大的继电器,而不要采用触点并联的方法(不论是一个继电器的多组触点还是多个继电器的触点并联)。这是因为继电器的各组触点很难保证接触电阻相同,在并联使用中很容易出现电流分配不均匀。另外在触点动作的时间上也难以保证一致,这样在切换瞬时很容易出现某一组触点瞬时电流过大的现象。

1.8.2 开　关

开关是一种用来接通或断开电路的器件,种类繁多。在电子设计中,常用开关有机械开关、薄膜开关和接近开关等。

　1. 机械开关

　(1) 机械开关的分类

　各种机械开关的分类如图 1−30 所示。

　(2) 机械开关的主要参数

　① 最大额定电压。在工作状态下开关所能承受的最大电压。若是交流电源开关,用交流电压表示。

　② 最大额定电流。正常工作时开关所容许通过的最大电流。如有 AC 字样,表示交流。

　③ 接触电阻。开关接通时,接触对导体间的电阻,一般只有 0.2 Ω 以下,要求越小越好。

　④ 绝缘电阻。触点断开时,导体间的电阻,一般在 100 MΩ 以上,越高越好。

　⑤ 耐压。也叫抗电强度,是指不相接触的开关导体之间所能承受的最大电压。

　⑥ 寿命。在正常工作下的有效时间(使用次数),通常是 5 000～10 000 次。

　(3) 常用机械开关

　① 钮子开关。通常为单极双位或双极双位,主要用做电源电路和状态转换。国产钮子开关的型号是 KN××或 KNX××,其中后者为小型钮子开关。

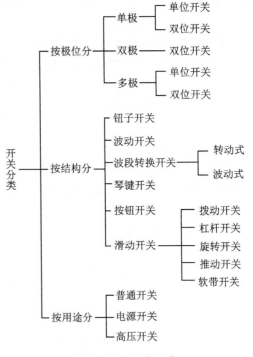

图 1−30　开关分类

　② 波动开关。多为单极双位和双极双位开关,主要用在电源电路及工作状态电路的切换。国产的波动开关的型号是 KND××,波动开关的外壳上通常注有产品商标、型号、额定值和生产日期。

　③ 波段转换开关。简称波段开关,主要用在收音机、收录机、电视机和各种仪器仪表中,一般为多极多位开关。按操作方式可分为:旋转式,拨动式及杠杆式,通常应用较多的是旋转式开关。波段开关的各个触片都固定在绝缘基片上。绝缘基片通常由 3 种材料组成:高频瓷,主要适应于高频和超高频电路中,因为其高频损耗小,所以价格高;环氧玻璃布胶板,适用于高频电路和一般电路,其价格适中,在普通收音机和收录机里应用较多;纸质胶板,其高频性能和绝缘性能都不及上面两种,但价格低廉,在普及型收音机,收录机和仪器仪表中应用较多。波段开关的国产型号有 KB××、KZ××、KZX××、KHT××、KC××、KCX××、KZZ 等。凡是型号中有 Z 的为纸质胶板型,有 C 的为瓷质型,有 H 的为环氧玻璃布板型,有 X 的为小型波段开关。

④ 直键开关。又称琴键开关,是采用积木组合式结构,能用做多刀多位开关的转换。直键开关除了开关挡位及极位数不同以外,还有锁紧形式和开关组成形式之分。锁紧形式可分为自锁、互锁和无锁。锁定是指按下开关键后位置就固定,复位需另外按复位键和其他键。开关组成形式是指带指示灯,带电源开关和不带灯(或不带电源开关)的直键开关。

国产直键开关的型号用 KZJ－×××表示,KZJ 后的数字表示开关挡数,字母表示锁紧形式。其中 H 表示互锁互复位,Z 表示自锁自复位,W 为无锁,ZF 为自锁共复位。型号中带有 D 的为带指示灯直键开关,带有 A 的为带电源接触组(开关)的直键开关。

⑤ 按键开关。通过按动键帽,使开关接触或断开,从而达到电路切换的目的。主要应用于电信设备、电话机、自控设备、计算机及各种家电中。家电中按键有两种:一是通断电源的开关,多见于推动式开关(如彩电按钮),这种开关按一下就接通自锁,再按一下就断开复位;另外一种是轻触式按键开关,主要应用于小信号及低压电路转换中,一般不可用于高压和大功率电路中,如国产按键 KAD××、KJJ××,KAQ××等。

⑥ 滑动开关。其内部置有滑块。操作时,通过不同的方式驱动,带动滑块动作使开关接触或断开,从而起到开关作用。有拨动式、杠杆式、旋转式、推动式及软带式,前两种用得较多。

(4)机械开关的检测

机械开关的检测,一是外观检查,有无损坏;二是检查开关机械动作是否灵活;三是用万用表检测开关接通和断开时的电阻值,接通时阻值为 0 Ω,若阻值过大,说明触点锈蚀或接触不良。

2. 薄膜开关

薄膜开关又称平面开关、轻触开关,集装饰和功能于一体。薄膜开关具有良好的密封性能,能有效地防尘、防水、防有毒气体和防油污浸渍,与传统的机械式开关相比,具有结构简单可靠、色彩丰富、外形美观、使用寿命长、密封性好、体积小、质量轻的特点。

(1)薄膜开关的结构

薄膜开关是由具有一定弹性的绝缘材料层组成的,一种多层结构(平面)型(非制锁)按键开关。薄膜开关主要由薄膜面层、胶粘层、上电路层、隔离层、下电路层和底部胶粘层组成,结构如图 1-31 所示。其中面膜层、上线路层、下线路层是透明薄膜,主要采用的材料是 PC、PET、PVC。面膜背胶、隔离层和背胶层材料是双面胶。

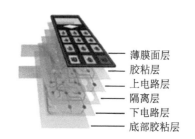

薄膜面层
胶粘层
上电路层
隔离层
下电路层
底部胶粘层

图 1-31　薄膜开关的结构

(2)薄膜开关使用注意事项

① 薄膜开关是一种低压、小电流控制开关,电压一般为 36 V,电流为 40 mA,使用于逻辑电路(TTL、CMOS),不能用做未经变压的电源开关。

② 薄膜开关只能用做长断、瞬间接通的电路,不能用做自锁(推上,脱开),交替动作或按锁联结构,如果需要那些功能,就必须加入各种电子线路。如果要一次开关控制强电流,则在后续电路中略加变动即可用弱电控制强电。

③ 薄膜开关的检查,首先检查外观橡胶有无损坏,再测触点是否可靠通导。正常情况下按下开关触点电阻值为 0,若接触电阻较大,应清洁触点。若清洁后效果不明显,则不能再使用。

3. 接近开关

(1) 性能特点

开关装有位移传感器,利用位移传感器对接近物体的敏感特性达到控制接通或断开的目的,这就是接近开关。当有物体移向接近开关,并接近到一定的时间间隔时,位移传感才有"感知",开关才会动作,通常把这个距离称为检出距离。

有时被检测的物体是按一定的时间间隔,一个接一个地移向接近开关,又一个个地离开,这样不断地重复,这种响应特性称为"响应频率"。在检测高速运放或高速旋转的对象时,应选用响应频率高的接近开关。

有源器件需要接通电源才能工作。有的要求直流供电,例如直流电源 10~30 V,负载电流为 0~200 mA;有的要求交流供电,例如交流电源 24~240 V,负载电流为 5~300 mA。有源器件一般有圆柱形和立方体形两种。

(2) 种 类

① 涡流式接近开关。也叫电感式开关,它是利用导电物体在接近这个能产生电磁场的接近开关时,使物体内部产生涡流。这个涡流反作用于接近开关,使开关内部电路的参数发生变化,由此识别出有无导电物体通过,进而控制开关的通或断,这个接近开关所能检测的物体必须是导体。

② 电容式接近开关。这个开关的测量头通常是构成电容器的一个极板,而另外的一个极板是开关的外壳,这个外壳在测量过程中通常是接地或与设备的机壳相连接。当有物体移向接近开关时,不论它是否为导体,由于它的接近,总使电容的介电常数发生变化,从而使电容量发生变化,使得和测量头相连的电路状态也随之发生变化,由此可控制开关的通或断。这种接近开关检测的对象,不限于导体,可以是绝缘的液体或者是粉状物。

③ 霍耳接近开关。霍耳元件是一种磁敏传感元件。利用霍尔元件做成的开关,叫做霍尔开关。当磁性物体移近霍耳开关时,开关检测面的霍尔元件因产生霍尔效应而使开关的内部状态发生变化,由此识别附近有磁性物体存在,进而控制开关的通或断。这种接近开关的检测对象必须是磁性物体。

④ 光电式接近开关。利用光电效应制成的开关叫光电开关。将发光器件与光电器件按一定方向装在同一个检测头中,当光电器件接收到光后就有信号输出,由此感知有物体接近。

⑤ 热释电式接近开关。用能感知温度变化的元件制成的开关称为热释电式接近开关。这种开关将热释电器件安装在开关的检测面上,当有与环境温度不同的物体接近时,热释电器件的输出便发生变化,由此可检测有物体接近。

⑥ 其他形式的接近开关。当观察者或系统对波源的距离发生变化时,接收到的波的频率会发生偏移,这种现象称为多普勒效应。声呐和雷达就是利用这个效应的原理制成的。利用多普勒效应可制成超声波接近开关、微波接近开关。当有物体接近时,接近元件收到的反射信号会产生多普勒频移,由此可以识别有无物体接近。

(3) 接近开关选用注意事项

在一般工业场所,通常选用涡流式开关和电容式接近开关。因为这两种接近开关对环境的要求比较低。

当被测对象是导电物体或可以固定在一个金属上的物体时,一般选用涡流式开关,因为它的响应频率、抗环境干扰性好、应用范围广、价格较低。

当被测物体是非金属(或金属)、液位高度、粉状物高度、塑料烟草等时,应选用电容式开关,它的响应频率低,但稳定性好。安装时应考虑环境因素的影响,它的价格比涡流式高。

当被测物体为导磁材料或者为了区别和它一同运动的物体而把磁钢埋在被测物体中,应选用霍耳接近开关,它的价格最低。

在环境条件比较好,无粉尘污染时,可采用光电接近开关。如在动平衡机上,光电接近开关工作时对被测对象几乎无影响。因此,这种开关在要求较高的传真机上,在烟草机械上都有广泛使用。

在防盗系统中,自动门上通常使用热释电接近开关、超声波接近开关、微波接近开关。有时为了提高识别的可靠性,上述开关可以复合使用。

无论使用哪种开关,都应注意对工作电压、负载电流、响应频率、检测距离等各项指标的要求。

1.9　集成电路

集成电路简称 IC,是 20 世纪 60 年代发展起来的一种新型电子器件。它是将半导体器件(二极管、晶体管及场效应管等)、电阻、小电容以及电路的连接导线都集成在一块半导体硅片上,形成一个具有一定功能的电子电路,并封装成一个整体的电子器件,形成了材料、元件、电路的 3 位一体。与分立元件相比,集成电路具有体积小、质量轻、性能好、可靠性高、损耗小、成本低等优点。

1.9.1　集成电路的分类

① 按传送信号的功能分类:模拟集成电路和数字集成电路。常用的模拟集成电路主要有运算放大器、电压比较器、模拟乘法器、集成稳压块、锁相环和函数发生器等。数字集成电路常用的主要有 TTL 型、ECL 型和 CMOS 型 3 大类。

② 按有源器件分类:双极性集成电路、MOS 型集成电路、双极性 MOS 型集成电路。

③ 按集成度分类:小规模集成电路(集成度为 100 个元件以内或 10 个门电路以内)、中规模集成电路(集成度为 100~1 000 个元件或 10~100 个门电路)、大规模集成电路(集成度为 1 000~10 000 个元件或 100 个门电路以上)、超大规模集成电路(集成度为 100 000 个元件以上或 1 000 个门电路以上)。

④ 按制造工艺分类:半导体集成电路、薄膜集成电路和由两者组合而成的混合集成电路。

1.9.2　集成电路的命名

集成电路现行国际规定的命名法如下:器件的型号由 5 部分组成,各部分符号及意义如表 1-23 所列。

表 1 – 23　器件型号的组成

第 0 部分		第 1 部分		第 2 部分	第 3 部分		第 4 部分	
用字母表示器件符合国家标准		用字母表示器件的类型		用阿拉伯数字和字母表示器件系列品种	用字母表示器件的工作温度范围		用字母表示器件的封装	
符 号	意 义	符 号	意 义		符 号	意 义	符 号	意 义
C	中国制造	T	TTL 电路	TTL 分为:	C⑤	0~70 ℃	F	多层陶瓷扁平封装
		H	HTL 电路	54/74 x x x①	G	−25~70 ℃	B	塑料扁平封装
		E	ECL 电路	54/74 H x x x②	L	−25~85 ℃	H	黑瓷扁平封装
		C	CMOS 电路	54/74 L x x x③	E	−40~85 ℃	D	多层陶瓷双列直插封装
		M	存储器	54/74 S x x x	R	−55~85 ℃	J	黑瓷双列直插封装
		μ	微型机电路	54/74 L S x x x④	M⑥	−55~125 ℃	P	塑料双列直插封装
		F	线性放大器	54/74 A S x x x	:	:	S	塑料单列直插封装
		W	稳压器	54/74 A L S x x x			T	金属圆壳封装
		D	音响电视电路	54/74 F x x x			K	金属菱形封装
		B	非线性电路	CMOS 为:			C	陶瓷芯片载体封装
		J	接口电路	4000 系列			E	塑料芯片载体封装
		AD	A/D 转换器	54/74HC x x x			G	网格针栅陈列封装
		DA	D/A 转换器	54/74 HCT x x x			SOIC	小引线封装
		SC	通信专用电路	:			PCC	塑料芯片载体封装
		SS	敏感电路				LCC	陶瓷芯片载体封装
		SW	钟表电路					
		SJ	机电仪电路					
		SF	复印机电路					
		:	:					

注:① 74:国际通用 74 系列(民用),
　　54:国际通用 54 系列(军用);
　　② H:高速;
　　③ L:低速;
　　④ LS:低功耗;
　　⑤ C:只出现在 74 系列;
　　⑥ M:只出现在 54 系列。

【例 4】　图 1 – 32 为集成电路命名示意图。

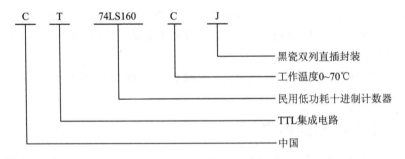

图 1 – 32　集成电路命名示意图

1.9.3　常用集成电路介绍

1. 模拟集成电路

模拟集成电路的功能多种多样,其封装形式也具有多样性,封装形式有金属外壳、陶瓷外壳和塑料外壳 3 种。金属外壳封装为圆形,陶瓷外壳封装和塑料外壳封装均为扁平型,其引脚排列顺序和数字集成电路相同。

(1)集成运算放大器(集成运放)

自 1964 年美国仙童公司制造出第一个单片集成运放 μA702 以来,集成运放得到了广泛的应用,目前它已成为线性集成电路中品种和数量最多的一类。

① 集成运放的分类。集成运放的品种繁多,大致可分为通用型和专用型两大类。通用型集成运放的各项指标比较均衡,适用于无特殊要求的一般场合。如 CF741(单运放)、CF747(双运放)、CF124(4 运放)等。其特点是增益高、共模和差模电压范围宽、正负电源对称且工作稳定。专用型集成运放有低功耗型(静态功耗在 1 mW 左右,如 CA3078);高速型(转换速率在 10 V/μs 左右,如 μA715);高阻型(输入电阻在 10^{12} Ω 左右,如 CA3140);高精度型(失调电压温度系数在 1 μV 左右,如 μA725);高压型(允许供电电压在 ±30 V 左右,如 CF343);宽带型(带宽在 10 MHz 左右,如 μA772)等。专用型除具有通用型的特性指标外,特别突出其中某一项或两项特性参数,以适用于某些特殊要求的场合。如低功耗型运放适用于遥感技术、空间技术等要求能源消耗有限制的场合;高速型主要用于快速 A/D 和 D/A 转换器、锁相环电路和视频放大器等要求电路有快速响应的场合。

② 集成运放的主要参数。集成运放的主要参数包括差模开环放大倍数(增益)A_{UD},是指运放在无反馈情况下的差模放大倍数,是衡量放大能力的重要指标,一般为 100 dB 左右;共模开环放大倍数 A_{UC},是衡量运放抗温漂、抗共模干扰能力的重要指标,优质运放其 A_{UC} 应接近于零;共模抑制比 K_{CMR},此参数为反映运放的放大能力,尤其是抗温漂、抗共模干扰能力的重要指标,好的运放应在 100 dB 以上;单位增益带宽 BWG,它代表运放的增益带宽积,一般运放为几 MHz～几十 MHz,宽频带运放可达 100 MHz 以上。另外还有输入失调电压 U_{IO}、输入失调电流 I_{IO}、转换速率 SR 等。

③ 集成运放使用注意事项。集成运放在使用前应进行下列检查:能否调零和消振,正负向的线性度和输出电压幅度;若数值偏差大或不能调零,则说明器件已损坏或质量不好。集成运放在使用时,因其引脚较多,必须注意引脚不能接错。更换器件时,注意新器件的电源电压和原运放的电源电压是否一致。

(2)集成直流稳压器

直流稳压电源是电子设备中不可缺少的单元。集成稳压器是构成直流稳压电源的核心,它体积小、精度高、使用方便,因而应用广泛。

① 集成稳压器的分类。按结构可分为三端固定稳压器(如 CW78×× 系列和 CW79×× 系列,其中 CW78×× 系列为正电压输出,CW79×× 系列为负电压输出;稳压值有 5 V、6 V、9 V、12 V、15 V、18 V、24 V);三端可调集成稳压器(如 CW117/217/317 输出的是正电压;CW137/237/337 输出的是负电压);多端稳压器(如五端稳压器 CW200)。其中 CW78××/CW79×× 系列稳压块的外形如图 1-33 所示。

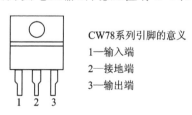

CW78系列引脚的意义
1—输入端
2—接地端
3—输出端

图 1-33　CW78/79 系列外形示意图

② 集成稳压器的型号命名方法。集成稳压器的型号由两部分组成。第 1 部分是字母,国标用 CW 表示,其中 C 代表中国,W 代表稳压器。国外产品有 LM(美国 NC 公司)、μA(美国仙童公司)、

MC(美国摩托罗拉公司)、TA(日本东芝)、μPC(日本日电)、HA(日立)、L(意大利 SGS 公司)等。第 2 部分是数字,表示不同的型号规格,国内外同类产品的数字意义完全一样。

③ CW78××系列的典型用法。三端集成稳压器具有较完善的过流、过压和过热保护装置,其典型用法如图 1-34 所示。其工作过程大致如下:从变压器输出的交流电压经过整流滤波后加至 CW78×× 的输入端,在 CW78×× 的输出端就可以得到直流稳压电压输出。电容器 C_I 用于减小纹波,对输入端过压也有抑制作用,电容器 C_O 可改善负载的瞬态响应(C_I、C_O 均取 0.33~1 μF)。

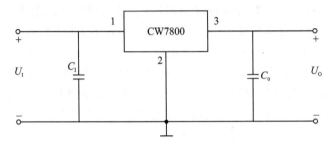

图 1-34 CW7800 系列稳压器的典型应用电路

④ 集成稳压器使用注意事项。在满负荷使用时,稳压块必须加合适的散热片;防止将输入与输出端接反;避免接地端(GND)出现浮地故障。当稳压器输出端接有大容量电容器时,应在 U_I 至 U_O 端之间接一只保护二极管(二极管正极接 U_O 端),以保护稳压块内部的大功率调整管。

(3)集成功率放大器(集成功放)

按输出功率的大小可将集成功率放大器分为小、中、大功率放大器,其输出功率从几百 m W 到几百 W。按集成功率放大器内电路的不同可分为两大类:第 1 类具有功率输出级,一般输出功率在几 W 以上;第 2 类没有功率输出级(又叫功率驱动器),使用时需外接大功率晶体管作为输出级,输出功率可达十几到几百瓦。

① 常用集成功放简介。常用集成功放主要有 CD4100、CD4101、CD4102 系列,该系列产品的特点是功率体积比大、使用单电源,主要用于收音机、录音机等小功率放大电路中。

② 集成功放的使用注意事项。集成功放应在规定的负载条件下工作,切勿随意加重负荷,杜绝负载短路现象。用于收音机或收录机中的功放电路,在其输入端应接一个低通滤波器(或接一定容量的旁路电容器),以防检波后残余的中频信号窜入功放级。安装时应将集成电路本身的金属散热片接在印制电路板相应的铜箔上(应根据耗散功率大小,设计铜箔几何尺寸)。当电路的耗散功率超过一定值时,需另加外散热板。

2. 数字集成电路

(1)TTL 集成电路

这类集成电路是以双极型晶体管(即通常所说的晶体管)为开关元件,输入级采用多发射极晶体管形式,开关放大电路也都是由晶体管构成,因此称为晶体管—晶体管—逻辑,即 TTL(Transistor - Transistor - Logic)。TTL 电路在速度和功耗方面,都处于现代数字集成电路的中等水平。它的品种丰富、互换性强,一般均以 74(民用)或 54(军用)为型号前缀。

① 74LS 系列(简称 LS、LSTTL 等)。这是现代 TTL 类型的主要应用产品系列,也是逻辑集成电路的重要产品之一。其主要特点是功耗低、品种多、价格便宜。

② 74S 系列(简称 S、STTL 等)。这是 TTL 的高速型,也是目前应用较多的产品之一。其特点是速度较高,但功耗比 LSTTL 大得多。

③ 74ALS 系列(简称 ALS、ALSTTL 等)。这是 LSTTL 的先进产品,其速度比 LSTTL 提高了一倍以上,功耗降低了一半左右。其特性和 LS 系列近似,因此成为 LS 系列的更新换代产品。

④ 74AS 系列(简称 AS、ALSTTL 等)。这是 S TTL(抗饱和 TTL)的先进型,速度比 STTL 提高近一倍,功耗比 STTL 降低一半,与 ALSTTL 系列合并起来成为 TTL 类型的新的主要标准产品。

⑤ 74F 系列(简称 F、FTTL 或 FAST 等)。这是美国(仙童)公司开发的类似于 ALS、AS 的高速类 TTL 产品,性能介于 ALS 和 AS 之间,已成为 TTL 的主流产品之一。

(2) ECL 集成电路

ECL(Emitter Coupled Logic)门是双极型逻辑门的一种非饱和型的门电路,它的电路构成和差分放大器外形相似,但工作在开关状态,即截止与放大两种工作状态。它是非饱和的发射极耦合形式的电源开关,故称为发射极耦合逻辑(ECL)。由于工作在非饱和状态,其突出优点是开关速度非常快,在逻辑上具有灵活性,所以 ECL 门是高速逻辑门电路中的主要类型。同时,这类电路还具有逻辑功能强、扇出能力高、噪声低和引线串扰小等优点。因此,广泛应用于高速大型计算机、数字通信系统、高精度测试设备等方面。此类电路的缺点是功耗大,此外,由于电源电压和逻辑电平特殊,使用上难度略高。通用的 ECL 集成电路系列主要有 ECL10K 系列和 ECL100K 系列等。

① ECL10K 系列的门电路传输延迟时间为 20 ns、功耗为 25 mw,属于 ECL 中的低功耗系列,是目前应用很广泛的一种 ECL 集成电路系列。

② ECL100K 系列,最初由美国 FSC(仙童公司)生产,是现代数字集成电路系列中性能最优越的系列,其最大特点是速度高,同时还具有逻辑功能强、集成度高和功耗低等特点。因此,它已广泛应用于大型高速电子计算机和超高速脉码调制器等领域中。

(3) CMOS 集成电路

CMOS 类型集成电路是互补金属氧化物半导体数字集成电路的简称,这里 C 表示互补的意思,这是由 P 沟道 MOS 晶体管和 N 沟道 MOS 晶体管组合而成的。CMOS 电路首先由美国无线电公司(RCA)实验室研制成功的。由于电路具有微功耗、集成度高、噪声容限和宽工作电压范围等许多突出的优点,因此发展速度很快,应用领域不断扩大,现在几乎渗透到所有的相关领域。尤其是随着大规模和超大规模集成电路的工作速度和密度不断提高、过大的功耗已成为设计上的一个难题。这样,具有微功耗特点的 CMOS 电路已成为现代集成电路中重要的一类,并且越来越显示出它的优越性。

CMOS 电路的产品主要有 4000B(包括 4500B)、40H 和 74HC 系列。

① 4000B 系列。这是国际上流行的 CMOS 通用标准系列。例如,美国无线电公司(RCA)的 CD4000B;摩托罗拉的 4500B 和 MC4000 系列;国家半导体(NS)公司的 MM74C000 系列和 CD4000 系列;德克萨斯公司(TI)的 TP4000 系列;仙童(FS)公司的 F4000 系列;日本东芝公司的 TC4000 系列;日立公司的 HD14000 系列。国内采用 CC4000 标准,这个标准与 CD4000B 系列完全一致,从而使国产 CMOS 电路与国际上的 CMOS 电路兼容。

4000B 系列的主要特点是速度低、功耗最小、并且价格低、品种多。

② 40H 系列。这是日本东芝公司初创的较高速铝栅 CMOS,以后由夏普公司生产,分别用 TC40H –、LR40H –为型号,我国生产的定为 CC40 系列。40H 系列的速度和 N – TTL 相当,但不及 LS – TTL。此系列品种不太多,其优点是引脚与 TTL 类的同序号产品兼容,功耗、价格比较适中。

③ 74HC 系列(简称 HS 或 H – CMOS 等)。这一系列首先由美国 NS 公司生产,随后,许多厂家相继成为第 2 生产源,品种丰富,且引脚和 TTL 兼容。此系列的突出优点是功耗低、速度高。

国内外 74HC 系列产品各对应品种的功能和引脚排列相同,性能指标相似,一般都可方便地直接互换及混用。国内产品的型号前缀一般用国标代号 CC,即 CC74HC。

(4) 各类数字集成电路的性能

各类数字电路的主要性能和特点比较如表 1 – 24 所列。

表 1 – 24 各类数字电路的性能

性能名称	LSTTL	ECL	PMOS	NMOS	CMOS
主要特点	高速低功耗	超高速	低速廉价	高集成度	微功耗高抗干扰
电源电压/V	5	−5.2	10~24	12.5	3~18
单门平均延迟时间/ms	9.5	2	1 000	100	50
单门静态功耗/mW	2	25	5	0.5	0.01
速度·功耗积(S·P)/PJ	19	50	100	10	0.5
直流噪声容限/V	0.4	0.145	2	1	电源的 40%
扇出能力	10~20	100	20	10	1 000

下面对表 1 – 24 中所列的主要性能说明如下:

① 各种技术数据。各种技术数据均为一般产品的平均数据,与各公司生产的各品种的集成电路实际情况有可能不完全相同。因而具体选用时,还需查更详细的资料。

② 电源电压。TTL 类型的标准工作电压都是＋5 V,其他逻辑器件的工作电压一般都有较宽的允许范围。特别是 MOS 器件,如 CMOS 中的 4000B 系列可以工作在 3~18 V;PMOS 一般可工作在 10~24 V;HCMOS 系列为 2~6 V。

另外,在使用各种器件组成系统时,要注意各种相互连接的器件必须使用同一电源电压,否则,就可能不满足 0、1(或 L、H)电平的定义范围而造成工作异常。

③ 单门平均延时。单门平均延时是指门传输延迟时间的平均值 t_{pd},它是衡量电路开关速度的一个动态参数,用以说明一个脉冲信号从输入端经过一个逻辑门,再从输出端输出要延迟多少时间。把输出电压下降边的 50% 对于输入电压上升边的 50% 的时间间隔称为导通延迟时间,即 t_{PHL};把输出电压上升边的 50% 对于输入电压下降边的 50% 的时间间隔称为关闭延迟时间,即 t_{PLH}。因此,平均延迟时间 t_{pd} 定义为:

$$t_{pd} = (t_{PHL} + t_{PLH})/2$$

如 TTL 与非门,一般要求 $t_{pd}=10~40$ ns。通常把 t_{pd} 为 40~160 ns 的称为低速集成电路;15~40 ns 的称为中速集成电路;6~15 ns 的称为高速集成电路;$t_{pd} \leqslant 6$ ns 的称为甚高速集成电路。由表可见,ECL 的速度最高,而 PMOS 的速度最低。

④ 单门静态功耗。单门静态功耗是指单门的直流功耗,它是衡量一个电路质量好坏的重要参数。静态功耗等于工作电源电压及其泄漏电流的乘积,一般说静态功耗越小,电路的质量

越好。由表中可知 CMOS 电路静态功耗是极微小的,因此对于一个由 CMOS 器件组成的工作系统来说,静态功耗与总功耗相比常可以忽略不计。

⑤ 速度·功耗积(S·P)。速度·功耗积(S·P)也叫时延·功耗积,它是衡量逻辑集成电路性能优劣的一个很重要的基本特征参数。不论何种数字集成电路,其平均延迟时间都要受到消耗功率的制约。一定形式的数字逻辑电路,其消耗功率的大小约反比于平均延时,因此,一般用每门(电路)的平均延迟时间 t_{pd} 与功耗 P_d 的乘积来表征数字集成电路的优劣,这个乘积就是速度·功耗(S·P),即 S·P$=t_{pd} \cdot P_d$。式中,S·P 的单位为 pJ(皮焦耳),t_{pd} 的单位为 ns,P_d 的单位为 mW。通常,S·P 越小,电路性能越好。在选用电路时,S·P 是一个需要考虑的重要参数。但一般不能仅仅依据 S·P 来选择,还必须根据实际情况,同时兼顾速度(或功耗),抗干扰性能和价格等因素。

⑥ 直流噪声容限。直流噪声容限又称抗干扰度,它是度量逻辑电路在最坏工作条件下的抗干扰能力的直流电压指标。该电压值常用 V_{NM} 或 V_{NL} 及 V_{NH} 表示。它是指逻辑电路输入与输出各自定义 1(高)电平和 0(低)电平的差值大小。TTL 类电路只能用 5 V 电源,输入 1 电平定义为≥2 V,0 电平定义为≤0.8 V;输出电平定义是 1 电平≥2.7 V,0 电平≤0.4 V;因此 1 电平的 $V_{NH}=2.7$ V-2 V$=0.7$ V,0 电平的 $V_{NL}=0.8$ V-0.4 V$=0.4$ V。对 ECL 类来说,电源多用-5.2 V,$V_{NH} \approx 1$ V$-(-1.1$ V$)=0.1$ V,$V_{NL} \approx -1.5$ V$(-1.6$ V$)=0.1$ V。CMOS 及 HCMOS 可以在很宽的范围内工作,输出电平接近电源电压范围,而输入电平范围不论 1 电平还是 0 电平,均可达到 45%V_{CC},也就是 $V_{NM} \approx 45\%V_{CC}$,最低限度可以达到 $V_{NL} \geq$ 19%V_{CC},$V_{NH} \geq 29\%V_{CC}$。V_{CC} 越高则噪声容限也越大,也即 V_{CC} 高则抗干扰能力强。

⑦ 扇出能力。扇出能力也就是输出驱动能力,它是反映电路带负载能力大小的一个重要参数,表示输出可以驱动同类型器件的数目。如 TTL 标准门电路的扇出能力为 10,就表示这个门电路的输出最多可以和 10 个同类型的门电路的标准输入端连接。表 1-24 中所列出的是各种数字集成电路的直流扇出能力的理论值。对于 CMOS、HCMOS 来说,静态时扇出能力很大,尽管输出电流一般仅在 0.5 mA 以内,但因其输入电流仅有几纳安(nA)上下,因此直流扇出能力可达 1 000 以上,甚至更大。但是它们的交流(动态)扇出能力就没有这样高,要根据工作频率(速度)和输入电容量(一般约 5 pF)来考虑决定。

在微机系统的接口电路中,常用 CMOS(HCMOS)电路驱动 TTL 一类电路,表 1-25 给出了 CMOS 驱动 LS-TTL 和 S-TTL 的输入端数目的比较。其中,4049UB 因内部无输出缓冲级(型号尾带 U 的是仅一级 CMOS 反相器),虽对直流来说也能驱动一个 S-TTL 的输入端,但由于 CMOS 的上升/下降延迟时间长,用于驱动 S-TTL 是不合适的。

表 1-25　CMOS 的驱动能力

接收端驱动源	型　号	LS-TTL	S-TTL
4000B 系列	4011B	1	0
	4049UB	8	1
TC40H 系列 CC40H 系列	TC40H000	2	0
	TC50H000	5	1
74HC 系列	74HC00	10	2
LS-TTL 系列	74LS00	20	4

从表 1 - 25 中可以看出,74HC 的驱动能力接近 LS - TTL,40H 系列的驱动能力较次。另外,ECL 电路的直流扇出能力也是比较大的,这是由于 ECL 电路的输入阻抗高,输出阻抗低所致。但是,ECL 电路的实际扇出能力还要受到交流因素的制约,一般来说主要受容性负载的影响(ECL10K 系列每门输入电容约为 3 pF),因为电路的交流性能与容性负载直接有关,容性负载越大,交流性能就越差。因此在实际应用中,为了使电路获得良好的交流性能,一般希望将门的负载数(扇出数)控制在 10 个以内。

1.9.4　集成电路的检测方法

集成电路的检测方法很多,这里仅介绍几种最基本的方法。

① 电阻检测法。用万用表的欧姆挡测量集成电路各引脚对地的正、反向电阻,并与参考资料或与另一块同类型的、好的集成电路比较,从而判断该集成电路的好坏。

② 电压检测法。对测试的集成电路通电,使用万用表的直流电压挡,测量集成电路各引脚对地的电压。将测出的结果与该集成电路参考资料所提供的标准电压值进行比较,从而判断是该集成电路有问题,还是集成电路的外围电路元器件有问题。

③ 波形检测法。用示波器测量集成电路各引脚的波形,并与标准波形进行比较,从而发现问题。

④ 替代法。用一块好的同类型的集成电路进行替代测试。这种方法往往是在前几种方法初步检测之后,基本认为集成电路有问题时所采用的方法。该方法的特点是直接、见效快,但拆焊麻烦且易损坏集成电路和线路板。

1.10　微处理器

自 1947 年发明晶体管以来,50 多年间半导体技术经历了硅晶体管、集成电路、超大规模集成电路、甚大规模集成电路等几代,发展速度之快是其他产业所没有的。半导体技术对整个社会产生了广泛的影响,因此被称为"产业的种子"。中央处理器是指计算机内部对数据进行处理并对处理过程进行控制的部件。伴随着大规模集成电路技术的迅速发展,芯片集成密度越来越高,CPU 可以集成在一个半导体芯片上。这种具有中央处理器功能的大规模集成电路器件,被统称为"微处理器"。

根据微处理器的应用领域,微处理器大致可以分为 3 类:通用高性能微处理器、嵌入式微处理器和数字信号处理器或微控制器。一般而言,通用处理器追求高性能,它们用于运行通用软件,配备完备、复杂的操作系统;嵌入式微处理器强调处理特定应用问题的高性能,主要用于运行面向特定领域的专用程序,配备轻量级操作系统,主要用于蜂窝电话、CD 播放机等消费类家电;微控制器价位相对较低,在微处理器市场上需求量最大,主要用于汽车、空调、自动机械等领域的自控设备。

1.10.1　常用单片机

常用单片机的生产厂家包括 Winbond(华邦)、Dallas(达拉斯)、Siemens(西门子)、ATMEL、AVR、Microchip、EMC、ARM 等。

ATMEL 公司主要产品:AT89S51/52。

　　AVR 单片机是公司于 1997 年推出的配置精简指令(RISC)的单片机系列,大多数指令只需要一个晶振周期。Attiny、AT90 及 Atmega 分别为低、中、高挡产品,主要产品有 AT90S8535(价格为 45～65RMB)。

　　Microchip 公司,PIC 单片机采用 RISC 结构的嵌入式微控制器,具有高速度、低电压、低功耗及大电流 LCD 驱动能力的特点。分 3 个等级:① 基本级,如 PIC16C5X,适合对成本要求严格的家电产品,是世界上第一个 8 引脚低价位单片机;② 中级,如 PIC12C6XX、PIC12C672(价格为 14～25RMB);③ 高级,如 PIC17CXX,适用于需要执行高速数字运算的场合,具有一个指令周期可完成 $8×8$(位)二进制乘法的能力。

　　EMC 单片机(台湾义隆电子),EM78 系列(价格为 4～11RMB),进入大陆稍晚。

　　ARM(Advancede RISC Machines)公司生产的 ARM7 内核,具有小型、快速、低能耗、集成式 RISC 内核,用于移动通信领域。ARM7TDMI(Thumb)将 ARM7 指令集和 Thumb 扩展组合在一起,以减少内存容量和系统成本。同时它还利用嵌入式 ICE(In - circuit Emulation,在线仿真)调试技术简化系统设计,并用一个 DSP 增强扩展来改进性能。该产品的典型用途是数字蜂窝电话和硬盘驱动器等。ARM9TDMI 采用 5 级流水线 ARM9 内核。

1.10.2　ARM 系列单片机

　　ARM 系列是英国先进 RISC 机器公司的产品。第一个基于 RISC 指令集的 ARM 芯片是在 1985 年开始设计的,采用的是典型的 32 位 RISC 体系结构,其指令拥有 4 位的寄存器地址域,可以访问 R0～R15 这 16 个寄存器。而其他的寄存器只有在特殊的情况下才可以访问到。

　　ARM 使用了标准的、固定长度的 32 位指令格式,所有的 ARM 指令使用了 4 位的条件码来决定该指令是否应当执行。这种方式可以解决一些条件分支的问题,从而对代码的密度和性能都有好处,编译也因此可以显示控制指令的执行。

　　由于体系结构设计以及器件技术上的特点,可以使得 ARM 处理器可以与一些复杂得多的微处理器相抗衡,特别是在需要很少能耗的嵌入式处理场合。

　　ARM 公司成立于 1990 年。在 ARM7 中,将 ARM 体系结构完全扩展到 32 位(原来的 ARM 处理器只有 26 位的地址空间),并将主频提升到 40 MHz,另外还集成了一个 8 KB 的 Cache。比较有趣的是,ARM7 可以支持一种称为 Thumb 的模式,可以运行新的 16 位指令。这主要是通过在 ARM7 芯片的指令预取阶段增加一个硬件,完成 Thumb 指令到正常的 32 位 RISC 指令来达到目的。通过引入 Thumb 模式,可以使得只需要付出很少的硬件代价,就可以将代码的密度提升大约 25%～35%,并使得运行更为迅速。

　　1995 年,ARM、Apple、DEC 公司联合声明将开发一种用于 PDA 的高性能、低功耗的微处理器,主要是基于 ARM 体系结构。DEC 将自己在 MPU 设计上的优势带入 ARM 芯片设计中。一年后,StrongARM SA - 110 问世了,并成为嵌入式微处理器设计的一个里程碑。

　　StrongARM SA - 110 可以工作在 200 MHz,而能耗不到 1 W。在体系结构上 StrongARM 将原来 ARM 中的 3 级流水线扩展到 5 级;在器件工艺上,大量采用了最新的体系结构和器件技术,大大降低了芯片工作时的能耗。

　　1997 年,Intel 接管了 StrongARM,并开发了几个后续产品。1998 年,Intel 开始用 0.18 μm 工艺生产 StrongARM 处理器。在 1999 年度嵌入式微处理器论坛上,Intel 宣布将在其第 2 代 StrongARM 中采用 7 级流水线,并在 0.18 μm 工艺条件下,达到 600 MHz 的速度,而能耗将仅仅为不到 0.5 W，同时，将新的微处理器命名为 StrongARM XScale。

ARM9EJ 是 ARM9E 在 Java 支持上的增强版本。它采用了类似 Thumb 的机制，通过很少的硬件代价，可以使大多数 Java 虚拟机字节码可以加速执行，更为复杂的 Java 虚拟机字节码可以通过软件的方式执行。这样，可以使得 Java 虚拟机字节码的执行速度提升了大约 8 倍。这对于嵌入式场合的 Java 应用无疑是极其有效的。

ARM 的成功在于它极高的性能以及极低的能耗，使得它能够与高端的 MIPS 和 PowerPC 嵌入式微处理器相抗衡。这是根据市场需要进行的功能扩展，也是 ARM 取得成功的一个重要因素。随着更多厂商的支持和加入，可以预见，在将来一段时间之内，ARM 仍将主宰 32 位嵌入式微处理器市场。

目前，ARM 系列芯片已经广泛应用于移动电话、手持式计算机以及各种各样的嵌入式应用领域，成为世界上销量最大的 32 位微处理器。ARM 也在向 64 位微处理器的方向发展。

1.10.3　看门狗电路

看门狗又称为 WDT（Watchdog Timer），是一个定时器电路。看门狗一般有一个输入，叫喂狗；一个输出到 MCU 的 RST 端。MCU 正常工作时，每隔一段时间输出一个信号到喂狗端，给 WDT 清零。如果超过规定的时间不喂狗（一般在程序跑飞时），超过 WDT 的定时时间，就会给出一个复位信号到 MCU，使 MCU 复位，防止 MCU 死机。看门狗的作用就是防止程序发生死循环，或者说程序跑飞。

看门狗电路工作原理：在系统运行以后也就启动了看门狗的计数器，看门狗就开始自动计数，如果到了一定的时间还不清除计数器，那么看门狗计数器就会溢出从而引起看门狗中断，造成系统复位。因此在使用有看门狗的芯片时要注意定时清看门狗。

硬件看门狗是利用了一个定时器，来监控主程序的运行，也就是在主程序的运行过程中，要在定时时间到之前对定时器进行复位。如果出现死循环，或者 PC 指针不能回来，那么定时时间到后就会使单片机复位。常用的 WDT 芯片如 MAX813、5045、IMP813 等，价格 4～10 元不等。

软件看门狗技术的原理和硬件差不多，只不过是用软件的方法实现。以 51 系列为例，在 51 单片机中有两个定时器，可以用这两个定时器来对主程序的运行进行监控。对 T0 设定一定的定时时间，当产生定时中断时对一个变量进行赋值，而这个变量在主程序运行的开始已经有了一个初值，在这里要设定的定时值要小于主程序的运行时间，这样在主程序的尾部对变量的值进行判断，如果值发生了预期的变化，就说明 T0 中断正常，如果没有发生变化则使程序复位。对于 T1 用来监控主程序的运行，给 T1 设定一定的定时时间，在主程序中对其进行复位，如果不能在一定的时间里对其进行复位，T1 的定时中断就会使单片机复位。在这里 T1 定时时间设定要大于主程序的运行时间，给主程序留有一定的裕量。而 T1 的中断正常与否由 T0 定时中断子程序来监视。这样就构成了一个循环，T0 监视 T1，T1 监视主程序，主程序又来监视 T0，从而保证系统的稳定运行。51 系列有专门的看门狗定时器，对系统频率进行分频计数，定时器溢出时，将引起复位。看门狗可设定溢出率，也可单独用来作为定时器使用。

思考题

1. 常见的电子元器件有哪些？

2. 试述色标法的色码意义。

3. 简述电阻器的分类、命名方法、主要性能参数和标注方法以及如何选用？

4. 常用的电阻器有哪些？有什么特点？其主要作用是什么？如何检测？有哪些应用？

5. 简述电容器的分类、命名方法、主要性能参数和标注方法以及如何选用？

6. 常用的电容器有哪些？有什么特点？其主要作用是什么？如何检测？有哪些应用？

7. 简述电感器的分类、命名方法、主要性能参数和标注方法以及如何选用？

8. 常用的电感器有哪些？有什么特点？其主要作用是什么？如何检测？有哪些应用？

9. 简述变压器的工作原理、分类、主要性能参数以及如何选用？

10. 常用的变压器有哪些？其主要作用是什么？有哪些应用？

11. 简述二极管、三极管和场效应管的分类和主要性能指标，如何选用？

12. 常用的二极管、三极管和场效应管有哪些？有什么特点？其主要作用是什么？有哪些应用？如何检测？

13. 常见的驱动继电器的芯片有哪些？

14. 什么是光耦？其主要作用是什么？有哪些性能参数？有哪些应用？

15. 什么是光电管？其主要作用是什么？有哪些性能参数？有哪些应用？

16. 什么是光敏电阻？其主要作用是什么？有哪些性能参数？有哪些应用？

17. 简述继电器的工作原理、特性、分类和主要技术参数。

18. 简述继电器的选用、应用场合和测试方法。

19. 简述开关的分类及其应用场合。

20. 什么是集成电路？集成电路有哪些分类？如何选用？使用时需注意哪些？如何检测？

21. 什么是微处理器？微处理器有什么功能？常见的微处理器有哪些？如何选用？

第 2 章　常用电子测试仪器的原理及应用

在电子产品的设计制作过程中,常常会用到各种测试仪器,本章主要对常用的电子测试仪器进行了介绍,主要包括:

- 万用表及应用,包括指针式万用表以及数字万用表的介绍以及如何用其来对电压、电流等进行测量。
- 示波器及应用,包括示波器的基本结构、示波器的原理及其使用。
- 信号发生器及应用,包括信号发生器的分类及使用。
- 直流稳压电源及使用,包括直流稳压电源的原理及应用。
- 逻辑笔及应用,包括逻辑笔的功能及使用方法。

通过本章的学习,读者可以对常用的电子测试仪器有所了解并能够掌握基本的电子测试仪器的使用方法。

2.1　万用表的应用

万用表用途广、体积小、价格低,是最常用的测量仪表。万用表有模拟(机械指针式)万用表和数字万用表两种。

2.1.1　指针式万用表

指针式万用表是通过指针在表盘上偏转位置的变化来指示被测量的数值。常用的MF500 型指针式万用表外观如图 2-1 所示。

指针式万用表的使用方法:

① 机械零位调整。使用前应首先检查指针是否在零位,若不在零位,调整零位调整器,使指针调至零位。

② 正确连接表笔。红表笔应插入标有"＋"的插孔,黑表笔插入"－"的插孔。测直流电流和直流电压时,红表笔连接被测电压、电流的正极,黑表笔接负极。

用欧姆挡(Ω)判断二极管的极性时,注意"＋"插孔是接表内电池的负极,"－"插孔是接表内电池的正极。

③ 测量电压时,万用表应与被测电路并联;测量电流时,要把被测电路断开,将万用表串连接在被测电路中。

注意: 测量电流时应估计被测电流的大小,选择正确的量程,MF500 型的保险丝为 0.3～0.5 A,被测电流不能超过此值。某些万用表有 10 A 的挡位,可以用来测量较大电流。

④ 量程转换。应先断电,绝对不容许带电换量程。根据被测量放在正确的位置,切不可使用电流挡或欧姆挡测电压,否则会损坏万用表。

⑤ 合理选择量程挡。测量电压、电流时,应使表针偏转至满刻度的 1/2 或 2/3 以上;测量电阻时,应使表针偏转至中心刻度附近(电阻挡的设计是以中心刻度为标准的);测交流电压、

图 2 - 1　MF500 型指针式万用表

电流时,注意被测量必须是正弦交流电压、电流,而被测信号的频率也不能超过说明书上的规定;测 10 V 以下的交流电压时,应该用 10 V 专用刻度标识读数,它的刻度是不等距的。

⑥ 测电阻时,应先进行电表调零。方法是将两表笔短路,调节"调零"旋钮使指针指在零点(注意欧姆的零刻度在表盘的右侧)。如调不到零点,则说明万用表内电池电压不足,需要更换新电池。测量大电阻时,两手不能同时接触电阻,防止人体电阻与被测电阻并联造成测量误差。每变换一次量程,都要重新调零。如果以上方法不能调零,有可能万用表的绕线电阻(阻值约为几欧的电阻)烧断,需拆开进行维修并校正。

在表盘上有多条刻度线,对应不同的被测量,读数时要在相应的刻度线上读取数值。为提高测量精度尽量使指针处于中间位置。读取测量值时,将测量时指针所标识的读数乘以量程倍率,才是所测之值。测量电阻时注意手不要接触两表笔或被测电阻的金属端,以免引入人体感应电阻,使读数减小,尤其是对于 R×10k 挡测试影响较大。

⑦ 万用表使用完毕,将转换开关放在交流电压最大挡位,避免损坏仪表。

⑧ 万用表长期不用时,应取出电池,防止电池漏液,腐蚀和损坏万用表内零件。万用表的电池有普通 5 号(1.5 V)和层叠电池(9 V)两种。其中 9 V 用于测量 10 kΩ 以上的电阻和判别小电容的漏电情况。

⑨ 由于万用表的电阻挡(R×10k)采用 9 V 电池,不可检测耐压值很低的元件。

2.1.2　数字式万用表

数字万用表具有精度高、体积小、功能强、显示直观等优点,随着数字万用表价格的降低,模拟万用表已面临被淘汰。

最常见的是三位半数字万用表,其最高位只有不显示(表示 0)和显示 1,其他各位可显示 0~9,故称三位半。数字万用表一般可测量交直流电压、交直流电流、电阻、电容、二极管、三极管等,图 2-2 为 DT9923 型数字万用表。

1. 直流电压与交流电压的测量

① 黑表笔插入 COM 插孔,红表笔插入 V/Ω/Hz 插孔。

② 将功能开关置于直流 V—或交流 V～量程范围,
将表笔并联接到待测电源或负载上。

注意：➤ 未知被测电压范围时,将功能开关置于最大
量程并根据需用逐渐下降。

➤ 如果只在左边显示"1"表示过量程,需将功
能开关置于更高量程。

➤ 不要测高于 1 000 V 直流电压或高于 700 V
交流电压。

➤ 测直流电压时,无负号表示红表笔接的是正
极,有负号则相反。

2. 直流电流与交流电流测量

① 将黑表笔插入 COM 插孔,当测量最大值为 200
mA 电流时,红表笔插入 mA 插孔,当测量 200 mA～20 A
的电流时,红表笔插入 20 A 插孔。

图 2-2　DT9923 型数字万用表

② 开关置于直流 A--或交流 A～量程,并将表笔串联接入待测电路。

注意：➤ 如果不知道被测电流范围,将功能开关置于最大量程并逐渐下降。

➤ 如果只显示"1"表示过量程,需将功能开关置于更高量程,过载将会烧坏保
险丝。

➤ 强调：测电流时一定要将表笔串联接入待测电路,否则可能损坏万用表或电路
元器件。

➤ 测直流电流时,无负号表示电流由红表笔流向黑表笔,有负号则相反。

3. 电阻测量

① 将黑表笔插入 COM 插孔,红表笔插入 V/Ω/Hz 插孔(注意：红表笔极性为"＋")。

② 将功能开关置于 Ω 量程,将测试笔跨接到待测电阻上。

注意：➤ 如果被测电阻值超出所选择量程,将显示 1,需选择更大量程。对于大于 1 MΩ
的电阻,要几秒后读数才能稳定。

➤ 无输入即开路时,显示为 1。

➤ 检测在线电阻时,须确定被测电阻已去电源,同时电容已放完电,方能测量。

➤ 200 MΩ 挡短路时有 1 MΩ 显示,测量后应从读数中减去 1 MΩ。

4. 电容测试(自动回零)

将电容插入电容测试座中。测试电容时,注意每次转变量程时复零需要时间,漂移读数存
在不会影响测试精度。测量大电容时稳定读数需要一定时间。

5. 二极管测试

① 将黑表笔插入 COM 插孔,红表笔插入 V/Ω/Hz 插孔(注意：红表笔极性为"＋")。

② 将功能开关置于二极管及蜂鸣器挡,并将表笔连接到待测二极管,红黑表笔交换测量。
当二极管没有损坏时,一次为 1 即无穷大;一次有值,其值即为二极管的(小电流)正向压降近

似值(mV)。根据此值的大小可判断是硅管、锗管还是发光二极管,且有值的这次红表笔接的引脚为正极(如果被测的是质量较好的发光二极管,该管会发出微弱的光)。

6．通断测试

① 将黑表笔插入 COM 插孔,红表笔插入 V/Ω/Hz 插孔。

② 将功能/量程开关置于 ⋙(与二极管 ▷|— 测试同量程),将测试笔跨接在欲检查之电路两端上。

③ 若被检查两点之间的电阻值小于约 50 Ω,蜂鸣器便会发出声响。

注意：➤ 当输入端开路时,仪表显示为过量程状态。

　　　　➤ 被测电路必须在切断电源状态下检查通断,因为任何负载信号将会使蜂鸣器发声,导致错误判断。

7．三极管 h_{FE} 测试

① 将功能开关置于 h_{FE} 量程。

② 确定 NPN 或 PNP 型,将基极、发射极和集电极分别插入相应的插孔。

③ 万用表将显示 h_{FE} 的近似值。

8．读数保持

在测量过程中,将读数保持开关(HOLD)压下,即能保持显示读数;释放该开关,读数变化。

2.2　示波器的原理及应用

示波器是一种测量电压波形的电子仪器,它可以把被测电压信号随时间变化的规律用图形显示出来。使用示波器不仅可以直观而形象地观察被测物理量的变化全貌,而且可以通过显示的波形,测量电压和电流,进行频率和相位的比较,以及描绘特性曲线等。示波器可分为模拟示波器和数字示波器。

2.2.1　模拟示波器

1．模拟示波器的基本结构

模拟示波器的型号很多,但其基本结构类似。模拟示波器主要是由示波管、X 轴与 Y 轴衰减器和放大器、锯齿波发生器、同步电路及电源等几部分组成,其原理框图如图 2-3 所示。

(1)示波管

示波管由电子枪、偏转板和显示屏组成。

电子枪：由灯丝 H、阴极 K、控制栅极 G、第 1 阳极 A_1、第 2 阳极 A_2 组成。灯丝通电发热,使阴极受热后发射大量电子并经栅极孔出射。这束发散的电子经圆筒状的第 1 阳极 A_1 和第 2 阳极 A_2 所产生的电场加速后会聚于荧光屏上一点,称为聚焦。A_1 与 K 之间的电压通常为几百 V,可用电位器 W_2 调节。A_1 与 K 之间的电压除有加速电子的作用外,主要是达到聚焦电子的目的,因此 A_1 称为聚焦阳极。W_2 即为示波器面板上的聚焦旋钮。A_2 与 K 之间的电压为 1 000 V 以上,可通过电位器 W_3 调节。A_2 与 K 之间的电压除了有聚焦电子的作用外,主要是达到加速电子的目的,因其对电子的加速作用比 A_1 大得多,故称 A_2 为加速阳极。在有的示波器面板上设有 W_3,并称其为辅助聚焦旋钮。

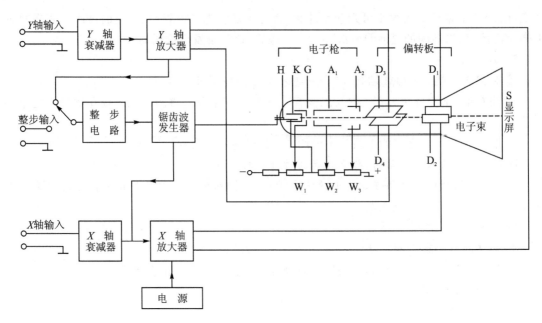

图 2 - 3　示波器原理框图

　　在栅极 G 与阴极 K 之间加了一负电压即 $U_K > U_G$,调节电位器 W_1 可改变它们之间的电势差。如果 G、K 间的负电压的绝对值越小,通过 G 的电子就越多,电子束打到荧光屏上的光点就越亮,调节 W_1 可调节光点的亮度。W_1 在示波器面板上为"辉度"旋钮。

　　偏转板:水平(X 轴)偏转板由 D_1、D_2 组成,垂直(Y 轴)偏转板由 D_3、D_4 组成。偏转板加上电压后可改变电子束的运动方向,从而可改变电子束在荧光屏上产生的亮点的位置。电子束偏转的距离与偏转板两极板间的电势差成正比。

　　显示屏:显示屏是在示波器底部玻璃内涂上一层荧光物质,高速电子打在上面就会发荧光,单位时间打在上面的电子越多,电子的速度越大光点的辉度就越大。荧光屏上的发光能持续一段时间称为余辉时间。按余辉的长短,示波器分为长、中、短余辉 3 种。

　　(2) X 轴与 Y 轴衰减器和放大器

　　示波管偏转板的灵敏度较低(为 $0.1 \sim 1$ mm/V),当输入信号电压不大时,荧光屏上的光点因偏移很小而无法观测。因而要对信号电压放大后再加到偏转板上,为此在示波器中设置了 X 轴与 Y 轴放大器。当输入信号电压很大时,放大器无法正常工作,使输入信号发生畸变,甚至使仪器损坏,因此在放大器前级设置有衰减器。X 轴与 Y 轴衰减器和放大器配合使用,以满足对各种信号观测的要求。

　　(3) 锯齿波发生器

　　锯齿波发生器能在示波器本机内产生一种随时间变化类似于锯齿状、频率调节范围很宽的电压波形,称为锯齿波,作为 X 轴偏转板的扫描电压。锯齿波频率的调节可由示波器面板上的旋钮控制。锯齿波电压较低,必须经 X 轴放大器放大后,再加到 X 轴偏转板上,使电子束产生水平扫描,即使显示屏上的水平坐标变成时间坐标,来展开 Y 轴输入的待测信号。

　　2. 模拟示波器的示波原理

　　示波器能使一个随时间变化的电压波形显示在荧光屏上,是靠两对偏转板对电子束的控制作用来实现的。如图 2 - 4(a)所示,Y 轴不加电压时,X 轴加一由本机产生的锯齿波电压

$u_X,u_X=0$ 时电子在 E 的作用下偏至 a 点,随着 u_X 线性增大,电子向 b 偏转,经一周期时间 T_X,u_X 达到最大值 u_{Xm},电子偏至 b 点。下一周期,电子将重复上述扫描,就会在荧光屏上形成一水平扫描线 ab。

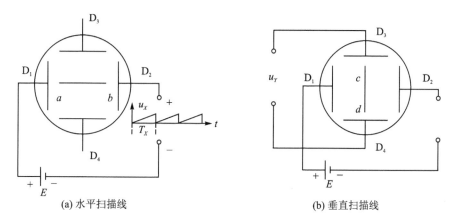

图 2-4　偏转板加电压时电子的偏转情况

如图 2-4(b)所示,Y 轴加一正弦信号 u_Y,X 轴不加锯齿波信号,则电子束产生的光点只作上下方向上的振动,电压频率较高时则形成一条竖直的亮线 cd。

如图 2-5 所示,Y 轴加一正弦电压 u_Y,X 轴加上锯齿波电压 u_X,且 $f_X=f_Y$,这时光点的运动轨迹是 X 轴和 Y 轴运动的合成。最终在荧光屏上显示出一完整周期的 u_Y 波形。

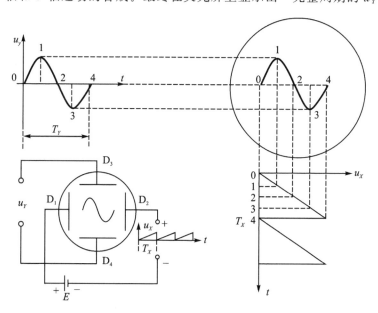

图 2-5　示波器的示波原理图解

从上述分析中可知,要在荧光屏上呈现稳定的电压波形,待测信号的频率 f_Y 必须与扫描信号频率 f_X 相等或是其整数倍,即 $f_Y=nf_X$(或 $T_X=nT_Y$),只有满足这样的条件时,扫描轨迹才是重合的,故形成稳定的波形。通过改变示波器上的扫描频率旋钮,可以改变扫描频率 f_X,使 $f_Y=nf_X$ 条件满足。但由于 f_X 的频率受到电路噪声的干扰而不稳定,$f_Y=nf_X$ 的关系常被破坏,这就要用整步(或称同步)的办法来解决。即从外面引入一频率稳定的信号(外整步)或者把待测信号(内整步)加到锯齿波发生器上,使其受到自动控制来保持 $f_Y = n f_X$ 的关系,从而使荧光屏上获得稳定的待测信号波形。

2.2.2　数字示波器

数字示波器是数据采集、A/D转换、软件编程等一系列的技术制造出来的高性能示波器。数字示波器一般支持多级菜单,能提供给用户多种选择、多种分析功能。还有一些示波器具有存储功能,可对波形保存和处理。

如图2-6所示为HP54600数字示波器的电路结构简图,该数字示波器具有Y轴双通道CH1和CH2,Y通道对两路输入信号都要进行8 bitA/D转换,实现数字化处理功能并通过两片专用集成电路即采集处理器和波形翻译器(Acquisition Processor and Waveform Translator)实现处理显示被观测波形参数的功能。HP54600由CPU68000控制。该数字示波器的波形总线(Wave Bus)和处理器总线(Processor Bus)之间联有收发器(Transceiver),用来传递信息,以实现对信号波形、数据的写入存储或取出显示等。采集处理器和波形翻译器实际上完成测量处理器的功能;而CPU68000则承担控制处理器的任务。

数字示波器将所存储的波形数据取出到显示器以及自地址计数器送出到扫描电路的数字信号均需经过D/A转换,变成模拟信号;而对模拟部分控制设备的电平信号则要经过A/D转换才能被微处理器接受,从微处理器送出给模拟电路的控制信号需由D/A转换,将数字信号变换成对应的模拟电平信号。

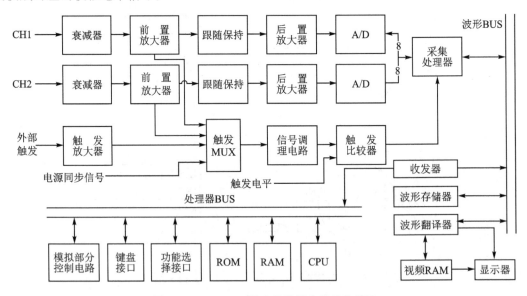

图2-6　HP54600数字示波器电路结构简图

2.2.3　数字示波器的使用

下面以常用的TDS1001B数字示波器为例说明示波器的使用。图2-7为TDS1001B数字示波器前面板示意图。

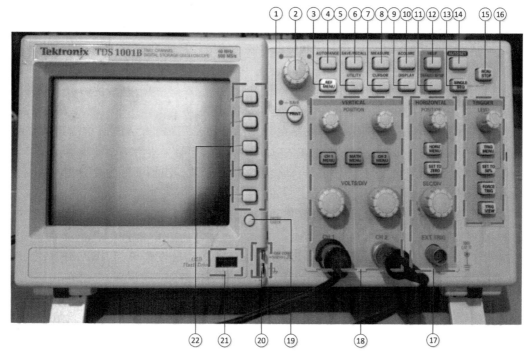

图 2-7 TDS1001B 数字示波器前面板示意图

1. 前面板按扭和接口说明

① 保存/打印(SAVE/PRINT):当作为保存按钮使用时,可以保存图像、设置、波形等,旁边的 LED 提示(点亮)可将数据存储到 USB 闪存驱动器;当示波器连接到打印机时,可以作为打印按钮打印屏幕图像。

② 多用途旋钮:当旋钮处于活动状态时,旁边的 LED 会亮,多用途旋钮可以在示波器的多个功能菜单中使用,比较常用的是 CURSOR(光标)菜单。

③ 参考波形(REF MENU):可以从显示打开或关闭参考内存波形,该波形表存储在示波器的非易失性存储器中;可以同时显示一个或两个参考波形,但参考波形无法缩放或平移。

④ 自动量程(AUTO RANGE):显示自动量程菜单,并激活或禁用自动量程功能,自动量程激活时,旁边的 LED 变亮;可以自动调整设置值以跟踪信号,如果信号发生变化,其设置将持续跟踪信号。

⑤ 辅助功能(UTILITY):显示示波器的辅助功能,如系统状态、选项、自校正、文件功能、语言。

⑥ 保存/调出(SAVE/RECALL):储存示波器设置、屏幕图像或波形,或者调出示波器设置或波形;包含多个子菜单,如全储存、存图像、存设置、存波形、调出设置、调出波形。

⑦ 光标显示(CURSOR):测量光标和光标菜单,使用多用途旋钮改变光标的位置,如幅度、时间、信源。

⑧ 测量(MEASURE):共有 11 种测量类型可供选择,一次最多可以显示五种,如频率、周期、平均值、峰-峰值、均方根值、最小值、最大值、上升时间、下降时间、正频宽、负频宽。

⑨ 显示(DISPLAY):选择波形如何出现以及如何改变整个显示的外观,选项包括类型、

持续、格式、对比度。

⑩ 采集(ACQUIRE)：设置采集参数，如采样、峰值检测、平均值、平均次数。

⑪ 默认设置(DEFAULT SETUP)：调出示波器的出厂默认设置，示波器将显示 CH1 波形并清除其他所有波形。

⑫ 帮助(HELP)：显示示波器的帮助系统，涵盖了示波器的所有功能，帮助系统提供多种方法来查找所需信息，包括上下文相关帮助、超级链接、索引等。

⑬ 单次序列(SINGLE SEQ)：示波器在采集单个波形后停止，示波器检测到某个触发后，完成采集然后停止；每次按下 SINGLE SEQ 键，示波器便会采集另一个波形。

⑭ 自动设置(AUTO SET)：按下"自动设置"键时，示波器识别波形的类型并调整控制方式，从而显示出相应的输入信号。

⑮ 运行/停止(RUN/STOP)：示波器连续/停止采集波形。如果想静止观察某一波形时，可按一下该按钮；反之，则再按一次该按钮。

⑯ 触发控制区：包括有触发电平(TRIGGER LEVEL)、触发菜单(TRIG MENU)、设为 50%(SET TO 50%)、强制触发(FORCE TRIG)、触发视图(TRIG VIEW)等内容。

⑰ 水平控制区：包括有水平位置(HORIZONTAL POSITION)、水平菜单(HORIZ MENU)、设置为 0(SET TO ZERO)、秒格(SEC/DIV)、外部触发连接(EXT TRIG)通道等内容。

⑱ 在这个功能区里面，包括垂直位置(VERTICAL POSITION)、伏格(VOLTS/DIV)、CH1 通道、CH2 通道、CH1 菜单(CH1 MENU)、CH2 菜单(CH2 MENU)、数学菜单(MATH MENU)等内容。

⑲ 电压探头检测按钮，怀疑探头存在问题时，可按下此按钮进行检测。

⑳ 电压探头补偿的连接端，用于探头的检查，在示波器上可看到 5 V、1 kHz 的方波。

㉑ USB 接口：用于插入 USB 闪存驱动器，主要用来存储数据、波形等。

㉒ 显示屏按钮区，按提示选择具体的菜单内容或功能。

2. TDS1001B 数字示波器的基本操作

(1) 自动测量

示波器可对大多数显示信号进行自动测量，欲测量信号频率、周期、峰-峰值可按如下步骤操作：

① 将需要测量的信号接入数字示波器的 CH1 通道或 CH2 通道；

② 按下 MEASURE 按钮以显示测量菜单；

③ 按下显示屏按钮区顶部的菜单按钮选择相应的信源(CH1/CH2)；

④ 按下显示屏按钮区顶部的菜单按钮选择测量的类型。

如图 2-8 所示为方波的自动测量界面，测得该信号的频率为 1 kHz、周期为 1 ms、峰-峰值为 5.2 V，测得的频率、周期、峰-峰值会随着输入信号的变化实时地修改显示。

(2) 光标测量脉冲宽度

分析一脉冲波形，需要测量脉冲宽度。使用时间光标测量脉冲宽度可按如下步骤操作：

① 按下光标按钮以显示光标菜单；

② 按下显示屏按钮区顶部菜单按钮以选择时间；

③ 按下显示屏按钮区顶部的菜单按钮选择相应的信源(CH1/CH2)；

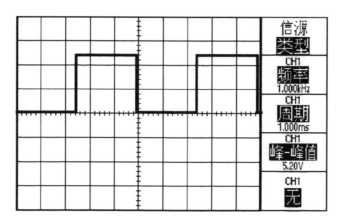

图 2 - 8   自动测量

④ 旋转光标 1 旋钮置光标于脉冲的上升沿；

⑤ 旋转光标 2 旋钮置另一光标于脉冲的下降沿。

如图 2 - 9 所示,测得光标 1 相对触发的时间为 1.33 ms,测得光标 2 相对触发的时间为 2 ms,脉冲宽度(即增量时间)为 670 μs。

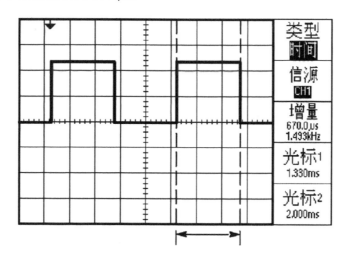

图 2 - 9   光标测量脉冲宽度

(3) 光标测量脉冲上升时间

测量脉冲的上升时间,一般情况下,需要测量波形上升沿 10 %～90 % 之间的时间。使用时间光标测量脉冲上升时间可按如下步骤操作:

① 调整秒/刻度旋钮以显示波形的上升沿;

② 调整伏/格旋钮以设置波形的幅值占大约 5 格;

③ 按下伏/格按钮以选择细调,并调整伏/格旋钮以设置波形幅值精确地占据 5 格;

④ 使用垂直位置旋钮将波形调至屏幕中心,使波形的基线在屏幕中心下方的 2.5 格处;

⑤ 按下光标按钮以显示光标菜单;

⑥ 按下显示屏按钮区顶部菜单框按钮以选择时间;

⑦ 旋转光标 1 旋钮置光标于波形与屏幕中心线下方第二条格线的交叉点(10 %);

⑧ 旋转光标2旋钮置另一光标于波形与屏幕中心线上方第二条格线的交叉点(90 %)。

如图2-10所示,测得光标1相对触发的时间为-3.2 μs,测得光标2相对触发的时间为2.2 μs,波形的上升时间(即增量时间)为5.4 μs。

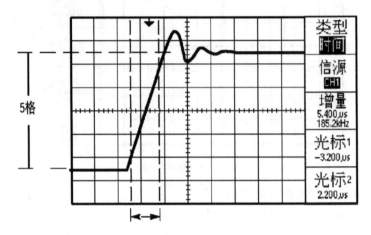

图2-10　光标测量脉冲上升时间

(4) 光标测量波形幅值

使用光标测量脉冲上升时间可按如下步骤操作:

① 按下光标按钮以显示光标菜单;

② 按下显示屏按钮区顶部菜单框按钮以选择电压;

③ 按下显示屏按钮区顶部的菜单按钮选择相应的信源(CH1/CH2);

④ 旋转光标1旋钮置光标于信号的波峰;

⑤ 旋转光标2旋钮置另一光标于信号的波谷。

如图2-11所示,测得光标1处的电压为316 mV,测得光标2处的电压为436 mV,波形的峰-峰电压(增量)为120 mV。

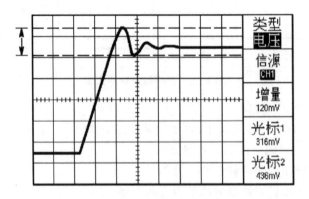

图2-11　光标测量波形幅值

2.3　信号发生器的应用

2.3.1　信号发生器的分类和主要质量指标

信号源是指测量用的信号发生器,是常用电子测量仪器之一。在电子电路调试中,需要各种各样的信号源,根据测量要求不同,信号源大致可分为 3 大类:正弦信号发生器、函数(波形)信号发生器和脉冲信号发生器。正弦信号发生器具有波形不受线性电路或系统影响的独特特点。因此,正弦信号发生器在线性系统中具有特殊的意义。

1. 按正弦信号频段分类

按频段分有:

① 超低频信号发生器 0.001 ～ 1 000 Hz。

② 低频信号发生器 1 Hz ～1 MHz。

③ 视频信号发生器 20 Hz～10 MHz。

④ 高频信号发生器 30 kHz～30 MHz。

⑤ 超高频信号发生器 4～300 MHz。

按性能分:可分为信号发生器和标准信号发生器。标准信号发生器要求提供信号有准确的频率和电压,有良好的波形和适当的调制。

2. 正弦信号发生器的主要质量指标

(1) 频率指标

① 有效频度范围。指信号源各项技术指标都能得到保证时的输出频率范围。在这一范围内频率要连续可调。

② 频率准确度。指信号源频率实际值对其频率标称值的相对偏差。普通信号源的频率准确度一般在 $\pm1\%$～$\pm5\%$ 的范围内,而标准信号源的频率准确度一般优于 0.1%～1%。

③ 频率稳定度。指在一定时间间隔内,信号源频率准确度的变化情况。由于使用要求的不同,各种信号源频率的稳定度也不一样。一般信号源频率稳定度应比所要求的信号源频率准确度高 1～2 数量级。由频率可变的 LC 或 RC 振荡器作为主振的信号源,其频率稳定度一般只能做到 10^{-4} 量级左右。而目前在信号源中因广泛采用的锁相频率合成技术,则可把信号源的频率稳定度提高 2～3 个量级。

(2) 输出指标

① 输出电平范围。这是表征信号源所能提供的最小和最大输出电平的可调范围。一般标准高频信号发生器的输出电压为 $0.1\ \mu V$～1 V。

② 输出稳定度。有两个含义,一是指输出对时间的稳定度;一是指在有效频率范围内调节频率时,输出电平的变化情况。

③ 输出阻抗。信号源的输出阻抗视类型不同而异,低频信号发生器一般有输出阻抗匹配变压器,可有几种不同的输出阻抗,常见的有 50 Ω、75 Ω、150 Ω、600 Ω 和 5 kΩ 等。高频或超高频信号发生器一般为 50 Ω 或 75 Ω 不平衡输出。

(3) 调制指标

① 调制频率。很多信号发生器即有内调制信号发生器,又可外接输入调制信号。内调制

信号的频率一般是固定的,有 400 Hz 和 1 000 Hz 两种。

② 寄生调制。信号发生器工作在未调制状态时,输出正弦波中,有残余的调幅调频,或调幅时有残余的调频,调频时有残余的调幅,统称为寄生调制。作为信号源,这些寄生调制应尽可能小。

③ 非线性失真。一般信号发生器的非线性失真应小于 1%,某些测量系统则要求优于 0.1%。

2.3.2 信号发生器的使用

下面以 VC1642 系列函数信号发生器为例介绍信号发生器的使用。VC1642 系列函数信号发生器是一种具有多功能的函数信号发生器。它可以连续的输出正弦波、方波、矩形波、锯齿波和三角波 5 种基本函数信号和调变信号,并具有外测 GHz 级的频率功能。五种函数信号的频率和幅度均可连续调节、显示。VC1642D 为基本功能型,VC1642E 在上述的功能基础上还增加了独立的 5 W 功率输出。本系列仪器性能稳定,操作方便,是工程师、电子实验室、生产线及教学需配备的理想设备。

1. 主要特征

➢ 采用单片微处理器控制整机的运行和显示,智能化程度高,便于操作和使用。

➢ 采用了大规模的单片集成精密函数发生器,使得整机性能优越,性能价格比高。

➢ 采用了电路矫正技术,使得波形失真小,幅度大,信号稳定。

➢ 所有输入端口具有过压保护,信号、函数输出端口具有超压、回输、自动关断保护。

➢ 具有同步 TTL 电平输出信号。

➢ 具有外测频功能,外测频率范围宽至 1 Hz~1 GHz。

➢ 外接 VCF 端口,可用于扫频、调频、压控振荡。

➢ 整机采用新型金属机箱,屏蔽性能、抗干扰能力更强。

➢ SMT 混装工艺生产,体积小,故障率低。

2. 技术参数

① 输出频率为 0.6 Hz~6 MHz,按十进制分类,分为 ×1、×10、×100、×1k、×10k、×100k、×1M 共 7 挡,频率微调范围以 0.6~6 乘以该挡倍率覆盖。各挡具体频率如下:

1 挡	×1	0.6~6 Hz;		5 挡	×10k	6~60 kHz;
2 挡	×10	6~60 Hz;		6 挡	×100k	60~600 kHz;
3 挡	×100	60~600 Hz;		7 挡	×1M	600 kHz~6 MHz。
4 挡	×1k	600 Hz~6 kHz;				

② 输出信号阻抗。

函数输出:50 Ω;

TTL 输出:扇出 20 门(可带动 20 个 TTL 门);

VC1642E 功率输出:≤1 Ω。

③ 输出信号波形。

函数输出:正弦波、方波、矩形波、锯齿波、三角波;

TTL 输出:TTL 脉冲波;

VC1642E 功率输出:正弦波、方波、矩形波、锯齿波、三角波(在 0.6 Hz~200 kHz 范围内)。

④ 信号幅度。

➤ 函数输出：(1 MΩ 负载)。

— 不衰减时,输出信号的峰峰值为 2～20 V,连续可调。

— 衰减 20 dB 时时,输出信号的峰峰值为 0.2～2.0 V,误差为±20%,连续可调。

— 衰减 40 dB 时,输出信号的峰峰值为 20～200 mV,误差为±20%,连续可调。

说明：对于 50 Ω 负载,数值应为上述值的 1/2。

➤ VC1642E 功率输出：(在 1 Hz～200 kHz 范围内)≥5 W,定压输出(空载电压峰峰值最大约 20 V)。

➤ 负载最小阻抗：4 Ω。

⑤ 函数输出占空比调节。20%～80%(±10%)。

⑥ 输出直流偏置特性。-10～+10 V(±10%)(空载或高阻 0 dB 衰减状态下,偏移电平与信号叠加幅度峰值不得超过±10 V)。

⑦ 输出信号特征。

➤ 正弦波失真度小于 1.5%；

➤ 三角波线性度大于 99%(输出幅度的 10%～90% 区域)；

➤ 方波上升沿时间小于 50 ns(输出幅度的 10%～90%)；

➤ 方波下降沿时间小于 50 ns(输出幅度的 10%～90%)；

➤ 方波的上升、下降沿过冲小于或等于 5%V_{O}(在带 50 Ω 负载时、V_{O} 表示输出信号的实际值)；

➤ 测试条件：10 kHz 频率输出,带 50 Ω 负载,输出电压的峰峰值 5 V,整机预热 30 min。

⑧ 电源适应性及整机功耗。电压 220(1±10%) V,50/60(1±5%) Hz,功耗小于 50 VA。

⑨ 信号频率稳定度。±0.1%/min(测试条件同上)。

⑩ 外测量频率范围。1 Hz～1 000 MHz,分两挡,1 Hz～10 MHz；10～1 000 MHz。

⑪ 外测量频率灵敏度。≥250 mVrms。

⑫ 外测量频率输入特性。当频率在 1 Hz～10 MHz 时,输入阻抗≥500 kΩ,C≤45 pF。当频率在 10～1 000 MHz 时,输入阻抗≥50 Ω,C≤30 pF。

⑬ 外测量频率输入电压。250 mVrms～3 Vrms,ATT：0/20 dB。

⑭ 幅度显示(只表示空载时的峰峰值,带 50 Ω 负载时峰峰值是显示值的 1/2)：

➤ 显示有效位数。3 位(小数点自动定位)。

➤ 显示单位。V 或 mV。

➤ 显示误差。±V_{O} 的 20%+满量程的 2.5%。V_{O} 表示输出信号的实际值,测试条件为 10 kHz 频率输出、整机预热 30 min。

➤ 分辨力：不衰减：峰峰值为 0.1 V；

　　　　　20 dB 衰减：峰峰值为 10 mV；

　　　　　40 dB 衰减：峰峰值为 1 mV。

⑮ 频率显示。显示范围为 5 位 LED 数码管显示,0.2 Hz～1 200 MHz,显示有效位数为 4～5 位。

⑯ 测量误差。≤±(0.5%+5 个字)。

⑰ 时基。标称频率为 24 MHz,频率稳定度为 $\pm 5 \times 10^{-5}$。

⑱ 工作环境温度。5～30 ℃,环境湿度:(25%～75%)RH。

⑲ 外形尺寸。220 mm×90 mm×320 mm。

⑳ 质量。约 3 kg。

3. 使用说明

VC1642D 和 VC1642E 函数信号发生器的前面板说明如图 2－12 和图 2－13 所示,其后面板如图 2－14 所示。

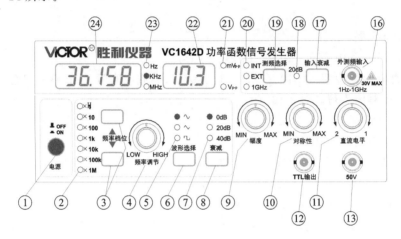

图 2－12 VC1642D 函数信号发生器前面板

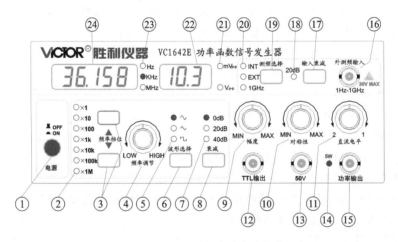

图 2－13 VC1642E 函数信号发生器前面板

① 电源开关(POWER)。按下此开关,机内 220 V 交流电压接通,电路开始工作。

② 频率挡位指示灯。表示输出频率所在挡位的倍率。

③ 频率挡位换挡键(RANGE)。按动此键可将输出频率升高或降低 1 个倍频程。

④ 频率微调旋钮(FREQ)。调节电位器可在每个挡位内微调频率。

⑤ 输出波形指示灯。表示函数输出的基本波形。

⑥ 波形选择按键(WAVE)。按动此键可依次选择输出信号的波形,同时与之对应的输出波形指示灯点亮。

⑦ 衰减量程指示灯。表示函数输出信号的衰减量。

⑧ 衰减选择按键（ATT）。按动此键可使函数输出信号幅度衰减 0 dB、20 dB 或 40 dB。

⑨ 输出幅度调节旋钮（AMPL）。调节此电位器可改变函数输出和功率输出的幅度。

⑩ 对称性（占空比）调节旋钮（DUTY）。调节此电位器可改变输出波形的对称度。

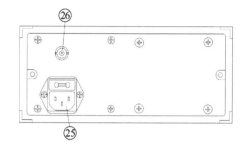

图 2 - 14　VC1642 函数信号发生器后面板

⑪ 直流抵补（直流偏置）调节旋钮（DC OFFSET）。调节此电位器可改变输出信号的直流分量。

⑫ TTL 输出插座（TTL）。此端口输出与函数输出同频率的 TTL 电平的同步方波信号。

⑬ 函数输出插座（50 Ω）。函数信号的输出口，输出阻抗 50 Ω，具有过压、回输保护。

⑭ 功率输出指示灯（仅 VC1642E 具有）。当频率挡位在 1～6 挡有功率输出时，此灯点亮。

⑮ 功率输出插座（POW OUT）（仅 VC1642E 具有）。功率信号输出口，在 200 kHz 以下输出功率最大可达 5 W，具有过压、回输保护。

⑯ 外部测频输入插座（INPUT）。当仪器进入外测频状态下，该输入端口的信号频率将显示在频率显示窗中。

⑰ 外测频输入衰减键（ATT）。外测频信号输入衰减选择开关，对输入信号有 20 dB 的衰减量。

⑱ 外测频输入衰减指示灯。指示灯亮起表示外测频输入信号衰减 20 dB，灯灭不衰减。

⑲ 频率显示窗口功能选择按键（FUN）。按动此键可依次选择内测频、外测频、外测高频功能。

⑳ 频率显示窗口功能指示灯。表示频率显示窗口功能所处状态。INT 表示内测频，频率显示窗显示当前函数输出的频率；EXT 表示外测频，频率显示窗显示外测信号的频率，此灯单独亮表示其测量范围为 1 Hz～10 MHz；1 GHz 表示外测高频，这时 EXT 也同时点亮，这时测量范围为 10～1 000 MHz。

㉑ 幅度单位指示灯。显示幅度单位为峰峰值 V 或 mV。

㉒ 幅度显示窗口。内置 3 位 LED 数码管用于显示输出幅度值。

㉓ 频率单位指示灯。显示频率单位 Hz、kHz 或 MHz。

㉔ 频率显示窗口。内置 5 位 LED 数码管用于显示频率值。

㉕ 220 V 电源插座（盒内带保险丝，其容量为 500 mA）。

㉖ 压控频率输入插座（VCF）。用于外接电压信号控制输出频率的变化，可用于扫频和调频。

4. 操　作

使用前请先检查电源电压是否为 220 V，正确后方可将电源线插头插入本仪器后面板电源插座内。

（1）开　机

插入 220 V 交流电源线后，按下面板上电源开关，频率显示窗口显示 VC1642，整机开始工作。为了得到更好的使用效果,建议开机预热 30 min 后再进行使用。

(2) 函数信号输出设置

① 频率设置。按动频率挡位换挡键 RANGE ③,选定输出函数信号的频段,调节频率微调旋钮 FREQ ④至所需频率。调节时可通过观察频率显示窗口得知输出频率。

② 波形设置。按动波形选择按键 WAVE ⑥,可依次选择正弦波、矩形波或三角波。

③ 幅度设置。调节输出幅度调节旋钮 AMPL ⑨,通过观察幅度显示窗口,调节到所需的信号幅度,若所需信号幅度较小,可按动衰减选择按键 ATT ⑧来衰减信号幅度。

④ 对称性设置。调节对称性(占空比)调节旋钮 DUTY ⑩,可使输出的函数信号对称度发生改变。通过调节可改善正弦波的失真度,使三角波调频变为锯齿波,改变矩形波的占空比等对称特性。

⑤ 直流偏置设置。通过调节直流抵补(直流偏置)调节旋钮 DC OFFSET ⑪,可使输出信号中加入直流分量,通过调节可改变输出信号的电平范围。

⑥ TTL 信号输出。由 TTL 输出插座 TTL ⑫输出的信号是与函数信号输出频率一致的同步标准 TTL 电平信号。

⑦ 功率信号输出。由功率输出插座 POW OUT ⑮输出的信号是与函数信号输出完全一致的信号。当频率在 0.6 Hz~200 kHz 范围内时可提供 5 W 的输出功率;当频率在第 7 挡时,功率输出信号自动关断。

⑧ 保护说明。当函数信号输出或功率信号输出接上负载后,如无输出信号,则说明负载上存在有高压信号或负载短路,机器自动保护;当排除故障后,仪器自动恢复正常工作。

(3) 频率测量

① 内测量。按动计数器功能选择按键 FUN ⑲,选择到内测频状态。此时 INT 指示灯⑳亮起,表示计数器进入内测频状态,此时频率显示窗口㉔中显示的为本仪器函数信号输出的频率。

② 外测量。外测量频率时,分 1 Hz~10 MHz 和 10~1 000 MHz 两个量程。按动计数器功能选择按键⑲,选择到外测频状态,EXT 指示灯⑳亮起表示外测频,测量范围为 1 Hz~10 MHz;EXT 与 1 GHz 指示灯⑳同时亮起表示外测高频率,测量范围为 10~1 000 MHz,测量结果显示在频率显示窗口中。当输入的被测信号幅度大于 3 V 时,应接通输入衰减电路,可用外测频输入衰减键 ATT ⑰进行衰减电路的选通,外测频输入衰减指示灯⑱亮起表示外测频输入信号被衰减 20 dB。外测频为等精度测量方式,测频闸门自动切换,不用手动更改。

2.4　直流稳压电源的原理及应用

2.4.1　直流稳压电源简介

直流电源有正、负两个电极。正极的电位高,负极的电位低,当两个电极与电路连通后,能够使电路两端之间维持恒定的电位差,从而在外电路中形成由正极到负极的电流。单靠水位高低之差不能维持稳恒的水流,而借助于水泵持续地把水由低处送往高处就能维持一定的水位差而形成稳恒的水流。与此类似,单靠电荷所产生的静电场不能维持稳恒的电流,而借助于直流电源,就可以利用非静电作用(简称为"非静电力")使正电荷由电位较低的负极处经电源内部返回到电位较高的正极处,以维持两个电极之间的电位差,从而形成稳恒的电流。因此,直流电源是一种能量转换装置,它把其他形式的能量转换为电能供给电路,以维持电流的稳恒流动。

直流电源中的非静电力是由负极指向正极的。当直流电源与外电路接通后,在电源外部(外电路),由于电场力的推动,形成由正极到负极的电流。而在电源内部(内电路),非静电力的作用则使电流由负极流到正极,从而使电荷的流动形成闭合的循环。

表征电源本身的一个重要特征量是电源的电动势,它等于单位正电荷从负极通过电源内部移到正极时非静电力所作的功。当电源给电路提供能量时,所供给的功率 P 等于电源的电动势 E 与电流 I 两者的乘积,即 $P=EI$。电源的另一个特征量是它的内电阻(简称内阻)R_0,当通过电源的电流为 I 时,电源内部损耗的热功率(即单位时间内产生的焦耳热)等于 R_0I^2。

当电源的正、负两极没有连通时即电源处于断路(开路)状态,这时电源两电极之间的电位差在量值上即等于电源的电动势。在断路状态下,不发生非电能与电能的相互转换。当把负载电阻接到电源的两极上以构成闭合回路时,通过电源内部的电流从负极流到正极,这时,电源所提供的功率 EI 等于输送到外电路的功率 UI(U 是电源正极与负极之间的电位差)与内电阻中损耗的热功率 R_0I^2 之和,$EI=UI+R_0I^2$。于是,当电源向负载电阻提供功率时,电源两极间的电位差 $U=E-R_0I$。

当用另一个电动势较大的电源接到电动势较小的电源上,正极接正极,负极接负极(例如用直流发电机对蓄电池组充电)时,在电动势较小的电源内部,电流是从它的正极流到负极的,这时,外界向电源输入电功率 UI,它等于电源中单位时间内储存的能量 EI 与内电阻中损耗的热功率 R_0I^2 之和,$UI=EI+R_0I^2$。于是,当外界向电源输入功率时,外界加到电源两极之间的电压应为 $U=E+R_0I$。当电源的内电阻可以忽略不计时,可以认为电源的电动势在量值上近似地等于电源两极间的电位差或电压。为了取得较高的直流电压,常将直流电源串联使用,这时总电动势为各电源的电动势之和,总内阻也为各电源内电阻之和。由于内阻增大,一般只能用于所需电流强度较小的电路。为了取得较大的电流强度,可以将等电动势的直流电源并联使用,这时总电动势即为单个电源的电动势,总内阻为各电源内电阻的并联值。

直流电源的类型很多,不同类型的直流电源中,非静电力的性质不同,能量转换的过程也不同。在化学电池(例如干电池、蓄电池等)中,非静电力是与离子的溶解和沉积过程相联系的化学作用。化学电池放电时,化学能转化为电能和焦耳热在温差电源(例如金属温差电偶、半导体温差电偶)中,非静电力是与温度差和电子的浓度差相联系的扩散作用。温差电源向外电路提供功率时,热能部分地转化为电能。在直流发电机中,非静电力是电磁感应作用。直流发电机供电时,机械能转化为电能与焦耳热。在光电池中,非静电力是光生伏打效应的作用。光电池供电时,光能转化为电能和焦耳热。

2.4.2　直流稳压电源的使用

图 2-15 以 WYK-H 系列直流稳压电源为例,介绍其使用方法。WYK-H 系列直流稳压电源为线性串联调整式,调整管前端为高频斩波,通过调整管的管压降改变脉宽占空比保持调整管的管压降在 3 V 左右,保证输出电压在 0～48 V 额定值连续调节提高整机效率。

该电源具有如下特点:

➤ 输出电压可以从 0 V 起调,输出电流可以从 0 A 起调;

➤ 电压、电流调节方便;

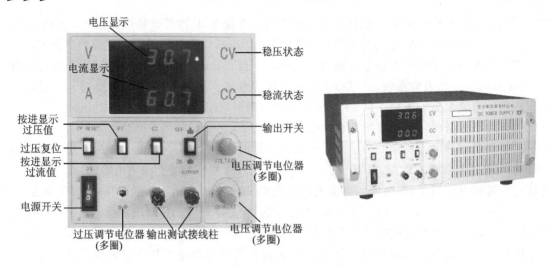

图 2 - 15　面板功能按键示意图

➤ 稳压精度高、纹波电压低。

1. 技术指标

① 工作条件。

环境温度：-10～400 ℃；

相对湿度：≤85%；

输入电压：220(1±10%) V,(50±2) Hz 或三相四线制 380(1±10%) V,(50±2) Hz;

② 技术参数。

输出电压：0～48 V 额定值连续可调(多圈)；

输出电流：0～15 A 额定值连续可调(多圈)；

源效应：≤5×10⁻³；

负载效应：≤5×10⁻³。

2. 工作原理

(1) 高频预稳原理

高频预稳原理的电路图如图 2 - 16 所示。

脉宽调制器为进口集成块 SG3525A,脉宽控制电压为第 9 引脚,该引脚电压越低脉宽占空比越低,高频整流平均电压越低,反之平均整流电压越高。大功率调整管 BG 集电极与发射极之间 U_{ce} 控制脉宽调制电压。当输入交流电压降低或负载加重时,BG 间的 U_{ce} 有减小趋势,运放 IC - 6B 输出电压降低,光耦 P521B 的集电极电压增高,脉宽控制第 9 引脚电压也随之增高导致脉宽占空比增大,高频整流平均电压亦增大保证调整管管压降 U_{ce}。无论在空载、实载、市电发生变化或调节输出电压都能保证 BG 的 U_{ce} 在一定的范围内,保证调整管工作在线性放大区。

(2) 稳压原理

稳压原理的电路图 2 - 17 所示。

当输入电压 U_i 减小或输出负载增大,输出电压 U_o 有下降趋势,稳压运放 IC - 7 LM741 的同相端电压增大,运放输出电压增大,调整管趋于饱和导通状态,使输出电压 U_o 保持稳定状态,反之亦然。

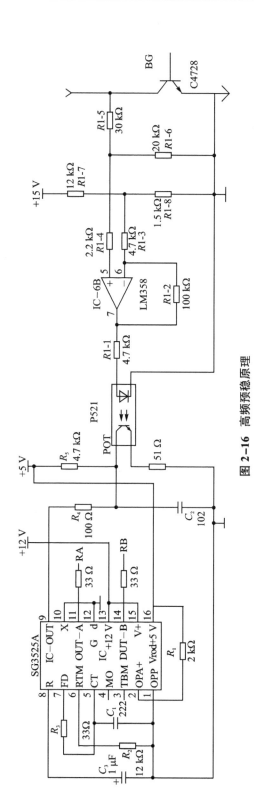

图 2-16　高频预稳原理

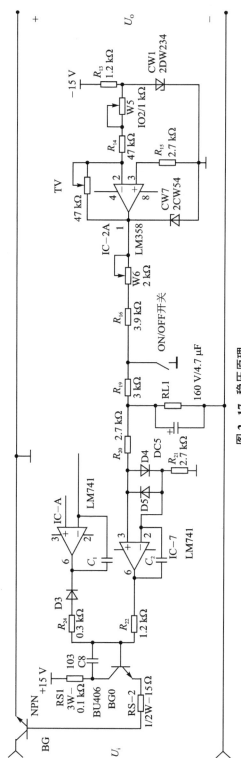

图 2-17　稳压原理

（3）稳流原理

当输出电流较小或空载时，稳流运放 IC－A LM741 的同相端电压高于反相端电压，运放输出高电位，二极管 D3 反相截止，对稳压回路无任何影响。

稳流原理的电路如图 2－18 所示。

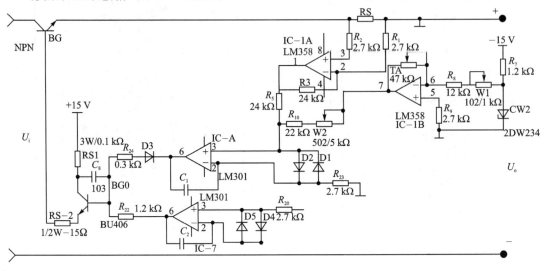

图 2－18　稳流原理

当负载电流增大或稳流电位器阻值较小时，稳流运放的反相端电压高于同相端，运放输出低电位二极管 D3 正向导通使调整管 BG 向截止方向趋进，使输出电压 $U_。$下降保持输出电流不变。

（4）过压原理

过压原理的电路如图 2－19 所示。

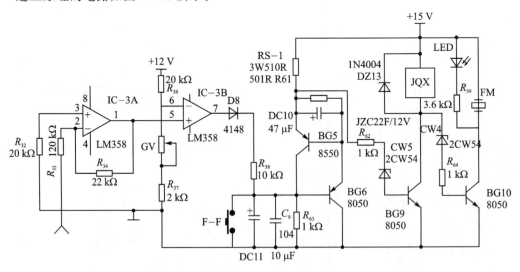

图 2－19　过压原理

当未过压情况下 IC－3B 输出低电平，二极管 D8 反向截止，三极管 BG5 和 BG6 均处于截止状态，三极管 BG9 饱和导通，过压继电器 JQX 处于吸合状态，动点与常开点相通，主变压器原边与 220 V 交流相连。

　　当过压电位器 GV 阻值调在较小或大功率调整管被击穿时,运放 IC - 3B 输出高电位导致 D8 正向导通,三极管 BG5、BG6 饱和导通,BG9 截止继电器 JQX 释放,主变压器输入 220 V 交流电压被切断达到过保护目的。

　　3. 常见故障的排除

　　① 接线柱两端无电压。调流电位器是否调到最小,控制开关是否在 ON 状态下。

　　② 开机输出电压失控,蜂鸣器长鸣。按过压复位开关,检查输出电压是否超出额定电压值。如果是,则说明稳压电源已损坏,一般情况是大功率调整管击穿。

　　③ 带载输出电压严重下跌。检查调流电位器是否调节不当,将调流电位器顺时针调节,电压、电流应上升。

　　④ 开机烧保险丝风机不转。一般情况是高频开关管 IGB 击穿短路造成。

　　4. 注意事项

　　① 整机必须接入规定的市电 220(1±10%) V、(50±2)Hz。该系列电源前级市电不能用响应时间慢的交流稳压器,如 614 磁饱和式、伺服电机式。

　　② 打开电源开关指示灯应亮,稳压灯(CV)亮说明电源处于稳压状态;稳流灯(CC)亮稳压灯熄灭,说明电源处于稳流状态。

　　③ 保险丝烧断应查明原因(如整流桥短路或击穿)修复后才能重新开机。

2.5　逻辑笔的应用

　　逻辑笔是一种用来测试逻辑电路功能的便捷工具。它能快速地测试出逻辑电路的高、低电平,观察单脉冲和 1 Hz 的连续脉冲,判断电路的通、断状态,并且能记忆锁存第一个脉冲信号。逻辑笔的外形结构如图 2 - 20 所示。

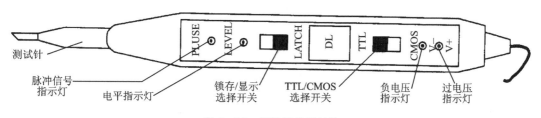

图 2 - 20　逻辑笔外形结构

　　1. 逻辑笔的功能

　　逻辑笔各部分功能如下:

　　① LEVEL 红、绿、橙 3 色发光二极管用于测试高低电平显示。

　　② TTL/CMOS 选择开关用于被测试逻辑电路选择。

　　③ PLUSE/MEM 拨动开关指示脉冲原有状态和现有脉冲的方向。

　　2. 逻辑笔的使用方法

　　① 将红色鳄鱼夹夹在要测试电路的电源正极,黑色鳄鱼夹夹在电源的负极。注意两端电压不能高于直流 18 V,如图 2 - 21 所示。

　　② 若测试 DTL 或 TTL 集成电路,将笔上的选择开头推向 TTL 一边;若测试 CMOS 集

成电路,则将该开关推向 CMOS 一边,见图 2-22。然后将试笔的探针接触被测电路上的一点,笔上的发光二极管会显示该点的状态如下:

图 2-21　逻辑笔的电源　　　　　　图 2-22　逻辑试笔的 TTL/CMOS 选择

> 红、绿、橙 3 只发光二极管都不亮——高阻抗;
> 红色发光二极管亮——高电平 1;
> 绿色发光二极管亮——低电平 0;
> 橙色发光二极管亮——脉冲。

③ 若要测试并储存脉冲或电压瞬变,先将笔下方的选择开关推向 PLUSE 一边,见图 2-22,用笔之探针接触电路上的一点,则发光二极管会显示该点的原有状态。然后将该选择开关推向 MEM 一边,若试笔测到有脉冲出现或电压瞬变,则橙色发光。二极管会长亮。再与前述原有状态比较,即可知脉冲的方向。

用后须将该选择开关推回 PLUSE 一边重置。

思 考 题

1. 简述万用表的分类,有哪些功能?
2. 简述用万用表测试常用电子元器件的方法。
3. 数字万用表与指针万用表在使用时有何区别?
4. 示波器有哪些功能,如何使用?
5. 信号发生器的功能是什么,有哪些性能指标,如何使用?
6. 简述直流稳压电源的作用,使用时需注意什么?
7. 简述逻辑笔的功能和使用方法。

第3章 绘图原理及 PCB 制版工艺

电路是电子产品的核心之一,很大程度上决定了电子产品能实现的功能并且可以影响电子产品的性能,因此电路板的设计是整个电子产品设计制作中相当重要的一个环节。本章主要对硬刷电路板的设计制作进行了介绍,主要包括:

- Altium Designer 内容简介,主要对 Altium Designer 的由来及功能进行了介绍。
- Altium Designer 使用方法,包括 Altium Designer 的安装、新建工程、原理图设计、PCB 设计等。
- PCB 设计规则,包括 PCB 设计的一般原则以及设计过程中应该注意的问题等。
- 元器件的封装,包括封装的定义以及元器件的封装形式等。
- PCB 制版工艺,包括 PCB 的发展历史、制造原理、制造方法及工艺流程等。

通过本章的学习,读者可以掌握基本的电路原理图以及 PCB 的设计,熟悉元器件的封装形式以及 PCB 制作的基本工艺流程。

3.1　Altium Designer 内容简介

Altium Designer 是原 Protel 软件开发商 Altium 公司推出的一体化的电子产品开发系统,主要运行在 Windows 操作系统。这套软件通过把原理图设计、电路仿真、PCB 绘制编辑、拓扑逻辑自动布线、信号完整性分析和设计输出等技术的完美融合,为设计者提供了全新的设计解决方案,使设计者可以轻松进行设计,熟练使用这一软件必将使电路设计的质量和效率大大提高。

Altium Designer 除了全面继承包括 Protel 99SE、Protel DXP 在内的先前一系列版本的功能和优点外,还增加了许多改进和高端的功能。该平台拓宽了板级设计的传统界面,全面集成了 FPGA 设计功能和 SOPC 设计实现功能,从而允许工程设计人员能将系统设计中的 FP-GA 与 PCB 设计及嵌入式设计集成在一起。以下介绍一些 Altium Designer 的部分最新功能:

① 可生成 30 多种格式的电气连接网络表。

② 强大的全局编辑功能。

③ 在原理图中选择一级器件,PCB 中同样的器件也将被选中。

④ 同时运行原理图和 PCB 图,在打开的原理图和 PCB 图间允许双向交叉查找元器件、引脚、网络。

⑤ 既可以进行正向注释元器件标号(由原理图到 PCB),也可以进行反向注释(由 PCB 到原理图),以保持电气原理图和 PCB 在设计上的一致性。

⑥ 满足国际化设计要求(包括国标标题栏输出,GB 4728 国标库)方便易用的数模混合仿真(兼容 SPICE 3F5)。

⑦ 支持用 CUPL 语言和原理图设计 PLD,生成标准的 JED 下载文件;PCB 可设计 32 个

信号层,16 个电源-地层和 16 个机加工层。

⑧ 强大的"规则驱动"设计环境,符合在线的和批处理的设计规则检查。

⑨ 智能覆铜功能,覆铜可以自动重铺。

⑩ 提供大量的工业化标准电路板做为设计模版。

⑪ 放置汉字功能。

⑫ 可以输入和输出 DXF、DWG 格式文件,实现和 AutoCAD 等软件的数据交换。

⑬ 智能封装导航(对于建立复杂的 PGA、BGA 封装很有用)。

⑭ 方便的打印预览功能,不用修改 PCB 文件就可以直接控制打印结果。

⑮ 独特的 3D 显示可以在制板之前看到装配事物的效果。

⑯ 强大的 CAM 处理轻松实现输出光绘文件、材料清单、钻孔文件、贴片机文件、测试点报告等。

⑰ 经过充分验证的传输线特性和仿真精确计算的算法,信号完整性分析直接从 PCB 启动。

⑱ 反射和串扰仿真的波形显示结果与便利的测量工具相结合;

由于 Altium Designer 在继承先前 Protel 软件功能的基础上,综合了 FPGA 设计和嵌入式系统软件设计功能,Altium Designer 对计算机的系统需求比先前的版本要高一些。

3.2　Altium Designer 简明使用方法

3.2.1　Altium Designer 的安装

Altium Designer 附件安装方法非常简单,只需双击光盘目录下的 Install.exe 即可。

3.2.2　新建工程

本实验涉及原理图以及 PCB 图的设计,因此只介绍 PCB 工程的相关操作。

1. 新建 PCB 工程

在 Windows7/xp 界面下双击 Altium Designer 图标,单击"文件—新建—工程—PCB 工程",新建工程,如图 3-1 所示。

2. 保存 PCB 工程

单击"文件—保存工程",在弹出的对话框内选择工程要保存的文件夹以及新建工程的名称,如图 3-2 所示,后面所新建的原理图文件、PCB 文件、原理图库文件以及 PCB 库文件等和该工程相关的文件都会保存在该文件夹下,方便管理。

3.2.3　原理图设计

1. 新建原理图文件

右击新建的工程,选择"给工程添加新的—Schematic",即可新建一个原理图文件,如图 3-3 所示。

2. 调整图纸的尺寸

单击工具栏的"设计—文档选项",在弹出的对话框内选择"方块电路选项"(见图 3-4)可

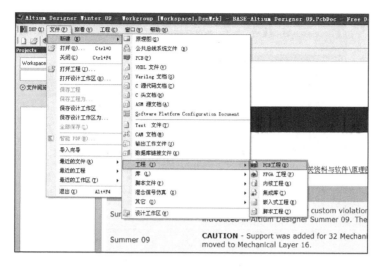

图 3 - 1　新建工程对话框

图 3 - 2　保存工程

以看到许多对图纸参数的设定选项,例如栅格尺寸、系统字体等,图纸的尺寸在右边的方框内可以进行调整,可以设定为标准类型如 A1、A2、A3、A4 等,或者也可以使用自定义的尺寸,根据需求进行选择。设置完成之后单击"确定"按钮。

3. 画　图

可以从右侧的元器件库里面找到需要的元器件,然后将其放置到图纸当中,然后再从布线工具栏中选择连线工具或是网络编号实现器件之间的电气连接。但是有些器件无法在元器件库里面找到,尤其是某些芯片,此时有两种解决方法,第一种可以去网上下载一些别人已经封装好的库文件,让后将其添加到现有的元器件库;第二种方法就是下面要讲的自己制作原理图库文件。

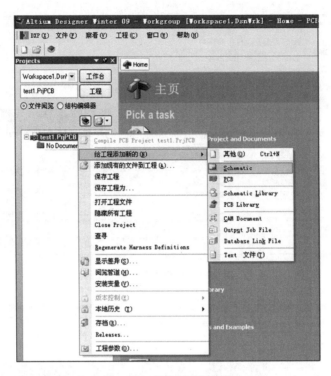

图 3-3　新建原理图文件

图 3-4　设置图纸尺寸

4. 制作原理图库文件

右击当前工程,选择"给工程添加新的—Schematic Library"如图 3-5 所示,在新建的原理图库文件中,单击鼠标右键,在"放置"列表中可以看到各种形状,包括矩形、椭圆、引脚等。可以通过需求画出相应的器件库文件,画完之后单击保存。保存时需修改文件的名称,以方便在元器件库中查找,这样就完成了原理图库文件的制作。之后可以像添加其他器件那样直接从库里将自己制作的器件放置到原理图当中。

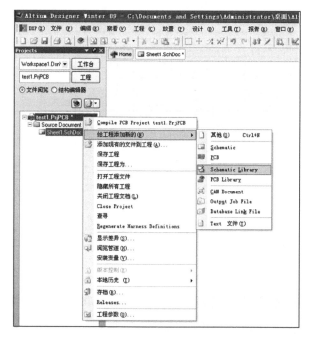

图 3 - 5　新建原理图库文件

5. 多图纸设计

一个原理图设计有多种组织图纸方案的方法。可以由单一图纸组成或由多张关联的图纸组成,不必考虑图纸号,Altium Designer 将每一个设计当作一个独立的方案。设计可以包括模块化元件,这些模块化元件可以建立在独立的图纸上,然后与主图连接。作为独立的维护模块允许几个工程师同时在同一方案中工作,模块也可被不同的方案重复使用,便于设计者利用小尺寸的打印设备(如激光打印机)。

在原理图当中放置一个"图表符",然后修改该图表符的名称为要设计的子图的名称,如"Subgraph1",右击该图表符,执行"图表符操作—产生图纸",这样就可以新建一个名为"Subgraph1"子原理图。同样可以创建多个子图,可以在这些子图中设计不同的模块电路,同一子图当中需要连接的引脚可以通过设置相同的网络标号实现电器连接,当时不同子图间的电气连接则需要在对应引脚上放置端口,然后将这些需要跨图连接的端口同步到对应的图表符上,具体操作为:右击该图表符,执行"图表符操作—同步图纸入口和端口",最后将图表符上对应的的端口相互连接,即可实现跨图的电器连接。多图纸设计窗口如图 3-6 所示。

6. 检查原理图电性能可靠性

右击工程栏当中的原理图目录,执行"Compile Document"操作,Altium Designer 可以进行电气规则检查,检查结果将被显示到 Messages 窗口,如图 3-7 所示,包括一些警告。

7. 封装管理

在 Altium Designer 中使得原理图与 PCB 同步是容易的。Altium Designer 包含一个强大的设计同步工具,使得非常容易地在原理图和 PCB 之间转移设计信息。但是在将原理图的

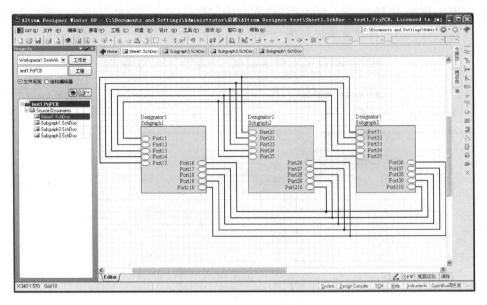

图 3 - 6　多图纸设计窗口

Class	Document	Source	Message	Time	Date	N..
☐ [Warning]	Sheet1.S...	Compiler	Unconnected Sheet Entry Desig...	15:59:...	2016-...	1
☐ [Warning]	Sheet1.S...	Compiler	Nets Wire PORT27 has multiple ...	15:59:...	2016-...	2
☐ [Warning]	Sheet1.S...	Compiler	Nets Wire PORT31 has multiple ...	15:59:...	2016-...	3
☐ [Warning]	Sheet1.S...	Compiler	Nets Wire PORT32 has multiple ...	15:59:...	2016-...	4
☐ [Warning]	Sheet1.S...	Compiler	Nets Wire PORT33 has multiple ...	15:59:...	2016-...	5
☐ [Warning]	Sheet1.S...	Compiler	Nets Wire PORT34 has multiple ...	15:59:...	2016-...	6
☐ [Warning]	Sheet1.S...	Compiler	Nets Wire PORT35 has multiple ...	15:59:...	2016-...	7
☐ [Warning]	Sheet1.S...	Compiler	Nets Wire PORT36 has multiple ...	15:59:...	2016-...	8
☐ [Warning]	Sheet1.S...	Compiler	Nets Wire PORT38 has multiple ...	15:59:...	2016-...	9
☐ [Warning]	Sheet1.S...	Compiler	Nets Wire PORT39 has multiple ...	15:59:...	2016-...	10
☐ [Warning]	Sheet1.S...	Compiler	Nets Wire PORT310 has multiple...	15:59:...	2016-...	11

图 3 - 7　检查结果显示

设计信息导入到 PCB 图过程中还需要为原理图当中的器件设计相应的 PCB 封装,这就涉及的封装管理器。封装管理器为相应的器件指定其在 PCB 中各引脚的相对位置以及相应的焊盘尺寸等。举个简单的例子:一个电容有两个引脚,但是实际上它有很多种封装形式,有直插式的还有贴片式的。贴片的又有很多尺寸,设计中需要哪一种,就可以在封装管理器当中设定。

单击"工具—封装管理器"即可进入封装管理器界面,如图 3 - 8 所示,单击左边的器件名称,在右边的视图窗口中可以看到对应的封装,如果要修改元器件的封装,则可以先删除原来设定的封装,然后单击"添加"按钮,即可在封装库里面选择需要的封装形式。但是有的时候库里面的封装形式并不能满足人们的需求,这就需要自己制作 PCB 封装库文件。

8. PCB 封装库文件制作

右击当前工程,选择"给工程添加新的—PCB Library"如图 3 - 9 所示,这样就新建了一个

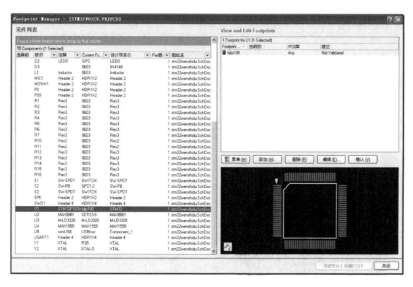

图 3 - 8　封装管理器

PCB 封装库文件,单击"工具"选项,可以在下拉列表中看到两个较常用的选项:"IPC 封装向导"和"元器件向导"。IPC 封装向导是根据各个不同规格自动计算管脚长度、封装尺寸的参数。封装有多种形式,如 DIP、SOP、SSOP、TSSOP 等(详见 3.4.2 节),不同的规格参数不一样。这种画封装的形式更加标准,更加精确。而元器件封装一般适合于一些引脚少的,如光耦、电阻等,但是如果要画芯片的封装,管脚有上百个,就用 IPC 封装向导。许多元器件的封装类型以及尺寸在芯片手册或器件手册当中都可以查到,只需根据封装向导来设置相应的参数即可。完成封装设计后,同样要对文件保存并重命名,最后在封装管理器当中添加到相应的器件即可。

图 3 - 9　新建 PCB 库文件

3.2.4　PCB 设计

1. 新建 PCB 文件

右击新建的工程,选择"给工程添加新的—PCB",即可新建一个 PCB 文件,如图 3-10
所示。

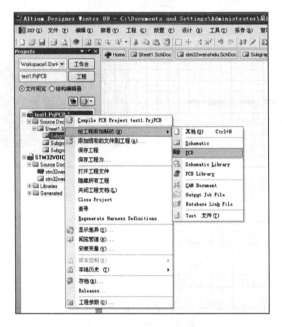

图 3-10　新建 PCB 文件

2. 导入原理图设计

要进行 PCB 设计,必须有原理图,根据原理图才能画出 PCB 图。单击"设计—Import
Changes From Project",出现如图 3-11 所示的封装导入界面,特别需要注意的是:在执行该
操作之前务必对整个工程程进行保存,否则会报错。依次单击"生效更改"和"执行更改"按钮,
则原理图中设计的各个器件的封装以及各个引脚的电器连接就会被导入 PCB 文件。

3. 设计规则

执行"设计—规则"操作,弹出如图 3-12 所示的 PCB 规则及约束编辑器,在此编辑器当
中可以设置 PCB 的参数,如不同网络布线的线宽,布线方式,布线的层数,安全间距,过孔大小
等。有了布线规则,就可进行自动布线或手动布线了。如果采用自动布线,选择"自动布线"菜
单,Altium Designer 支持多种布线方式,可以对全板自动布线,也可以对某个网络、某个元件
布线,也可手动布线。手动布线可以直接单击工具栏的布线按钮,按鼠标左键一下确定布线的
开始点,按"BackSpace"取消刚才画的走线,双击鼠标左键确定这条走线,按"ESC"退出布线
状态。

4. 各层简介

Top Layer(顶层布线层):设计为顶层铜箔走线。如为单面板则没有该层。

Bottom Layer(底层布线层):设计为底层铜箔走线。

Top/Bottom Solder(顶层/底层阻焊绿油层):顶层/底层敷设阻焊绿油,以防止铜箔上

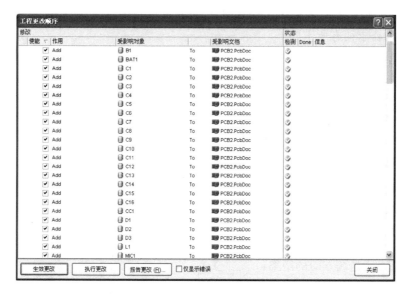

图 3 - 11　封装导入界面

图 3 - 12　PCB 规则及约束编辑器

锡,保持绝缘。在焊盘、过孔及本层非电气走线处阻焊绿油开窗。

Top/Bottom Paste(顶层/底层锡膏层):该层一般用于贴片元件的 SMT 回流焊过程时上锡膏,和印制板厂家制板没有关系,导出 GERBER 时可删除,PCB 设计时保持默认即可。

Top/Bottom Overlay(顶层/底层丝印层):设计为各种丝印标识,如元件位号、字符、商标等。

Mechanical layer(机械层):Altium Designer 提供了 16 个机械层,它一般用于设置电路

板的外形尺寸,数据标记,对齐标记,装配说明以及其他的机械信息。这些信息因设计公司或 PCB 制造厂家的要求而有所不同。

　　Keepout layer(禁止布线层):用于定义在电路板上能够有效放置元件和布线的区域。在该层绘制一个封闭区域作为布线有效区,在该区域外是不能自动布局和布线的。

　　Multi layer(多层):电路板上焊盘和穿透式过孔要穿透整个电路板,与不同的导电图形层建立电气连接关系,因此系统专门设置了一个抽象的层——多层。一般,焊盘与过孔都要设置在多层上,如果关闭此层,焊盘与过孔就无法显示出来。

　　Drill layer(钻孔层):钻孔层提供电路板制造过程中的钻孔信息(如焊盘,过孔就需要钻孔)。Altium Designer 提供了 Drill Gride(钻孔指示图)和 Drill Drawing(钻孔图)两个钻孔层。

3.2.5　快捷键说明

Ctrl+Z——撤销上一步;

Ctrl+M——丈量两点间的距离;

Enter——选取或启动;

Esc——放弃或取消;

F1——启动在线帮助窗口;

Tab——启动浮动图件的属性窗口;

Pgup——放大窗口显示比例;

Pgdn——缩小窗口显示比例;

End——刷新屏幕;

Del——删除点取的元件(1 个);

Ctrl+Del——删除选取的元件(2 个或 2 个以上);

x+a——取消所有被选取图件的选取状态;

x——将浮动图件左右翻转;

y——将浮动图件上下翻转;

Space——将浮动图件旋转 90°;

Crtl+Ins——将选取图件复制到编辑区里;

Shift+Ins——将剪贴板里的图件贴到编辑区里;

Shift+Del——将选取图件剪切放入剪贴板里;

Alt+Backspace——恢复前一次的操作;

Ctrl+Backspace——取消前一次的恢复;

Crtl+g——跳转到指定的位置;

Crtl+f——寻找指定的文字;

Alt+f4——关闭 protel;

spacebar——绘制导线,直线或总线时,改变走线模式;

v+d——缩放视图,以显示整张电路图;

v+f——缩放视图,以显示所有电路部件;

Home——以光标位置为中心,刷新屏幕;

Backspace——放置导线或多边形时,删除最末一个顶点;

Delete——放置导线或多边形时,删除最末一个顶点;

Ctrl+Tab——在打开的各个设计文件文档之间切换;

Alt+Tab——在打开的各个应用程序之间切换;

a——弹出 edit\align 子菜单;

b——弹出 view\toolbars 子菜单;

e——弹出 edit 菜单;

f——弹出 file 菜单;

h——弹出 help 菜单;

j——弹出 edit\jump 菜单;

l——弹出 edit\set location makers 子菜单;

m——弹出 edit\move 子菜单;

o——弹出 options 菜单;

p——弹出 place 菜单;

r——弹出 reports 菜单;

s——弹出 edit\select 子菜单;

t——弹出 tools 菜单;

v——弹出 view 菜单;

w——弹出 window 菜单;

x——弹出 edit\deselect 菜单;

z——弹出 zoom 菜单;

左箭头——光标左移 1 个电气栅格;

Shift+左箭头——光标左移 10 个电气栅格;

右箭头——光标右移 1 个电气栅格;

Shift+右箭头——光标右移 10 个电气栅格;

上箭头——光标上移 1 个电气栅格;

Shift+上箭头——光标上移 10 个电气栅格;

下箭头——光标下移 1 个电气栅格;

Shift+下箭头——光标下移 10 个电气栅格;

Ctrl+1——以零件原来的尺寸的大小显示图纸;

Ctrl+2——以零件原来的尺寸的 200% 显示图纸;

Ctrl+4——以零件原来的尺寸的 400% 显示图纸;

Ctrl+5——以零件原来的尺寸的 50% 显示图纸;

Ctrl+f——查找指定字符;

Ctrl+g——查找替换字符;

Ctrl+b——将选定对象以下边缘为基准,底部对齐;

Ctrl+t——将选定对象以上边缘为基准,顶部对齐;

Ctrl+l——将选定对象以左边缘为基准,靠左对齐;

Ctrl+r——将选定对象以右边缘为基准,靠右对齐;

Ctrl+h——将选定对象以左右边缘的中心线为基准,水平居中排列;

　　Ctrl＋v——将选定对象以上下边缘的中心线为基准,垂直居中排列;

　　Ctrl＋Shift＋h——将选定对象在左右边缘之间,水平均布;

　　Ctrl＋Shift＋v——将选定对象在上下边缘之间,垂直均布;

　　F3——查找下一个匹配字符;

3.3　PCB 设计规则

　　印制电路板(PCB)是电子产品中电路元件和器件的支撑件,它提供电路元件和器件之间的电气连接。随着电子技术的飞速发展,PCB 的密度越来越高。PCB 设计的好坏对抗干扰能力影响很大,因此,在进行 PCB 设计时,必须遵守 PCB 设计的一般原则,并应符合抗干扰设计的要求。

3.3.1　PCB 设计的一般原则

　　要使电子电路获得最佳性能,元器件的布局及导线的布设是很重要的。为了设计质量好、造价低的 PCB,应遵循以下一般原则。

　　1. 布　局

　　首先,要考虑 PCB 尺寸大小。PCB 尺寸过大时,印制线条长,阻抗增加,抗噪声能力下降,成本也增加;过小,则散热不好,且邻近线条易受干扰。在确定 PCB 尺寸后.再确定特殊元件的位置。最后,根据电路的功能单元,对电路的全部元器件进行布局。

　　在确定特殊元件的位置时要遵守以下原则:

　　① 尽可能缩短高频元器件之间的连线,设法减少它们的分布参数和相互间的电磁干扰。易受干扰的元器件不能相互挨得太近,输入和输出元件应尽量远离。

　　② 某些元器件或导线之间可能有较高的电位差,应加大它们之间的距离,以免放电引出意外短路。带高电压的元器件应尽量布置在调试时手不易触及的地方。

　　③ 质量超过 15 g 的元器件、应当用支架加以固定,然后焊接。那些又大又重、发热量多的元器件,不宜装在印制板上,而应装在整机的机箱底板上,且应考虑散热问题。热敏元件应远离发热元件。

　　④ 对于电位器、可调电感线圈、可变电容器、微动开关等可调元件的布局应考虑整机的结构要求。若是机内调节,应放在印制板上方便于调节的地方;若是机外调节,其位置要与调节旋钮在机箱面板上的位置相适应。

　　⑤ 应留出印制板定位孔及固定支架所占用的位置。

　　根据电路的功能单元.对电路的全部元器件进行布局时,要符合以下原则:

　　① 按照电路的流程安排各个功能电路单元的位置,使布局便于信号流通,并使信号尽可能保持一致的方向。

　　② 以每个功能电路的核心元件为中心,围绕它来进行布局。元器件应均匀、整齐、紧凑地排列在 PCB 上,尽量减少和缩短各元器件之间的引线和连接。

　　③ 在高频下工作的电路,要考虑元器件之间的分布参数。一般电路应尽可能使元器件平行排列。这样,不但美观,而且装焊容易,易于批量生产。

　　④ 位于电路板边缘的元器件,离电路板边缘一般不小于 2 mm。电路板的最佳形状为矩

形。长宽比为 3:2或 4:3。电路板面尺寸大于 200 mm×150 mm 时,应考虑电路板所受的机械强度。

2. 布　线

布线的原则如下:

① 输入输出端用的导线应尽量避免相邻平行,最好加线间地线,以免发生反馈耦合。

② 印制导线的最小宽度主要由导线与绝缘基板间的黏附强度和流过它们的电流值决定。当铜箔厚度为 0.05 mm、宽度为 1~15 mm 时,通过 2 A 的电流,温度不会高于 3℃,因此导线宽度为 1.5 mm 可满足要求。对于集成电路,尤其是数字电路,通常选 0.02~0.3 mm 导线宽度。当然,只要允许,还是尽可能用宽线,尤其是电源线和地线。

导线的最小间距主要由最坏情况下的线间绝缘电阻和击穿电压决定。对于集成电路,尤其是数字电路,只要工艺允许,可使间距小至 5~8 mm。

③ 印制导线拐弯处一般取圆弧形,而直角或夹角在高频电路中会影响电气性能。此外,尽量避免使用大面积铜箔;否则,长时间受热时,易发生铜箔膨胀和脱落现象。必须用大面积铜箔时,最好用栅格状,这样有利于排除铜箔与基板间粘合剂受热产生的挥发性气体。

3. 焊　盘

印制电路板的设计一定要符合元器件的安装要求,要充分考虑所安装元器件的大小、形状、规格、功能等一系列属性信息,尽量使安装后的元器件布设合理、分布均匀、疏密一致。

由于元器件是通过印制电路板上的引线孔安插到电路板上,然后再通过焊锡焊接固定好。因此,引线孔和焊盘(引线孔及周围的铜箔称为焊盘)的布设就直接决定了元器件的安装摆放位置。

在印制电路板上,除了位置布设外,焊盘的形状也具有特殊的意义,不同形状的焊盘所适应的电路情况也不相同。通常,焊盘的形状主要有圆形焊盘、岛形焊盘、矩形焊盘、椭圆形焊盘,以及不规则焊盘等。焊盘中心孔要比器件引线直径稍大一些。焊盘太大易形成虚焊。焊盘外径 d 一般不小于$(d+1.2)$ mm,其中 d 为引线孔径。对高密度的数字电路,焊盘最小直径可取$(d+1.0)$ mm。

(1) 圆形焊盘

圆形焊盘的外形结构如图 3-13 所示。它的特点是焊盘与引线孔为同心圆结构,多在元器件规则排列的情况下使用。在设计时,焊盘不宜过小,因为焊盘太小会在焊接操作时造成脱落。但考虑到印制电路板密度的限制,通常圆形焊盘的外径一般是引线孔直径的 2~3 倍。

(2) 岛形焊盘

岛形焊盘的外形结构如图 3-14 所示。可以看到,这种焊盘结构是由几个焊盘聚集在一起,并且,焊盘与焊盘之间的连线合成为一体,犹如水中的岛屿一样。这种焊盘多在元器件的不规则排列时使用。

由于焊盘与印制线合为一体,有效地减少了印制导线的长度和数量,而且由于铜箔面积较大,增强了安装的可靠性。

(3) 矩形焊盘

矩形焊盘的外形结构如图 3-15 所示。这种焊盘设计精度要求不高,结构形式也比较简单,一般在一些大电流的印制板中采用,这种形式可获得较大的载流量。而且,由于其制作方便,非常适合在手工制作的印制板中使用。

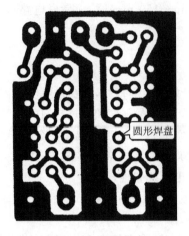

图 3-13 圆形焊盘

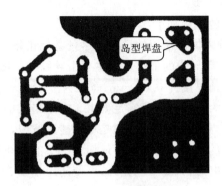

图 3-14 岛形焊盘

（4）椭圆形焊盘

椭圆形焊盘的外形结构如图3-16所示。这种焊盘设计常用于双列直插式器件的安装。

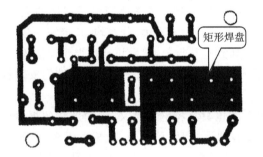

图 3-15 矩形焊盘

图 3-16 椭圆形焊盘

（5）不规则焊盘

除了上面介绍的规则焊盘外,在印制板焊盘设计时,常需要根据电路的实际情况对焊盘进行变换,以适应电路的需要。如图3-17所示,由于电路密集,为了避免焊盘与临近导线之间发生短路,保证整个电路的稳定性和可靠性,将圆形焊盘切去一部分,即变成不规则焊盘。

除此之外,如图3-17所示,在实际印制板中,根据实际电路的需要,还有许多不规则焊盘设计,常见的有泪滴形焊盘、异形孔焊盘、多边形焊盘等。

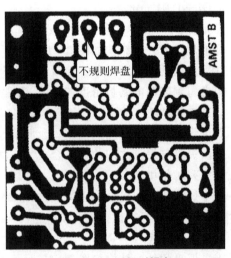

图 3-17 不规则焊盘

3.3.2　PCB 设计中应注意的问题

在 PCB 设计中,布线是完成产品设计的重要步骤,可以说前面的准备工作都是为此而进行的。

在整个 PCB 中,以布线的设计过程限定最高,技巧最细,工作量最大。PCB 布线有单面布线、双面布线及多层布线。布线的方式也有两种:自动布线及交互式布线。在自动布线之前,可以用交互式预先对要求比较严格的线进行布线,输入端与输出端的边线应避免相邻平行,以免产生反射干扰。必要时应加地线隔离,两相邻层的布线要互相垂直,平行容易产生寄生耦合。

自动布线的布通率,依赖于良好的布局。布线规则可以预先设定,包括走线的弯曲次数、导通孔的数目、步进的数目等。一般先进行探索式布径线,快速地把短线连通,然后进行迷宫式布线,先把要布的连线进行全局的布线路径优化,它可以根据需要断开已布的线。并试着重新再布线,以改进总体效果。

对目前高密度的 PCB 设计已感觉到贯通孔不太适应了,它浪费了许多宝贵的布线通道,为解决这一矛盾,出现了盲孔和埋孔技术。它不仅完成了导通孔的作用,还省出许多布线通道使布线过程完成得更加方便,更加流畅,更为完善。

1. 电源、地线的处理

即使在整个 PCB 板中的布线完成得都很好,但由于电源、地线的考虑不周到而引起的干扰,会使产品的性能下降,有时甚至影响到产品的成功率。因此对电源、地线的布线要认真对待,把电源、地线所产生的噪声干扰降到最低限度,以保证产品的质量。

众所周知的是在电源、地线之间加上去耦电容。尽量加宽电源、地线宽度,最好是地线比电源线宽,它们的关系是:地线>电源线>信号线。通常信号线宽为 0.2~0.3 mm,最精细宽度可达 0.05~0.07 mm,电源线为 1.2~2.5 mm。对数字电路的 PCB 可用宽的地导线组成一个回路,即构成一个地网来使用(模拟电路的地不能这样使用)。

用大面积铜层作为地线,在印制板上把没被用上的地方都与地相连接作为地线用。或是做成多层板,电源、地线各占用一层。

2. 数字电路与模拟电路的共地处理

现在有许多 PCB 不再是单一功能电路(数字或模拟电路),而是由数字电路和模拟电路混合构成的。因此在布线时就需要考虑它们之间互相干扰问题,特别是地线上的噪声干扰。

数字电路的频率高,模拟电路的敏感度强,对信号线来说,高频的信号线尽可能远离敏感的模拟电路器件。对地线来说,整个 PCB 对外界只有一个节点,因此必须在 PCB 内部进行处理数、模共地的问题。在板内部数字地和模拟地实际上是分开的,它们之间互不相连,只是在 PCB 与外界连接的接口处(如插头等),数字地与模拟地有一点短接。请注意,只有一个连接点。也有在 PCB 上不共地的,这由系统设计来决定。

3. 信号线布在电源(地)层上

在多层印制板布线时,由于在信号线层没有布完的线剩下已经不多,再多加层数就会造成浪费也会给生产增加一定的工作量,成本也会相应增加。为解决这个矛盾,可以考虑在电源(地)层上进行布线。首先应考虑用电源层,其次才是地层。因为最好是保留地层的完整性。

4. 大面积导体中引脚的处理

在大面积的接地(电)中,常用元器件的引脚与其连接,对引脚的处理需要进行综合的考虑。就电气性能而言,元件引脚的焊盘与铜面满接为好,但对元件的焊接装配就存在一些不良隐患,如焊接需要大功率加热器且容易造成虚焊点。因此兼顾电气性能与工艺需要,做成十字花焊盘,称之为热隔离(heat shield)俗称热焊盘(Thermal),这样,可使在焊接时因截面过分散热而产生虚焊点的可能性大大减少。多层板的接电(地)层腿的处理相同。

5. 布线中网络系统的作用

在许多 CAD 系统中,布线是依据网络系统决定的。网格过密,通路虽然有所增加,但步进太小,图场的数据量过大,这必然对设备的存储空间有更高的要求,同时也对像计算机类电子产品的运算速度有极大的影响。而有些通路是无效的,如被元件引脚的焊盘占用或被安装孔、定位孔占用等。网格过疏,通路太少对布通率的影响极大。因此要有一个疏密合理的网格系统来支持布线的进行。

标准元器件两引脚之间的距离为 0.1 in(2.54 mm),因此网格系统的基础一般就定为 0.1 in(2.54 mm)或小于 0.1 in 的整倍数,如 0.05 in、0.025 in、0.02 in 等。

6. 设计规则检查(DRC)

布线设计完成后,需认真检查布线设计是否符合设计者所制定的规则,同时也需确认所制定的规则是否符合印制板生产工艺的需求,一般检查有如下几个方面。

➤ 线与线,线与元件焊盘,线与贯通孔,元件焊盘与贯通孔,贯通孔与贯通孔之间的距离是否合理,是否满足生产要求。

➤ 电源线和地线的宽度是否合适,电源与地线之间是否紧耦合(低的波阻抗)。在 PCB 中是否还有能让地线加宽的地方。

➤ 对于关键的信号线是否采取了最佳措施,如长度最短,加保护线,输入线及输出线被明显地分开。

➤ 模拟电路和数字电路部分,是否有各自独立的地线。

➤ 后加在 PCB 中的图形(如图标、注标)是否会造成信号短路。

➤ 对一些不理想的线形进行修改。

➤ 在 PCB 上是否加有工艺线。阻焊是否符合生产工艺的要求,阻焊尺寸是否合适,字符标志是否压在器件焊盘上,以免影响电装质量。

➤ 多层板中的电源地层的外框边缘是否缩小,如电源地层的铜箔露出板外容易造成短路。

3.3.3　PCB 及电路抗干扰措施

印制电路板的抗干扰设计与具体电路有着密切的关系,这里仅就 PCB 抗干扰设计的几项常用措施做一些说明。

1. 电源线设计

根据印制线路板电流的大小,尽量加粗电源线宽度,减少环路电阻。同时,使电源线、地线的走向和数据传递的方向一致,这样有助于增强抗噪声能力。

2. 地线设计

地线设计的原则是:

① 数字地与模拟地分开。若线路板上既有逻辑电路又有线性电路,应使它们尽量分开。低频电路的地应尽量采用单点并联接地,实际布线有困难时可部分串联后再并联接地。高频电路宜采用多点串联接地,地线应短而粗,高频元件周围尽量用栅格状大面积地箔。

② 接地线应尽量加粗。若接地线用很细的线条,则接地电位随电流的变化而变化,使抗噪性能降低。因此应将接地线加粗,使它能通过 3 倍于印制板上的允许电流。如有可能,接地线应在 2～3 mm 以上。

③ 接地线构成闭环路。只由数字电路组成的印制板,其接地电路布成闭环路,大多能提高抗噪声能力。

3. 退耦电容配置

PCB 设计的常规做法之一是在印制板的各个关键部位配置适当的退耦电容。退耦电容的一般配置原则是:

① 电源输入端跨接 10～100 μF 的电解电容器,如有可能,接 100 μF 以上的更好。

② 原则上每个集成电路芯片都应布置一个 0.01 pF 的瓷片电容,如遇印制板空隙不够,可每 4～8 个芯片布置一个 1～10 pF 的钽电容。

③ 对于抗噪能力弱、关断时电源变化大的器件,如 RAM、ROM 存储器件,应在芯片的电源线和地线之间直接接入退耦电容。

④ 电容引线不能太长,尤其是高频旁路电容不能有引线。此外,还应注意以下两点:

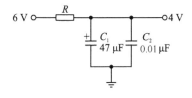

> 在印制板中有接触器、继电器、按钮等元件时,操作它们时均会产生较大火花放电,必须采用如图 3-18 所示的 RC 电路来吸收放电电流。一般 R 取 1～3 kΩ,C_1 取 2.2～47 μF。

图 3-18　RC 电路吸收放电电流示意图

> CMOS 的输入阻抗很高,且易受感应,因此在使用时对不用端要接地或接正电源。

3.4　元器件的封装

3.4.1　定　义

封装就是指把硅片上的电路引脚,用导线接引到外部接头处,以便与其他器件连接。封装形式是指安装半导体集成电路芯片用的外壳。它不仅起着安装、固定、密封、保护芯片及增强电热性能等方面的作用,而且还通过芯片上的节点用导线连接到封装外壳的引脚上。这些引脚又通过印刷电路板上的导线与其他器件相连接,从而实现内部芯片与外部电路的连接。因为芯片必须与外界隔离,以防止空气中的杂质对芯片电路的腐蚀而造成电气性能下降。另一方面,封装后的芯片也更便于安装和运输。由于封装技术的好坏还直接影响到芯片自身性能的发挥和与之连接的 PCB(印制电路板)的设计和制造,因此它是至关重要的。

衡量一个芯片封装技术先进与否的重要指标是芯片面积与封装面积之比,这个比值越接近 1 越好。封装时主要考虑的因素:

① 为提高封装效率,芯片面积与封装面积之比尽量接近 1:1;

② 引脚要尽量短以减少延迟,引脚间的距离尽量远,以保证互不干扰,提高性能;

③ 基于散热的要求,封装越薄越好。

3.4.2　元器件的封装形式

封装主要分为 DIP 双列直插和 SMD 贴片封装两种。从结构方面,封装经历了最早期的晶体管 TO(如 TO-89、TO92)封装发展到了双列直插封装,随后由 PHILIP 公司开发出了 SOP 小外形封装,以后逐渐派生出 SOJ(J 型引脚小外形封装)、TSOP(薄小外形封装)、VSOP(甚小外形封装)、SSOP(缩小型 SOP)、TSSOP(薄的缩小型 SOP)及 SOT(小外形晶体管)、SOIC(小外形集成电路)等。从材料介质方面,包括金属、陶瓷、塑料、塑料,目前很多高强度工作条件需求的电路如军工和宇航级别仍有大量的金属封装。

封装大致经过了如下发展进程:

结构方面:TO→DIP→PLCC→QFP→BGA→CSP;

材料方面:金属、陶瓷→陶瓷、塑料→塑料;

引脚形状:长引线直插→短引线或无引线贴装→球状凸点;

装配方式:通孔插装→表面组装→直接安装。

具体的封装形式:

1. SOP/SOIC 封装

SOP(Small Outline Package)即小外形封装。SOP 封装技术由 1968—1969 年 PHILIP 公司开发成功,以后逐渐派生出 SOJ(J 型引脚小外形封装)、TSOP(薄小外形封装)、VSOP(甚小外形封装)、SSOP(缩小型 SOP)、TSSOP(薄的缩小型 SOP)及 SOT(小外形晶体管)、SOIC(小外形集成电路)等。图 3-19 就是 SOP/SOIC 封装示意图。

2. DIP 封装

DIP(Double In-line Package)即双列直插式封装,插装型封装之一,引脚从封装两侧引出,封装材料有塑料和陶瓷两种。DIP 是最普及的插装型封装,应用范围包括标准逻辑 IC,存储器 LSI,微机电路等,图 3-20 就是 DIP 封装示意图。

图 3-19　SOP/SOIC 封装示意图

图 3-20　DIP 封装示意图

3. PLCC 封装

PLCC(Plastic Leaded Chip Carrier)即塑封 J 引线芯片封装。PLCC 封装方式,外形呈正方形,32 引脚封装,四周都有引脚,外形尺寸比 DIP 封装小得多。PLCC 封装适合用 SMT 表面安装技术在 PCB 上安装布线,具有外形尺寸小、可靠性高的优点。图 3-21 就是 PLCC 封装示意图。

4．TQFP 封装

TQFP（Thin Quad Flat Package）即薄塑封四角扁平封装。四角扁平封装（TQFP）工艺能有效利用空间，从而降低对印刷电路板空间大小的要求。由于缩小了高度和体积，所以这种封装工艺非常适合对空间要求较高的应用，如 PCMCIA 卡和网络器件。几乎所有 ALTERA 的 CPLD/FPGA 都有 TQFP 封装。图 3 - 22 就是 TQFP 封装示意图。

5．PQFP 封装

PQFP（Plastic Quad Flat Package）即塑封四角扁平封装。PQFP 封装的芯片引脚之间距离很小，引脚很细，一般大规模或超大规模集成电路采用这种封装形式，其引脚数一般都在 100 以上。图 3 - 23 就是 PQFP 封装示意图。

图 3 - 21　PLCC 封装示意图　　　图 3 - 22　TQFP 封装示意图　　　图 3 - 23　PQFP 封装示意图

6．TSOP 封装

TSOP（Thin Small Outline Package）即薄型小尺寸封装。TSOP 内存封装技术的一个典型特征就是在封装芯片的周围做出引脚，适合用 SMT 技术（表面安装技术）在 PCB（印制电路板）上安装布线。TSOP 封装外形尺寸越小时，寄生参数（电流大幅度变化时，引起输出电压扰动）减小，适合高频应用，操作比较方便，可靠性也比较高。图 3 - 24 就是 TSOP 封装示意图。

7．BGA 封装

BGA（Ball Grid Array Package）即球栅阵列封装，封装示意图如图 3 - 25 所示。20 世纪 90 年代随着技术的进步，芯片集成度不断提高，I/O 引脚数急剧增加，功耗也随之增大，对集成电路封装的要求也更加严格。为了满足发展的需要，BGA 封装开始应用于生产。

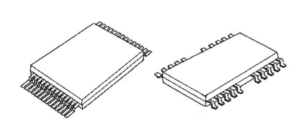 

图 3 - 24　TSOP 封装示意图　　　　　图 3 - 25　BGA 封装示意图

采用 BGA 技术封装的内存，可以使内存在体积不变的情况下内存容量提高 2～3 倍，BGA 与 TSOP 相比，具有更小的体积，更好的散热性能和电性能。BGA 封装技术使每平方英寸的存储量有了很大提升，在相同容量下，体积只有 TSOP 封装的 1/3。另外，与传统 TSOP 封装方式相比，BGA 封装方式有更加快速和有效的散热途径。

BGA 封装的 I/O 端子以圆形或柱状焊点按阵列形式分布在封装下面，其技术优点是 I/O 引脚数虽然增加了，但引脚间距并没有减小反而增加了，从而提高了组装成品率；虽然它的功耗增加,但 BGA 能用可控塌陷芯片法焊接,从而可以改善它的电热性能;BGA 的厚度和重量都较以前的封装技术有所减少,寄生参数减小,信号传输延迟小,使用频率大大提高;GBA 组装时可用共面焊接,可靠性高。

说到 BGA 封装就不能不提 Kingmax 公司的专利 Tiny BGA 技术,Tiny BGA 英文全称为 Tiny Ball Grid Array(小型球栅阵列封装),属于是 BGA 封装技术的一个分支。Tiny BGA 是 Kingmax 公司于 1998 年 8 月开发成功的,其芯片面积与封装面积之比不小于 1∶1.14,可以使内存在体积不变的情况下内存容量提高 2~3 倍。与 TSOP 封装产品相比,Tiny BGA 具有更小的体积、更好的散热性能和电性能。

采用 Tiny BGA 封装技术的内存产品在相同容量情况下体积只有 TSOP 封装的 1/3。TSOP 封装内存的引脚是由芯片 4 周引出的,而 Tiny BGA 则是由芯片中心方向引出。这种方式有效地缩短了信号的传导距离,信号传输线的长度仅是传统的 TSOP 技术的 1/4,因此信号的衰减也随之减少。这样不仅大幅提升了芯片的抗干扰、抗噪声的性能,而且提高了电性能。采用 Tiny BGA 封装芯片可抗高达 300 MHz 的外频,而采用传统 TSOP 封装技术最高只可抗150 MHz 的外频。

Tiny BGA 封装的内存其厚度也更薄(封装高度小于 0.8 mm),从金属基板到散热体的有效散热路径仅有 0.36 mm。因此,Tiny BGA 内存拥有更高的热传导效率,非常适用于长时间运行的系统,稳定性极佳。

3.4.3　Altium Designer 元件封装库总结

Altium Designer 是常用的制图软件,对于常用的元件封装,可以将它背下来,以便于使用。

一些元件封装,可以把它拆分成两部分来记。如电阻 AXIAL0.3 可拆成 AXIAL 和 0.3,AXIAL 翻译成中文就是轴状的,0.3 则是该电阻在印刷电路板上的焊盘间的距离也就是 300 mil(7.62 mm)。同样无极性的电容,RAD0.1~RAD0.4 也是一样;有极性的电容如电解电容,其封装为 RB.2/.4,RB.3/.6 等。其中,.2 为焊盘间距,.4 为电容圆筒的外径。对于晶体管,可直接看它的外形及功率,大功率的晶体管,就用 TO-3;中功率的晶体管,如果是扁平的,就用TO-220;如果是金属壳的,就用 TO-66;小功率的晶体管,就用 TO-5、TO-46、TO-92A 等都可以。

对于常用的集成 IC 电路,有 DIPxx,就是双列直插的元件封装。如 DIP8 就是双排,每排有 4 个引脚,两排间距离是 300 mil,焊盘间的距离是 100 mil。SIPxx 就是单排的封装等。

值得注意的是晶体管与可变电阻,它们的封装是最令人头痛的,同样的封装,其引脚可不一定一样。例如,对于 TO-92B 之类的封装,通常是第 1 引脚为 E(发射极),而第 2 引脚有可能是 B 极(基极),也可能是 C(集极);同样第 3 引脚有可能是 C,也有可能是 B,具体是哪个,只有拿到了元件才能确定。因此,电路软件不敢硬性定义焊盘名称(引脚名称)。同样场效应管,MOS 管也可以用跟晶体管一样的封装,也可以通用于 3 个引脚的元件。

Altium Designer 常用元件封装:

➢ 电阻:RES1、RES2、RES3、RES4;封装属性为 AXIAL 系列,AXIAL0.3~AXIAL0.7,其中 0.4~0.7 指电阻的长度,一般用 AXIAL0.4。

➢ 无极性电容:CAP;封装属性为 RAD0.1~RAD0.4;瓷片电容:RAD0.1~RAD0.3。其中 0.1~0.3 指电容大小,一般用 RAD0.1。

- 电解电容：ELECTROI；封装属性为 RB. 2/. 4～RB. 5/1. 0、RB. 1/. 2～RB. 5/1. 0 其中. 1/. 2～. 5/1. 0 指电容大小。一般情况下,100 μF 用 RB. 1/. 2,100～470 μF 用 RB. 2/. 4,而 470 μF 也用 RB. 3/. 6。
- 电位器：POT1,POT2;封装属性为 VR－1～VR－5。
- 二极管：封装属性为 DIODE0. 4（小功率）、DIODE0. 7（大功率）,DIODE0. 4～ DIODE0. 7,其中 0. 4～0. 7 指二极管长短,一般用 DIODE0. 4;发光二极管用 RB. 1/. 2。
- 三极管：常见的封装属性为 TO－18（普通三极管）TO－22（大功率三极管）TO－3（大功率达林顿管）。
- 电源稳压块 78 和 79 系列：78 系列如 7805、7812、7820 等,79 系列有 7905、7912、7920 等,常见的封装属性有 TO126H 和 TO126V。
- 整流桥：BRIDGE1、BRIDGE2;封装属性为 D 系列（D－44、D－37、D－46）。
- 集成块：DIP8～DIP40,其中 8～40 指引脚数,8 引脚的就是 DIP8。
- 单排多针插座：CON、SIP。
- 双列直插元件：DIP。
- 晶振：XTAL1。
- 贴片电阻：0603 表示的是封装尺寸,与具体阻值没有关系,但封装尺寸与功率有关。通常来说,0201 为 1/20 W,0402 为 1/16 W,0603 为 1/10 W,0805 为 1/8 W,1206 为 1/4 W。
- 贴片电容：贴片电容和贴片电阻外形尺寸与封装的对应关系是 0402＝1. 0×0. 5; 0603＝1. 6×0. 8;0805＝2. 0×1. 2;1206＝3. 2×1. 6;1210＝3. 2×2. 5;1812＝4. 5×3. 2;2225＝5. 6×6. 5。

现在以 Altium Designer 中的 DEVICE. LIB 库为例,介绍元器件在该库中的封装。晶体管是常用的元件之一,在 DEVICE. LIB 库中,简单的只有 NPN 与 PNP 之分。但实际上,如果它是 NPN 的 2N3055,那它的封装形式有可能是铁壳子的 TO－3;如果它是 NPN 的 2N3054,则其封装形式有可能是铁壳的 TO－66 或 TO－5。而晶体管 CS9013,就有 TO－92A、TO－92B、TO－5、TO－46、TO－52 等多种封装形式。

最常用的电阻在 DEVICE 库中,也是简单地把它们称为 RES1 和 RES2,不管它是 100 Ω,还是 470 kΩ 都一样。对电路板而言,它与电阻值大小根本不相关,完全是按该电阻的功率数来决定的。选用的 1/4 W 和 1/2 W 的电阻,都可以用 AXIAL0. 3 元件封装,而若功率数大一点,则可用 AXIAL0. 4、AXIAL0. 5 等。当然也可以根据需要自己制作元器件的封装,这样可以更加方便自己设计电路板的制作。

3.5　PCB 制版工艺

PCB(Printed Circuie Board)印制线路板通常把在绝缘基材上,按预定设计制成印制线路、印制元件或两者组合而成的导电图形称为印制电路。而在绝缘基材上提供元器件之间电气连接的导电图形,称为印制线路。这样就把印制电路或印制线路的成品板称为印制线路板,亦称为印制板或印制电路板。标准的 PCB 上头没有零件,也常称为"印刷线路板 Printed Wiring Board(PWB)"。几乎我们能见到的电子设备都离不开 PCB,小到电子手表、计算器、通用电脑,大到计算机、通信电子设备、军用武器系统,只要有集成电路等电子元器件,它们之间电气互连都要用到 PCB。除了固定各种小零件外,PCB 提供集成电路等各种电子元器件固定装配的机械支撑,实现集成电路等各种电子元器件之间的布线和电气连接或电绝缘,提供所要求的电气特性,如特性阻抗等。同时 PCB 还为自动锡焊提供阻焊图形;为元器件插装、检查、维修提供识别字符和图形。随着电子设备越来越复杂,需要的零件越来越多,PCB 上的线路与零件也越来越密集。

3.5.1 PCB 的发展历史

印制电路基本概念在本世纪初已有人在专利中提出过,1947 年美国航空局和美国标准局发起了印制电路首次技术讨论会,当时列出了 26 种不同的印制电路制造方法,并归纳为 6 类:涂料法、喷涂法、化学沉积法、真空蒸发法、模压法和粉压法。当时这些方法都未能实现大规模工业化生产,直到 20 世纪 50 的年代初期,由于铜箔和层压板的粘合问题得到解决,敷铜层压板性能稳定可靠,并实现了大规模工业化生产,铜箔蚀刻法成为印制板制造技术的主流,一直发展至今。60 年代,孔金属化双面印制和多层印制板实现了大规模生产。70 年代由于大规模集成电路和电子计算机的迅速发展,80 年代表面安装技术和 90 年代多芯片组装技术的迅速发展推动了印制板生产技术的继续进步,一批新材料、新设备、新测试仪器相继涌现。印制电路生产技术进一步向高密度、细导线、多层、高可靠性、低成本和自动化连续生产的方向发展。

我国从 20 世纪 50 年代中期开始了单面印制板的研制,首先应用于半导体收音机中。60 年代自力更生地开发了我国的敷箔板基材,使铜箔蚀刻法成为我国 PCB 生产的主导工艺。60 年代已能大批量地生产单面板,小批量生产双面金属化孔印制,并在少数几个单位开始研制多层板。70 年代在国内推广了图形电镀蚀刻法工艺,但由于受到各种干扰,印制电路专用材料和专用设备没有及时跟上,整个生产技术水平落后于国外先进水平。到了 80 年代,由于实行改革、开放政策,不仅引进了大量具有国外 80 年代先进水平的单面、双面、多层印制板生产线,而且经过十多年消化、吸收,较快地提高了我国印制电路的生产技术水平。

自 1990 年以后我国 PCB 生产产量猛增,发展很快。1995 年全国印制电路行业协会进行了一次全国调查,共调查了全国 459 个印制电路板生产企业,其中包括国有企业 128 个,集体企业 125 个,合资企业 86 个,私营企业 22 个,外资企业 98 个。这些企业合计印制板总产量已达 1 656 万平方米,其中双面板为 362 万平方米,多层板为 124 万平方米,总销售额为 90 亿元人民币(约 11 亿美元)。美 IPC 协会的资料公布,包括香港地区 1994 年中国印制电路销售额为 11.7 亿美元,已占世界总额的 5.5%,居世界第 4 位。在生产技术上,由于大量引进了国外先进设备和先进生产技术,大大缩短了和国外的差距,取得了很大的进步。但我国的 PCB 企业大都规模较小,人均年销售额和工业全员劳动生产率较低,技术水平较低。

3.5.2 PCB 的特点

过去、现在和未来 PCB 之所以能得到越来越广泛地应用,因为它有很多的独特优点,概括如下:

① 可高密度化。100 多年来,印制板的高密度能够随着集成电路集成度提高和安装技术进步而发展着。

② 高可靠性。通过一系列检查、测试和老化试验等可保证 PCB 长期(使用期,一般为 20 年)而可靠地工作着。

③ 可设计性。对 PCB 的各种性能(电气、物理、化学、机械等)的要求,可以通过设计标准化、规范化等来实现印制板设计,时间短、效率高。

④ 可生产性。采用现代化管理,可进行标准化、规模(量)化、自动化等生产、保证产品质量一致性。

⑤ 可测试性。建立了比较完整的测试方法、测试标准、各种测试设备与仪器等来检测并鉴定 PCB 产品的合格性和使用寿命。

⑥ 可组装性。PCB 产品既便于各种元件进行标准化组装,又可以进行自动化、规模化的批量生产。同时,PCB 和各种元件组装的部件还可组装形成更大的部件、系统,直至整机。

⑦ 可维护性。由于 PCB 产品和各种元件组装的部件是以标准化设计与规模化生产的,因而,这些部件也是标准化的。因此,一旦系统发生故障,可以快速、方便、灵活地进行更换,迅速恢复系统工作。

3.5.3　PCB 的种类

单面板(Single – Sided Boards):在最基本的 PCB 上,零件集中在其中一面,导线则集中在另一面上。因为导线只出现在其中一面,所以就称这种 PCB 叫做单面板。因为单面板在设计线路上有许多严格的限制(因为只有一面,布线间不能交叉而必须绕独自的路径),所以只有早期的电路才使用这类的板子。

双面板(Double – Sided Boards):这种电路板的两面都有布线。不过要用上两面的导线,必须要在两面间有适当的电路连接才行。这种电路间的"桥梁"叫做导孔(via)。导孔是在 PCB 上,充满或涂上金属的小洞,它可以将两面的导线相连接。因为双面板的面积比单面板大了一倍,而且因为布线可以互相交错(可以绕到另一面),它更适合用在比单面板更复杂的电路上。

多层板(Multi – Layer Boards):为了增加可以布线的面积,多层板用上了更多单面或双面的布线板。多层板使用数片双面板,并在每层板间放进一层绝缘层后黏牢(压合)。板子的层数就代表了有几层独立的布线层,通常层数都是偶数,并且包含最外侧的两层。

层数越多越容易受到电磁干扰等因素影响,因此对设计水平要求、工艺水平要求也就越高。当然精密度越高其完成功能越多、性能越好。

3.5.4　PCB 的制造方法

由于印制线路工艺技术的飞速发展,PCB 制造方法已不下于十种,分类也很复杂,但从基本 PCB 制造工艺来看,PCB 制造方法可分为两大类,即减成法和加成法。

① PCB 制造方法之减成法:这是最普遍采用的 PCB 制造方法,即在敷铜板上,通过光化学法、网印图形转移或电镀图形抗蚀层,然后蚀刻掉非图形部分的铜箔或采用机械方式,去除不需要的部分而制成印制电路板。现在大多数 PCB 的制造方法都为减成法。

PCB 制造方法减成法的分类。

➤ 蚀刻法:采用化学腐蚀方法减去不需要的铜箔,这是目前最主要的 PCB 制造方法。

➢ 雕刻法：用机械加工方法除去不需要的铜箔,在单件试制或业余条件下可快速制出印制电路板。

② PCB 制造方法之加成法：在未敷铜箔的基材上,有选择地沉积导电材料而形成导电图形的印制板 PCB。这种方法又分为丝印电镀法,粘贴法等。不过,目前在国内,这种 PCB 制造方法。并不多见,因此一般人们所说的 PCB 制造方法都为减成法。

3.5.5　PCB 的制造工艺

PCB 生产工艺流程随着 PCB 类型(种类)和工艺技术进步不同而变化,同时也随着 PCB 制造商采用不同工艺技术而不同。这就是说可以采用不同的生产工艺流程与工艺技术来生产出相同或相近的 PCB 产品来。但是传统的单、双、多层板的生产工艺流程仍然是 PCB 生产工艺流程的基础。

① 物理制版：指利用雕刻、铣刻的方法,把一张空白线路板上多余的不必要的敷铜部分铣去,只留下需要保留的线路和焊盘,以此来完成一张线路板的制作,其流程图如图 3-26 所示。

② 化学制版：指利用化学方法(如感光、蚀刻等),把一张空白线路板上多余的不必要敷铜部分除去,只留下需要保留的线路和焊盘,以此来完成一张线路板的制作,其流程图如图 3-27 所示。

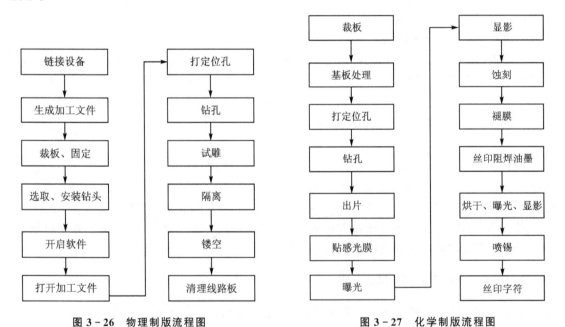

图 3-26　物理制版流程图　　　　　　图 3-27　化学制版流程图

3.5.6　小工业制版流程

小工业制版流程如图 3-28 所示。

单面板制版流程：① 裁板,② 打孔,③ 刷板,④ 出片,⑤ 涂曝光油墨,⑥ 烘干,⑦ 加反片曝光,⑧ 显影,⑨ 酸性腐蚀,⑩ 脱膜,⑪涂阻焊油墨,⑫ 烘干,⑬ 加焊盘片曝光,⑭ 显影,⑮ 镀锡,⑯ 做字符丝网,⑰ 涂字符油墨,⑱ 烘干。

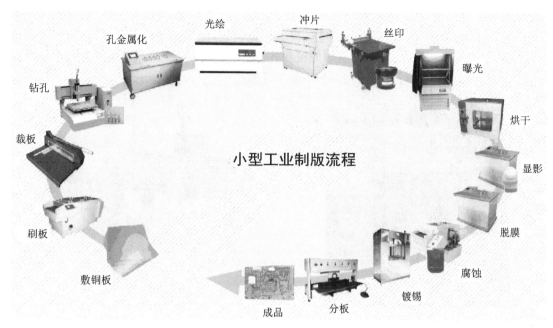

图 3 - 28 小工业制版流程图

双面板制版流程：① 裁板，② 打孔，③ 刷板，④ 孔金属化，⑤ 出片，⑥ 涂曝光油墨，⑦ 烘干，⑧ 加正片曝光，⑨ 显影，⑩ 镀铅，⑪ 脱膜，⑫ 碱性腐蚀，⑬ 褪铅，⑭ 涂阻焊油墨，⑮ 烘干，⑯ 加焊盘片曝光，⑰ 显影，⑱ 镀锡，⑲ 做字符丝网，⑳ 涂字符油墨，㉑ 烘干。

1. 裁 板

一般购买的多面敷铜板，不是人们所需要的大小，或者板子的边缘不整齐。这时就要用裁板机对板子做简单的处理。这里需要提示的是，裁割的板材大小必须比设计的成品板材周边要大一些，要做板材预留，一般 4 边各留 1 cm 为宜。裁板机如图 3 - 29 所示。

2. 刷 板

敷铜板经过一段时间的放置后，会在表面产生一定的氧化层。有的板在搬运过程中，表面也会产生一定油污，基板处理的目的就是把表面的油污和氧化层处理干净。刷板在整个化学制板过程中是很重要的，直接影响做出板子的好坏。

图 3 - 29 裁板机

在打完孔后刷板是为了清洗板子及孔里的粉末；孔金属化后刷板可以使板子表面平整；腐蚀以后刷板可以使做出来的板子更有光泽。刷板机如图 3 - 30 所示。

3. 打 孔

打孔是为了把顶层和底层线路通过过孔的方式连接起来，同时，也为了安装分立元器件。钻孔机软件在工作时，会根据设计人员的设计图，自动把设计的孔的大小分类显示，使用人员只要选定不同大小的孔,更换相应大小的钻头,即可逐步把各种孔钻出。对于直径大于1.0 mm 的孔,AM-3030 雕刻钻孔机还可提供挖孔功能,使用一把铣刀即可,避免用户需准备各种规格的钻头。这里我们用的是雕刻机打孔,如图 3-31 所示。雕刻机既可以在化学制板中打不同孔径的孔,也可以在物理制板中雕刻线路板。

图 3-30　刷板机　　　　　　　　　图 3-31　雕刻机

AM-3030 雕刻机还有"隔离","限宽隔离","局部镂空"等几个特有的功能。隔离可以把线路和敷铜隔离开,但线路外的敷铜可保留在基板上,只是和线路没有任何的连接。简单地说,在设计中没有敷铜的线路板能做有敷铜的线路板,这样比全部镂空要节省 90% 以上的时间。限宽隔离功能可以把线路和敷铜之间的隔离带,根据设定的宽度进行加工。可以方便器件的焊接。局部镂空功能可以对想要镂空的区域进行镂空,可以是规则图形,也可以是任何不规则图形。

4. 孔金属化

孔金属化是线路板制作中的一个重要环节,也是最容易出问题的一个环节。这个环节是把电路板两层之间用化学电镀的方式连接起来,保证两面线路的导通。使用高速换向脉冲恒流电镀机,有效提高电镀质量及厚径比,防止勾股现象。在孔金属化过程中,所用电流和脉冲大小都有相应的公式。孔金属化后可以清楚地看到板子的孔里发红发亮。金属孔化器如图 3-32 所示。

5. 出　片

出片最好用光绘机,如图 3-33 所示。因为它的精度和出片效果都比较好。底片质量的好坏,直接影响曝光质量。因此,要求底片图形线路清晰,不能有任何发晕、虚边等现象,要求无针孔、沙眼,且稳定性好。同时,还要求底片黑白反差大,也可能用打印机打印。打印的胶片相对于光绘来说,主要有分辨率不高,胶片受热易产生形变,炭粉浓度不够造成底片对比度不够,易产生后期曝光过度等问题。

图 3 - 32 金属孔化器

图 3 - 33 光绘机

6. 丝 印

在涂曝光油墨、涂阻焊油墨、做字符丝网、涂字符油墨都要用到丝印机,如图 3 - 34 所示。丝网印刷方法基本相同,但所用丝网目数及所用油墨不同,因此丝印机要反复用到。丝网印刷是目前常用的一种涂敷方式,优点是其设备要求低,操作简单容易,成本低。丝印时,刮刀用力要均匀,丝网和板子之间最好保留 1 cm 左右的空间。丝印后的油墨一定要平整均匀、无针孔、气泡。刮完后不要用手去碰板子上面的油墨,否则会影响做出线路板的效果。

7. 烘 干

烘干机如图 3 - 35 所示,同样也要反复用到。涂完油墨后要烘干才能覆片,因此在涂曝光油墨、涂阻焊油墨、做字符丝网、涂字符油墨都要烘干。烘干温度一般在 80～150 ℃,时间一般在 3～8 min。因为所用的油墨不同,所以烘干温度、时间也不同。控制好烘干的温度和时间很重要。温度过高或时间过长,显影困难,不易去膜;若温度过低或时间过短,干燥不完全,皮膜有感压性,易粘底片而致曝光不良,且易损坏底片。因此,预烘恰当,显影和去膜较快,图形质量好。预烘后,涂膜到显影搁置时间最多不超过 12 h,湿度大时尽量在 12 h 内曝光显影。在做完线路板后,还要在 150 ℃ 再烘干一下,这样即可以使阻焊层和字符丝印层更牢固,也可以使做出来的线路板更有光泽,更好看。

图 3 - 34 丝网印刷机

图 3 - 35 烘干机

8. 曝 光

曝光机(图 3 - 36)在整个制板过程中也是一个很关键的环节。它和丝印机、烘干机在做曝光油墨、阻焊油墨、字符丝网、字符油墨时要配合反复使用。曝光时胶片和板子上的孔要对齐。曝光取决于灯的光强和曝光时间,灯的光强与激发电压有关,与灯管使用时间有关;曝光时间为 150 s 左右。影响曝光的因素:灯光的距离越近,曝光时间越短;液态光致抗蚀剂厚度越厚,曝光时间越长;空气湿度越大,曝光时间越长;预烘温度越高,曝光时间越短。当曝光过度时,易形成散光折射,线宽减小,显影困难。当曝光不足时,显影易出现针孔、发毛、脱落等缺陷,抗蚀性和抗电镀性下降。

9. 显影机

显影机(如图 3－37 所示)是在曝光后对没有曝光的区域进行显影,主要用于显影线路,焊盘及字符线路。显影液的配置:显影粉与水的比例为 2%～3%。显影温度在 30 ℃左右。显影温度太高(35 ℃以上)或显影时间太长(超过 90 s 以上),会造成皮膜质量、硬度和耐化学腐蚀性降低。显影液使用一段时间后,能力下降,应更换新液。实验证明,当显影液 PH 值降至10.2 时,显影液已失去活性,为保证图像质量,PH＝10.5 时的制版量定为换缸时间。

　　　　图 3－36　曝光机

　　　　图 3－37　显影机

10. 镀　铅

主要是在做双面板时需要镀铅(镀沿器如图 3－38 所示)。镀铅的主要目的是在双面板进行腐蚀时,镀的铅对孔里的铜进行保护。为了把这些线路部分保护起来的,采用电镀锡铅合金的方式。电镀的方式同前面的孔金属化直接电镀相似,只是使用的电镀原料不同。在这个过程,一般采用较小的电流密度(如 0.5～1 A/dm²)和较长的电镀时间(如 30 min),来得到均匀致密的镀层。电镀上的镀层一般呈灰色,应注意检查有无漏镀的地方,有无砂眼和孔等缺陷。

11. 脱　膜

脱膜(脱膜机如图 3－39 所示)主要用在双面板镀铅后和单面板腐蚀后。脱膜液的配置:脱膜粉和水的比例 5%～6%;显影温度在 40 ℃左右;脱膜时间可设置为 2 min/次。脱膜的操作方法与显影过程相同。

图 3 - 38　镀铅器

图 3 - 39　脱膜机

12. 腐　蚀

腐蚀机(图 3 - 40)里的溶液分为碱性和酸性,分别用来做双面板和单面板。专业腐蚀机有上下水和排风;传送速度每次开机要从最小慢慢加大;腐蚀温度酸性在 40℃ 左右,碱性为 50℃。在喷淋蚀刻时,可以通过玻璃观察窗观察工作情况。当多余部分的铜都腐蚀掉后,应及时停止喷淋,防止过度蚀刻造成药水从线路侧面侵蚀而发生断线等情况。在温度较高的情况下,碱性蚀刻液会产生较大地氨水气味,因此,工作区域要做好通风换气工作。蚀刻液在长时间使用后蚀刻速度会变慢,这时酸性蚀刻液可以加双氧水和少量盐酸加以改良,碱性蚀刻液可以加氨水和氯化氨改良。

13. 镀　锡

镀锡器(如图 3 - 41 所示)分为化学镀锡和热风整平。小型镀锡器是用化学镀锡的方法来做的。镀锡温度在 25℃ 左右,喷淋 20 min 左右。

图 3 - 40　腐蚀机

图 3 - 41　镀锡器

14. 各环节样板

各环节完成后的样板效果如图 3 - 42 所示。

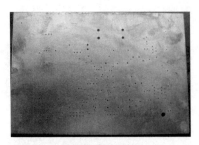

(a) 孔金属化后效果

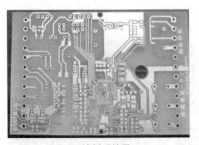

(b) 蚀刻后效果

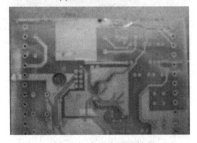

(c) 加阻焊未曝光显影效果

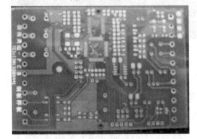

(d) 加阻焊曝光显影后效果

(e) 镀锡后效果

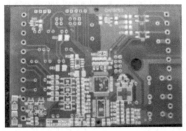

(f) 加字符后的成品板

图 3 - 42　各类样板效果图

思考题

1. 设计印制电路板的常用软件有哪些？

2. 什么叫印制电路板，它有怎样的功能和优点？

3. 设计高质量的印制电路板，通常要考虑哪些因素？

4. 简述电路原理图设计的基本步骤和注意事项。

5. 如何对电路图进行仿真？

6. 简述 PCB 板的设计步骤、设计规则和注意事项。

7. 使用 Altium Designer 设计电路和 PCB 等操作的快捷键有哪些？

8. 确定特殊元件的位置时，要遵守哪些原则？

9. PCB 布线有哪些布线原则？

10. PCB 抗干扰设计的常用措施有哪些？

11. 什么是元器件的封装？

12. 元器件封装时主要考虑的因素有哪些？

13. 元器件的封装形式有哪些？

14. 简述小工业制版流程。

第4章　元器件的焊接工艺

制作好电路板后,电子元器件需要通过手工或者是机器焊接到电路板上面,焊接比较讲究技巧,手工焊接是电子产品工艺实训的重要环节,娴熟的焊接技艺不仅能够提高生产效率,而且能减少电路的故障机率,是工科类学生的需掌握的技能。本章主要对元器件的焊接工艺进行介绍,主要包括:

● 元器件的手工焊接技术,包括手工焊接原理、手工焊接常用的工具以及手工焊接的技巧等。

● SMT 流程,包括焊锡膏印刷、贴片、焊接以及 SMT 生产过程中的静电防护技术。

通过本章的学习,读者可以掌握手工焊接的基本技巧,熟悉 SMT 工艺的基本流程。

4.1　元器件的手工焊接技术

随着电子元器件的封装更新换代加快,由原来的直插式改成平贴式,连接排线也由 FPC 软板进行替代。元器件电阻电容经过了 1206、0805、0603、0402 后已发展为 0201 平贴式,BGA 封装后已使用了蓝牙技术,这无一例外地说明电子发展已朝向小型化、微型化发展。手工焊接难度也随之增加,在焊接当中稍有不慎就会损伤元器件,或引起焊接不良。因此手工焊接人员必须对焊接原理、焊接过程、焊接方法、焊接质量的评定、及电子基础有一定的了解。

4.1.1　手工焊接原理

焊接原理:锡焊是一门科学,它的原理是通过加热的烙铁将固态焊锡丝加热熔化,再借助于助焊剂的作用,使其流入被焊金属之间,待冷却后形成牢固可靠的焊接点。

当焊料为锡铅合金焊接面为铜时,焊料先对焊接表面产生润湿,伴随着润湿现象的发生,焊料逐渐向金属铜扩散,在焊料与金属铜的接触面形成附着层,使两则牢固地结合起来。因此焊锡是通过润湿、扩散和冶金结合这 3 个物理、化学过程来完成的。

① 润湿。润湿过程是指已经熔化了的焊料借助毛细管力沿着母材金属表面细微的凹凸和结晶的间隙向四周漫流,从而在被焊母材表面形成附着层,使焊料与母材金属的原子相互接近,达到原子引力起作用的距离。

引起润湿的环境条件:被焊母材的表面必须是清洁的,不能有氧化物或污染物。

② 扩散。伴随着润湿的进行,焊料与母材金属原子间的相互扩散现象开始发生。通常原子在晶格点阵中处于热振动状态,一旦温度升高,原子活动加剧,使熔化的焊料与母材中的原子相互越过接触面进入对方的晶格点阵。原子的移动速度与数量决定于加热的温度与时间。

③ 冶金结合。由于焊料与母材相互扩散,在两种金属之间形成了一个中间层——金属化合物,要获得良好的焊点,被焊母材与焊料之间必须形成金属化合物,从而使母材达到牢固的冶金结合状态。

4.1.2　助焊剂的作用

助焊剂(FLUX)这个词来自拉丁文,是"流动"(Flow in Soldering)的意思。助焊剂主要功能如下所述。

1. 化学活性(Chemical Activity)

要达到一个好的焊点,被焊物必须要有一个完全无氧化层的表面。但金属一旦暴露于空气中就会生成氧化层,这种氧化层无法用传统溶剂清洗,此时必须依赖助焊剂与氧化层起化学作用。当助焊剂清除氧化层之后,干净的被焊物表面,才可与焊锡结合。

助焊剂与氧化物的化学反应有以下几种:

➢ 相互化学作用形成第三种物质;

➢ 氧化物直接被助焊剂剥离;

➢ 上述两种反应并存。

松香助焊剂去除氧化层,即是第一种反应,松香主要成分为松香酸(Abietic Acid)和异构双萜酸(Isomeric Diterpene Acids)。当助焊剂加热后与氧化铜反应,形成铜松香(Copper Abiet),是呈绿色透明状物质,易溶入未反应的松香内与松香一起被清除,即使有残留,也不会腐蚀金属表面。

氧化物暴露在氢气中的反应,即是典型的第二种反应,在高温下氢与氧发生反应变成水,可以减少氧化物,这种方式常用在半导体零件的焊接上。

几乎所有的有机酸或无机酸都有能力去除氧化物,但大部分都不能用来锡焊。使用助焊剂除了去除氧化物的功能外,还有其他功能。这些功能在焊锡作业时,必须要考虑。

2. 热稳定性(Thermal Stability)

当助焊剂在去除氧化物反应的同时,必须还要形成一个保护膜,防止被焊物表面再度氧化,直到接触焊锡为止。因此助焊剂必须能承受高温,在焊锡作业的温度下不会分解或蒸发。如果助焊剂分解则会形成溶剂不溶物,难以用溶剂清洗,W/W级的纯松香在280℃左右会分解,这应特别注意。

3. 助焊剂在不同温度下的活性

好的助焊剂不只是要求热稳定性,在不同温度下的活性亦应考虑。助焊剂的功能即是去除氧化物,通常在某一温度下效果较佳,例如 RA 的助焊剂,除非温度达到某一程度,氯离子不会解析出来清理氧化物,当然此温度必须在焊锡作业的温度范围内。

当温度过高时,亦可能降低其活性,如松香在超过 600℉(315℃)时,几乎无任何反应,也可以利用这一特性,将助焊剂活性纯化以防止腐蚀现象。但在应用上要特别注意受热时间与温度,以确保活性纯化。

4.1.3　焊锡丝的组成与结构

使用的有铅 SnPb(Sn63%,Pb37%)的焊锡丝和无铅 SAC(96.5%Sn,3.0%Ag,0.5%Cu)焊锡丝里面是空心的,这个设计是为了存储助焊剂(松香),使在加焊锡的同时能均匀地加上助焊剂。当然就有铅锡丝来说,根据 SnPb 的成分比率不同有更多种成分,其主要用途也不同,如表 4-1、表 4-2 所列。

表 4-1　SnPb 焊锡丝比较

锡线合金成分/(%)	熔点/℃	特　点	卷重/kg	用　途
Sn63/Pb37	183	易焊光亮 性能最佳	1.0	电脑、精密仪器、仪表、 电视机、微电子
Sn60/Pb40	183～190			
Sn55/Pb45	183～203	品质稳定 性价比高	0.9	电子屏、计算器等 普通电子、家用电器
Sn50/Pb50	183～216		0.8	
Sn45/Pb55	183～227	成本较低 焊接一般	0.8	玩具、灯泡、工艺品、 铝焊等一般线路
Sn40/Pb60	183～238			
Sn35/Pb65	183～245		0.75	

表 4-2　主流的无铅锡丝比较

规　格	熔点/℃	拉伸强度	延伸率/%	扩展率/%	用　途
Sn-Cu0.7	227	30	45	70	成本低,是目前最常用的一款无铅焊料,用于一般要求的焊接
Sn-Ag3.5	222	38	54	75	成本较高,焊点较亮
Sn-Ag3.5-Cu0.5	217	40	58	78	成本较高,焊点较亮,各项性能优良,用于较高要求焊接
Sn-Ag0.5-Cu0.5					
Sn-Ag3.0-Cu0.7					

焊锡丝的作用:达到元件在电路上的导电要求和元件在 PCB 板上的固定要求。

4.1.4　电烙铁的基本知识

1. 电烙铁的基本组成

电烙铁由手柄、发热丝、烙铁头、电源线、恒温控制器、烙铁头清洗架组成。

2. 电烙铁的作用及工作原理

电烙铁在手工锡焊过程中担任着加热焊区各被焊金属、熔化焊料、运载焊料和调节焊料用量的多重任务。电烙铁的构造很简单,除了一种手枪式快速电烙铁以外,其余都大同小异。电烙铁的工作原理:简单地说就是一个电热器在电能的作用下,发热、传热和散热的过程。接通电源后,在额定电压下,由烙铁芯以电热丝阻值所决定的功率发热。

3. 电烙铁的分类

常用的电烙铁分为外热式和内热式两大类。其原理都是让电流通过烙铁内部的电阻丝发热,再供热给烙铁头,使烙铁头温度升高。

外热式电烙铁:因发热电阻在电烙铁的外面而得名。它既适合于焊接大型的部件,也适用于焊接小型的元器件。由于发热电阻丝在烙铁头的外面,有大部分的热散发到外部空间,所以加热效率低,加热速度较缓慢,一般要预热 6～7 min 才能焊接。其体积较大,焊小型器件时显得不方便。但它有烙铁头使用时间较长,功率较大的优点,有 25 W、30 W、50 W、75 W、100 W、150 W、300 W 等多种规格。

内热式电烙铁：其烙铁头套在发热体的外部，使热量从内部传到烙铁头，具有热得快、加热效率高、体积小、质量轻、耗电省、使用灵巧等优点，适合于焊接小型的元器件。但由于电烙铁头温度高而易氧化变黑，烙铁芯易被摔断，且功率小，只有 20 W、35 W、50 W 等几种规格。

常用的焊料是盘丝状的空心焊锡丝，其中焊锡 51%，铅 31%，镉 18%，熔点为 140℃。焊锡丝芯内装有松香焊剂，用它焊接铜、铁等或带有锡层的金属材料比较好。铝材用一般方法不能焊接，要用特殊的方法才能焊接，最好用螺钉连接。

内热式电烙铁的发热芯与管身一并套在烙铁头的里面，外形小巧，预热率高，以功率为 20 W、30 W 的应用较多；但发热芯的可靠性比外热式要差，烙铁头的温度不便于调节，不太适合于初学者使用。外热式电烙铁的发热芯套在烙铁头的外面，结构牢固、经久耐用，热惯性大，工作时温度较为恒定，温度的调节比较方便，是目前用得最为普通的结构形式。外热式电烙铁的功率规格齐全，20~300 W 都有。若用于一般的电子线路安装焊接，有一把 20~30 W 的为主，再配一把 45~60 W 的为辅就足够了。若要安装电子管扩音机之类的中、大型设备，则应该准备一把 75 W 和一把 150 W 的电烙铁。

4. 电烙铁头

烙铁头的外形主要有直头、弯头之分。工作端的形状有锥形、铲形、斜劈形、专用特制形等。但通常在小功率电烙铁上，以使用直头锥形的为多，弯总经济师铲形（电烙铁头中的一种）的则比较适合于 75 W 以上的电烙铁。烙铁头形状的选择可以根据加工的对象和个人的习惯来决定。普通电烙铁头都是用热容比大、导热率高的纯铜（紫铜）制成。锡和铜之间有很好的亲和力，因此熔融的焊锡才会很容易被吸附在烙铁头上任由调度。然而铜和锡会生成铜锡合金，合金的熔点大低于纯铜的熔点，在电烙铁的工作温度下会局部熔解。其熔解的速度与温度成正比，在烙铁头的工作面上各点的温度不会完全一样，温度高的地方铜金属消耗快，使工作面形成凹陷。

4.1.5 手工焊接

1. 操作前检查

① 每天上班前 3~5 min 把电烙铁的电源插头插入规定的插座上，检查烙铁是否发热。如发觉不热，先检查插座是否插好；如插好还不发热，应立即向管理员汇报，不能随意拆开烙铁，更不能用手直接接触烙铁头。

② 已经氧化凹凸不平的或带钩的烙铁头应该更新，以保证良好的热传导效果以及保证被焊接物的品质。如果换上新的烙铁头，受热后应将保养漆擦掉，立即加上锡保养。烙铁的清洗要在焊锡作业前实施，如果 5 min 以上不使用烙铁，需关闭电源。用海绵清洗烙铁时，先要把海绵清洗干净，不干净的海绵中含有金属颗粒或硫都会损坏烙铁头。

③ 检查海绵是否含水和清洁，若没水，请加入适量的水（适量是指把海绵按到常态的一半厚时有水渗出。具体操作为：要求海绵全部湿润后，握在手掌心，五指自然合拢即可）。同时，海绵也要保持清洁。

④ 人体与烙铁是否可靠接地，人体是否佩戴静电环。

2. 焊接操作姿势与卫生

焊剂加热挥发出的化学物质对人体是有害的，如果操作时鼻子距离烙铁头太近，则很容易将有害气体吸入。一般烙铁离开鼻子的距离应至少不小于 30 cm，通常以 40 cm 时为宜。

手握电烙铁的姿势有 3 种，如图 4-1 所示。反握法动作稳定，长时间操作不宜疲劳，适于大功率烙铁的操作。正握法适于中等功率烙铁或带弯头电烙铁的操作。一般在操作台上焊印制板等焊件时多采用握笔法。

手握焊锡丝一般有两种姿势,如图 4-2 所示。由于焊丝成分中,铅占一定比例,众所周知铅是对人体有害的重金属,因此操作时应戴手套或操作后洗手,避免食入。

使用电烙铁要配置烙铁架,一般放置在工作台右前方,电烙铁用后一定要稳妥放置在烙铁架上,并注意导线等物不要碰烙铁头,以免被烙铁烫坏绝缘后发生短路。

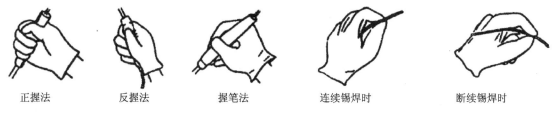

图 4-1　手握电烙铁的 3 种姿势　　图 4-2　手握焊锡丝的姿势

3. 五步工程法训练

烙铁焊接的具体操作步骤可分为五步,称为五步工程法,要获得良好的焊接质量必须严格地按五步操作。

按上述步骤进行焊接是获得良好焊点的关键之一。在实际生产中,最容易出现的一种违反操作步骤的做法就是烙铁头不是先与被焊件接触,而是先与焊锡丝接触,熔化的焊锡滴落在尚未预热的被焊部位,这样很容易产生焊点虚焊,因此烙铁头必须与被焊件接触,对被焊件进行预热是防止产生虚焊的重要手段。

如图 4-3 所示,当把焊锡融化到电烙铁头上时,焊锡丝中的焊剂伏在焊料表面。由于烙铁头温度一般都在 250~350℃以上,当烙铁放到焊点上之前,松香焊剂将不断挥发,而当烙铁放到焊点上时由于焊件温度低,加热还需一段时间,在此期间焊剂很可能挥发大半甚至完全挥发,因而在润湿过程中由于缺少焊剂而润湿不良。同时由于焊料和焊件温度差很多,结合层不容易形成,很难避免虚焊。更由于焊剂的保护作用丧失后焊料容易氧化,质量得不到保证就在所难免了。

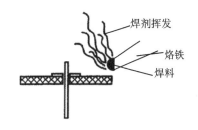

图 4-3　违反操作步骤,焊剂在烙铁上挥发

正确的五步工程法训练如图 4-4 所示。

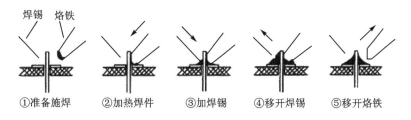

图 4-4　五步工程法训练

① 准备施焊。准备好焊锡丝和烙铁,此时特别强调的是烙铁头部要保持干净,即可以沾

上焊锡(俗称吃锡)。

② 加热焊件。将烙铁接触焊接点,注意首先要保持烙铁加热焊件各部分,例如印制板上引线和焊盘都使之受热,其次要注意让烙铁头的扁平部分(较大部分)接触热容量较大的焊件,烙铁头的侧面或边缘部分接触热容量较小的焊件,以保持焊件均匀受热。

③ 熔化焊料。当焊件加热到能熔化焊料的温度后将焊丝置于焊点,焊料开始熔化并润湿焊点。

④ 移开焊锡。当熔化一定量的焊锡后将焊锡丝移开。

⑤ 移开烙铁。当焊锡完全润湿焊点后移开烙铁,注意移开烙铁的方向应该是大致 45°的方向。

以上过程,对一般焊点而言时间为 2～3 s。对于热容量较小的焊点,例如印制电路板上的小焊盘,有时用三步法概括操作方法,即将上述步骤②、③合为一步,④、⑤合为一步。实际上细微区分还是五步,因此五步法有普遍性,是掌握手工烙铁焊接的基本方法。特别是各步骤之间停留的时间,对保证焊接质量至关重要,只有通过实践才能逐步掌握。

4. 焊接技术

焊接技术是指电子电路制作中常用的金属导体与焊锡之间的熔合。焊锡是用熔点约为183°的铅锡合金,市场上焊锡常制成条状或丝状,有的焊锡还含有松香,使用起来更为方便。

印刷电路板分单面和双面两种。在它上面的通孔,一般是非金属化的,但为了使元器件焊接在电路板上更牢固可靠,现在电子产品的印刷电路板的通孔大都采取金属化。将引线焊接在普通单面板上的方法为:

① 直通剪头。引线直接穿过通孔,焊接时使适量的熔化焊锡在焊盘上方均匀地包围沾锡的引线,形成一个圆锥体模样,待其冷却凝固后,把多余部分的引线剪去。

② 直接埋头。穿过通孔的引线只露出适当长度,熔化的焊锡把引线头埋在焊点里面。这种焊点近似半球形,虽然美观,但要特别注意防止虚焊。

5. 焊接技巧

(1)烙铁头与两被焊件的接触方式

接触位置:烙铁头应同时接触要相互连接的 2 个被焊件(如焊脚与焊盘),烙铁一般倾斜45°,应避免只与其中一个被焊件接触。当两个被焊件热容量悬殊时,应适当调整烙铁倾斜角度,烙铁与焊接面的倾斜角越小,使热容量较大的被焊件与烙铁的接触面积增大,热传导能力加强。如 LCD 拉焊时倾斜角在 30°左右,焊麦克风、电动机、扬声器等倾斜角可在 40°左右。两个被焊件能在相同的时间里达到相同的温度,被视为加热理想状态。

接触压力:烙铁头与被焊件接触时应略施压力,热传导强弱与施加压力大小成正比,但以对被焊件表面不造成损伤为原则。

(2)焊丝的供给方法

焊丝的供给应掌握 3 个要领,即供给时间、位置和数量。

供给时间:原则上是被焊件温度达到焊料的熔化温度时立即送上焊锡丝。

供给位置:应是在烙铁与被焊件之间并尽量靠近焊盘。

供给数量:应看被焊件与焊盘的大小,焊锡盖住焊盘后焊锡高于焊盘直径的 1/3 即可。

(3)焊接时间及温度设置

① 温度由实际使用决定,以焊接一个锡点 4 s 最为合适,最大不超过 8 s,平时观察烙铁

头,当其发紫时,温度设置过高。

② 若为一般直插电子料,将烙铁头的实际温度设置为 350～370℃;若为表面贴装物料 (SMC),将烙铁头的实际温度设置为 330～350℃。

③ 若为特殊物料,需要特别设置烙铁温度。FPC、LCD 连接器等要用含银锡线,温度一般在 290～310℃。

④ 当焊接大的元件引脚时,温度不要超过 380℃,但可以增大烙铁功率。

6. 焊接注意事项

➤ 焊接前应观察各个焊点(铜皮)是否光洁、氧化等。

➤ 在焊接物品时,要看准焊接点,以免线路焊接不良引起的短路。

7. 操作后检查

① 用完烙铁后应将烙铁头的余锡在海绵上擦净。

② 每天下班后必须将烙铁座上的锡珠、锡渣、灰尘等物清除干净,然后把烙铁放在烙铁架上。

③ 将清理好的电烙铁放在工作台右上角。

8. 锡点质量的评定

(1) 标准的锡点

➤ 锡点成内弧形;

➤ 锡点要圆满、光滑、无针孔、无松香渍;

➤ 要有线脚,而且线脚的长度要为 1～1.2 mm;

➤ 零件引脚外形可见锡的流散性好;

➤ 锡将整个上锡位及零件引脚包围。

(2) 不标准锡点的判定

➤ 虚焊:看似焊住其实没有焊住,主要有焊盘和引脚脏污或助焊剂和加热时间不够。

➤ 短路:有引脚零件在引脚与引脚之间被多余的焊锡所连接短路,另一种现象则因检验人员使用镊子、竹签等操作不当而导致引脚与引脚碰触短路,亦包括残余锡渣使引脚与引脚短路。

➤ 偏位:由于器件在焊前定位不准,或在焊接时造成失误导致引脚不在规定的焊盘区域内。

➤ 少锡:少锡是指锡点太薄,不能将零件铜皮充分覆盖,影响连接固定作用。

➤ 多锡:零件引脚完全被锡覆盖及形成外弧形,使零件外形及焊盘位不能见到,不能确定零件及焊盘是否上锡良好。

➤ 错件:零件放置的规格或种类与作业规定或 BOM、ECN 不符者,即为错件。

➤ 缺件:应放置零件的位置,因不正常的原因而产生空缺。

➤ 锡球、锡渣:PCB 板表面附着多余的焊锡球、锡渣,会导致细小引脚短路。

➤ 极性反向:极性方位正确性与加工要求不一致,即为极性错误。

(3) 不良焊点可能产生的原因

➤ 形成锡球,锡不能散布到整个焊盘。原因可能是烙铁温度过低,或烙铁头太小,焊盘氧化。

➤ 拿开烙铁时形成锡尖。原因可能是烙铁不够温度,助焊剂没熔化不起作用;烙铁头温度过高,助焊剂挥发掉,焊接时间太长。

- ➤ 锡表面不光滑,起皱。原因可能是烙铁温度过高,焊接时间过长。
- ➤ 松香散布面积大。原因可能是烙铁头拿得太平。
- ➤ 出现锡珠。原因可能是锡线直接从烙铁头上加入、加锡过多、烙铁头氧化、敲打烙铁。
- ➤ PCB 离层。原因可能是烙铁温度过高,烙铁头碰在板上。
- ➤ 焊接时松香已经变黑。原因可能是温度过高。

4.2 SMT 流程

电子元器件发展日新月异,从传统的直插式元器件发展到贴片元器件。这种元器件只有电极而无引线,具有体积小、耗电省、频率特性好、可靠性高以及规格齐全,便于设计、生产和安装等优点,目前已广泛应用于电子产品中,并大有取代传统的通孔式直插元器件之势。表面安装技术 SMT(Surface Mounted Technology)作为新一代电子组装技术,已经渗透到各个领域,SMT 发展迅速、应用广泛,在许多领域中已经完全取代传统的电子组装技术。SMT 将片状元器件,直接贴装在印制板铜箔上,用再流焊或其他焊接工艺焊接,从而实现了电子产品组装的高密度、高可靠、小型化、低成本,以及生产的自动化,SMT 现在已成为现代电子信息产品制造业的核心技术。目前在发达国家电子产品组装生产中,SMT 已占 80% 以上,也正在迅速成为我国的主流安装技术。现在 SMT 已广泛应用于计算机、通信、军事、工业自动化、消费类电子等领域的新一代电子产品组装生产中,成为电子工业的支柱技术。典型的 SMT 工艺过程包括焊膏印刷、贴片、焊接、清洗、检测和返修几个阶段。

4.2.1 焊膏印刷

将适量的焊膏均匀地施加在 PCB 的焊盘上,以保证贴片元器件与 PCB 相对应的焊盘在回流焊接时,达到良好的电气连接,并具有足够的机械强度。焊膏是由合金粉末、糊状焊剂和一些添加剂混合而成的具有一定黏性和良好焊接特性的膏状体。常温下,由于焊膏具有一定的黏性,可将电子元器件粘贴在 PCB 的焊盘上,在倾斜角度不是太大,也没有外力碰撞的情况下,一般元件是不会移动的,当焊膏加热到一定温度时,焊膏中的合金粉末熔融再流动,液体焊料浸润元器件的焊端与 PCB 焊盘,冷却后元器件的焊端与焊盘被焊料互连在一起,形成电气与机械相连接的焊点。焊膏印刷的原理示意图如图 4-5 所示。

施加的焊膏量要均匀,一致性要好。焊盘图形要清晰,相邻的图形之间尽量不要粘连。焊膏图形与焊盘图形要一致,尽量不要错位。在一般情况下,焊盘上单位面积的焊膏量应为 0.8 mg/mm² 左右。对窄间距元器件,应为 0.5 mg/mm² 左右。印刷在基板上的焊膏与希望重量值相比,可允许有一定的偏差,至于焊膏覆盖每个焊盘的面积应在 75% 以上。采用免清洗技术时,要求焊膏全部位于焊盘上。焊膏印刷后,应无严重塌落,边缘整齐,错位不大于 0.2 mm,对窄间距元器件焊盘,错位不大于 0.1 mm。基板表面不允许被焊膏污染。采用免清洗技术时,可通过缩小模板开口尺寸的方法,使焊膏全部位于焊盘上。

施加焊膏的方法有两种:滴涂法和金属模板印刷。滴涂法——用于极小批量生产或新产品的模型样机和性能样机的研制阶段,以及生产中修补,更换元件等。金属模板印刷——用于大中批量生产,组装密度大,以及有多引线窄间距器件的产品(窄间距器件是指引脚中心距不

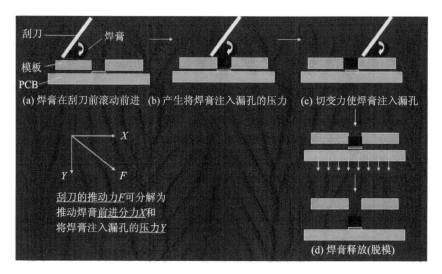

图 4 - 5　焊膏印刷原理示意图

大于 0.65 mm 的表面组装器件;也指长×宽不大于 1.6 mm×0.8 mm 的表面组装元件)。由于金属模板印刷的质量比较好,而且金属模板使用寿命长,因此一般应优先采用金属模板印刷工艺。

4.2.2　贴　片

贴片设备是 SMT 生产线中最关键的设备,通常占到整条 SMT 生产线投资的 60% 以上。该工序是用贴装机或手工将片式元器件准确的贴装到印好焊膏或贴片胶的 PCB 表面相应的位置。机器贴装适用于生产批量较大,供货周期紧张的场合,缺点是使用工序复杂,投资较大;手动贴装适用于中小批量生产或产品研发的场合,缺点是生产效率须取决于操作人员的熟练程度。人工手动贴装的主要工具有真空吸笔、镊子、IC 吸放对准器、低倍体视显微镜或放大镜等。

4.2.3　焊　接

回流焊也叫再流焊,主要应用于各类表面组装元器件的焊接。回流焊是通过重新熔化预先分配到印制板焊盘上的膏状软钎焊料,实现表面组装元器件焊端或引脚与印制板焊盘之间机械与电气连接的软钎焊。回流焊的核心环节是利用外部热源加热,使焊料熔化而再次流动浸润,完成电路板的焊接过程。回流焊接是表面贴装技术特有的重要工艺,合理的温度曲线设置是保证回流焊质量的关键。

SMT 温度曲线是指表面组装件通过回流炉时,表面组装件上的某一点的温度随时间变化的曲线,如图 4 - 6 所示。温度曲线提供了一种直观的方法,来分析某个元件在整个回流焊过程中的温度变化情况。这对于获得最佳的可焊性,避免由于超温而对元件造成损坏,以及保证焊接质量都非常有用。以下从预热区开始进行简要分析。

1. 预热阶段

该区域的目的是把室温的 PCB 尽快加热,以达到第二个特定目标,但升温速率要控制在适当范围以内,如果过快,会产生热冲击,电路板和元件都可能受损;过慢,则溶剂挥发不充分,

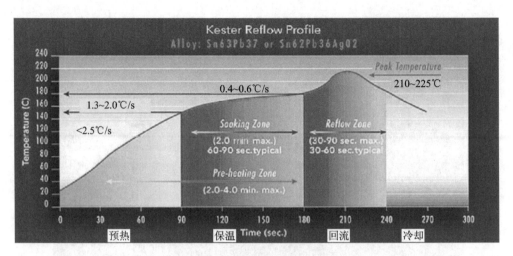

图4-6 回流焊炉温度控制曲线

影响焊接质量。由于加热速度较快,在温区的后段SMA(一种典型的微波高频连接器)内的温差较大。为防止热冲击对元件的损伤,一般规定最大速度为4℃/s。然而,通常上升速率设定为(1~3)℃/s。典型的升温速率为2℃/s。

2. 保温阶段

保温段是指温度从120~150℃升至焊膏熔点的区域。其主要目的是使SMA内各元件的温度趋于稳定,尽量减少温差。在这个区域里给予足够的时间使较大元件的温度赶上较小元件,并保证焊膏中的助焊剂得到充分挥发。到保温段结束,焊盘、焊料球及元件引脚上的氧化物被除去,整个电路板的温度达到平衡。

3. 回流阶段

在这一区域里加热器的温度设置得最高,使组件的温度快速上升至峰值温度。在回流段其焊接峰值温度视所用焊膏的不同而不同,一般推荐为焊膏的熔点温度加20~40℃。对于熔点为183℃的63Sn/37Pb焊膏和熔点为179℃的Sn62/Pb36/Ag2焊膏,峰值温度一般为210~230℃,回流时间不要过长,以防对SMA造成不良影响。理想的温度曲线是超过焊锡熔点的"尖端区"覆盖的面积最小。

4. 冷却阶段

这段中焊膏内的铅锡粉末已经熔化并充分润湿被连接表面,应该用尽可能快的速度来进行冷却,这样将有助于得到明亮的焊点并有好的外形和低的接触角度。缓慢冷却会导致电路板的更多分解而进入锡中,从而产生灰暗毛糙的焊点。在极端的情形下,它能引起沾锡不良和减弱焊点结合力。冷却段降温速率一般为3~10℃/s,冷却至75℃即可。

另外,清洗是指将组装好的PCB板上面对人体有害的焊接残留物如助焊剂等除去,所用的设备为清洗机。检测是指对组装好的PCB板进行焊接质量和装配的检测。所用的设备有放大镜、显微镜、在线测试仪(ICT)、飞针测试仪、自动光学检测(AOI)、X-RAY检测系统、功能测试仪等。返修是指对检测出现故障的PCB板进行返工,返回到返修工作站。

4.2.4　SMT 生产中的静电防护技术

1. 静电及其危害

静电是一种电能,它存留于物体表面,是正负电荷在局部范围内失去平衡的结果,是通过电子或离子的转换而形成的。静电现象是电荷在产生和消失过程中产生的电现象的总称,如摩擦起电、人体起电等现象。

随着科技发展,静电现象已在静电喷涂、静电纺织、静电分选、静电成象等领域得到广泛的应用。但在另一方面,静电的产生在许多领域会带来重大危害和损失。例如在第一个阿波罗载人宇宙飞船中,由于静电放电导致爆炸,使 3 名宇航员丧生;在火药制造过程中由于静电放电(ESD),爆炸伤亡的事故时有发生。在电子工业中,随着集成度越来越高,集成电路的内绝缘层越来越薄,互连导线宽度与间距越来越小,例如 CMOS 器件绝缘层的典型厚度约为 0.1 μm,其相应耐击穿电压在 80~100 V;VMOS 器件的绝缘层更薄,击穿电压在 30 V。而在电子产品制造中以及运输、存储等过程中所产生的静电电压远远超过 MOS 器件的击穿电压,往往会使器件产生硬击穿或软击穿(器件局部损伤)现象,使其失效或严重影响产品的可靠性。

2. 静电敏感器件

在生产中,人们常把对静电反应敏感的电子器件称为静电敏感器件 SSD(Static, Sensitive Device),这类电子器件主要是指超大规模集成电路,特别是金属氧化膜半导体(MOS)器件。各种 SSD 能承受的静电能力与器件的尺寸、结构和材料有关。表 4-3 列出了部分 SSD 器件能承受而不致损坏的静电的极限电压值,此极限电压值也称为静电敏感度。

表 4-3　部分 SSD 静电敏感度

序　号	器件类型	静电敏感度/V	备　注
1	VMOS	30~1 800	
2	HMOS	50~500	
3	MOSFET	100~200	
4	GQASFET	100~300	
5	E/DMOS	200~1 000	
6	CMOS/NMOS/PMOS	250~2 000	有保护网络
7	JFET	140~1 000	
8	ECL	300~2 500	极耦合逻辑电路
9	OP-AMP	190~2 500	
10	微波肖特基二极管	300~1 000	
11	SCL	680~1 000	可控硅
12	S-TTL	300~2 500	
13	DTL	380~7 000	
14	膜式电阻	300~3 000	
15	石英及压电晶体	<10 000	

SSD 的分级方法有多种,现介绍国家军用标准《电子产品防静电放电控制大纲》的分级方法。静电敏感度介于 0~1 999 V 的元器件为 1 级;介于 2 000~3 999 V 的元器件为 2 级;介于 4 000~15 999 V 的为 3 级;静电敏感度为 16 000 V 或 16 000 V 以上的元器件、组件和设

备被认为是非静电敏感产品。表 4-4 是按元器件类型列出的 SSD 的分级表。

表 4-4　SSD 分级表

级别和静电敏感度范围/V	元器件类型
1 级 0～1 999	微波器件(肖特基势垒二极管、点接触二极管等) 离散型 MOSFET 器件 声表面波(SAW)器件 结型场效应晶体管(JEFTs) 电耦合器件(CCDs) 精密稳压二极管(加载电压稳定度＜0.5%) 运算放大器(OPAMPs) 薄膜电阻器 MOS 集成电路(IC) 使用 1 级元器件的混合电路 超高速集成电路(UHCSI) 可控硅整流器
2 级 200～3 999	由试验数据确定为 2 级的元器件和微电路 离散型 MOSFET 结型场效应晶体管(JEFTs) 运算放大器(OPAMPs) 集成电路(IC) 超高速集成电路(UHCSI) 精密电阻网络(RZ) 使用 2 级元器件的混合电路 低功率双极型晶体管
3 级 4 000～15 999	由试验数据确定为 3 级的元器件和微电路 离散型 MOSFET 器件 运算放大器(OPAMPs) 集成电路(IC) 超高速集成电路(UHCSI) 不包括 1 级或 2 级中的其他微电路 小信号二极管 硅整流器 低功率双极型晶体管 光电器件 片状电阻器 使用 3 级元器件的混合电路 压电晶体

3. 静电源

① 人体活动产生的静电电压为 0.5～2 kV。另外空气湿度对静电电压影响很大,若在干燥环境中还要上升一个数量级。

② 化纤或棉制工作服与工作台面、坐椅摩擦时,可在服装表面产生 6 000 V 以上的静电电压,并使人体带电,此时与器件接触时,会导致放电,容易损坏器件。

③ 橡胶或塑料鞋底的绝缘电阻高达 10^{13} Ω,当与地面摩擦时产生静电,并使人体带电。

④ 树脂、漆膜、塑料膜封装的器件放入包装中运输时,器件表面与包装材料摩擦能产生几百伏的静电电压,对敏感器件放电。

⑤ 用 PP(聚丙烯)、PE(聚乙烯)、PS(聚内乙烯)、PVR(聚胺酯)、PVC 和聚酯、树脂等高分子材料制作的各种包装、料盒、周转箱、PCB 架等都可能因摩擦、冲击产生 1~3.5 kV 静电电压,对敏感器件放电。

⑥ 普通工作台面,受到摩擦产生静电。

⑦ 混凝土、打蜡抛光地板、橡胶板等绝缘地面的绝缘电阻高,人体上的静电荷不易泄漏。

⑧ 电子生产设备和工具方面:例如电烙铁、波峰焊机、再流焊炉、贴装机、调试和检测等设备内的高压变压器、电路都会在设备上感应出静电。如果设备静电泄放措施不好,都会引起敏感器件在制造过程中失效。烘箱内热空气循环流动与箱体摩擦、CO_2 低温箱冷却箱内的 CO_2 蒸气均会可产生大量的静电荷。

⑨ 空气流动,空气和其他物体的摩擦都会产生静电。

4. 静电防护原理及方法

电子产品制造中,不产生静电是不可能的。产生静电不是危害所在,其危害所在于静电积聚以及由此产生的静电放电。因此,静电防护的核心是"静电消除"。

(1)静电防护原理

① 对可能产生静电的地方要防止静电积聚,采取措施使静电保持在安全范围内。

② 对已经存在的静电积聚迅速消除掉,即时释放。

(2)静电防护方法

① 使用防静电材料:金属是导体,因导体的漏放电流大,会损坏器件。另外由于绝缘材料容易产生摩擦起电,因此不能采用金属和绝缘材料作为防静电材料;而是采用表面电阻 $1×10^5$ Ω·cm 以下的所谓静电导体,以及表面电阻 $1×10^5$~$1×10^8$ Ω·cm 的静电亚导体作为防静电材料。例如常用的静电防护材料是在橡胶中混入导电炭黑来实现,将表面电阻控制在 $1×10^6$ Ω·cm 以下。

② 泄漏与接地:对可能产生或已经产生静电的部位进行接地,提供静电释放通道。采用埋大地线的方法建立"独立"地线,使地线与大地之间的电阻小于 10 Ω。

静电防护材料接地方法:将静电防护材料(如工作台面垫、地垫、防静电腕带等)通过 1 MΩ 的电阻接到通向独立大地线的导体上。串接 1 MΩ 电阻是为了确保对地泄放小于 5 mA 的电流,称为软接地。设备外壳和静电屏蔽罩通常是直接接地,称为硬接地。

③ 导体带静电的消除:导体上的静电可以用接地的方法使静电泄漏到大地。放电体的电压与释放时间可用下式表示:

$$U_T = U_0 L_1 / RC$$

式中,U_T 为 T 时刻的电压(V);U_0 为起始电压(V);R 为等效电阻(Ω);C 为导体等效电容(pF);L_1 为电感。

一般要求在 1 s 内将静电泄漏,即 1 s 内将电压降至 100 V 以下的安全区。这样可以防止泄漏速度过快、泄漏电流过大对 SSD 造成损坏。若 $U_0 = 500$ V,$C = 200$ pF,想在 1 s 内使 U_T 达到 100 V,则要求 $R = 1.28×10^9$ Ω。因此静电防护系统中通常用 1 MΩ 的限流电阻,将泄放电流限制在 5 mA 以下,这是为操作安全设计的。如果操作人员在静电防护系统中,不小心触及到 220 V 工业电压,也不会带来危险。

④ 非导体带静电的消除:对于绝缘体上的静电,由于电荷不能在绝缘体上流动,因此不能用接地的方法消除静电。但可采用以下措施:

> 使用离子风机。离子风机产生正、负离子,可以中和静电源的静电,可设置在空间和贴装机贴片头附近。

> 使用静电消除剂。静电消除剂属于表面活性剂。可用静电消除剂擦洗仪器和物体表面,能迅速消除物体表面的静电。

> 控制环境湿度。增加湿度可提高非导体材料的表面电导率,使物体表面不易积聚静电,例如北方干燥环境可采取加湿通风的措施。

> 采用静电屏蔽。对易产生静电的设备可采用屏蔽罩(笼),并将屏蔽罩(笼)有效接地。

⑤ 工艺控制法:为了在电子产品制造中尽量少的产生静电,控制静电荷积聚,对已经存在的静电积聚迅速消除掉,即时释放,应从厂房设计、设备安装、操作、管理制度等方面采取有效措施。

5. 静电防护器材

人体防静电系统包括防静电腕带、工作服、帽、手套、鞋、袜等。防静电地面包括防静电水磨石地面、防静电橡胶地面、PVC 防静电塑料地板、防静电地毯、防静电活动地板等。

6. 静电测量仪器

① 静电场测试仪:用于测量台面、地面等表面电阻值。平面结构场合和非平面场合要选择不同规格的测量仪。

② 腕带测试仪:测量腕带是否有效。

③ 人体静电测试仪:用于测量人体携带的静电量,人体双脚之间的阻抗,测量人体之间的静电差,腕带、接地插头、工作服等是否防护有效。测试仪还可以作为入门放电仪器,把人体静电隔在车间之外。

④ 兆欧表:用于测量所有导电型、抗静电型及静电泄放型表面的阻抗或电阻。

7. 电子产品制造中防静电技术指标要求

① 防静电地极接地电阻<10 Ω。

② 地面或地垫:表面电阻值 $10^5 \sim 10^{10}$ Ω;摩擦电压<100 V。

③ 墙壁:电阻值 $5 \times 10^4 \sim 10^9$ Ω。

④ 工作台面或垫:表面电阻值 $10^6 \sim 10^9$ Ω;摩擦电压<100 V。

⑤ 对地系统电阻 $10^6 \sim 10^8$ Ω。

⑥ 工作椅面对脚轮电阻 $10^6 \sim 10^8$ Ω。

⑦ 工作服、帽、手套摩擦电压<300 V;鞋底摩擦电压<100 V。

⑧ 腕带连接电缆电阻 1 MΩ;佩戴腕带时系统电阻 $1 \sim 10$ MΩ。

⑨ 脚跟带(鞋束)系统电阻 $0.5 \times 10^5 \sim 10^8$ Ω。

⑩ 物流车台面对车轮系统电阻 $10^6 \sim 10^9$ Ω。

⑪ 料盒、周转箱、PCB 架等物流传递器具——表面电阻值 $10^3 \sim 10^8$ Ω;摩擦电压<100 V。

⑫ 包装袋(盒)——摩擦电压<100 V。

⑬ 人体综合电阻 $10^6 \sim 10^8$ Ω。

8. 电子产品制造中防静电措施及静电作业区(点)的一般要求

SMT 生产设备必须接地良好,贴装机应采用三相五线制(两根零线)接地法并独立接地。生产场所的地面、工作台面垫、坐椅等均应符合防静电要求。车间内保持恒温、恒湿的环境,应配备防静电料盒、周转箱、PCB 架、物流小车、防静电包装袋、防静电腕袋、防静电烙铁及工具等设施。

① 根据防静电要求设置防静电区域,并有明显的防静电警示标志。按作业区所使用器件的静电敏感程度分成 1、2、3 级,根据不同级别制订不同的防护措施。

1 级静电敏感程度范围:0~1 999 V;

2 级静电敏感程度范围:2 000~3 999 V;

3 级静电敏感程度范围:4 000~15 999 V;

16 000 V 以上是非静电敏感程产品。

② 静电安全区(点)的室温为(23±3)℃,相对湿度为 45%~70%RH,禁止在低于 30%湿度的环境内操作 SSD(静电敏感元器件)。

③ 定期测量地面、桌面、周转箱等表面电阻值。

④ 静电安全区(点)的工作台上禁止放置非生产物品,如餐具、茶具、提包、毛织物、报纸、橡胶手套等。

⑤ 工作人员进入防静电区域,需放电。操作人员进行操作时,必须穿工作服和防静电鞋、袜,每次上岗操作前必须进行静电防护安全性检查,合格后才能生产。

⑥ 操作时要佩戴防静电腕带,每天测量腕带是否有效。

⑦ 测试 SSD 时应从包装盒、管、盘中取一块,测一块,放一块,不要堆在桌子上。经测试不合格器件应退库。

⑧ 加电测试时必须遵循加电和去电顺序:低电压→高电压→信号电压的顺序进行。去电顺序与此相反。同时注意电源极性不可颠倒,电源电压不得超过额定值。

⑨ 检验人员应熟悉 SSD 的型号、品种、测试知识,了解静电保护的基本知识。

9. 静电敏感元器件(SSD)运输、存储、使用要求

① SSD 运输过程中不得掉落在地,不得任意脱离包装。

② 存放 SSD 的库房相对湿度:30%~40%RH。

③ SSD 存放过程中保持原包装,若须更换包装,要使用具有防静电性能的容器。

④ 库房里,在放置 SSD 器件的位置上应贴有防静电专用标签。

⑤ 发放 SSD 器件时应用目测的方法,在 SSD 器件的原包装内清点数量。

⑥ 对 EPROM 进行写、擦及信息保护操作时,应将写入器/擦除器充分接地,要带防静电手镯。

⑦ 装配、焊接、修板、调试等操作人员都必须严格按照静电防护要求进行操作。

⑧ 测试、检验合格的印制电路板在封装前应用离子喷枪喷射一次,以消除可能积聚的静电荷。

10. 防静电工作区的管理与维护

① 制订防静电管理制度,并有专人负责。

② 备用防静电工作服、鞋、手镯等个人用品,以备外来人员使用。

③ 定期维护、检查防静电设施的有效性。

④ 腕带每周(或天)检查一次。

⑤ 桌垫、地垫的接地性和静电消除器的性能每月检查一次。

⑥ 防静电元器件架、印制板架、周转箱和运输车、桌垫、地垫的防静电性能每 6 个月检查一次。

思考题

1. 元件焊接方式有哪些?

2. 简述手工焊接的原理。

3. 手工焊接的常见工具有哪些?

4. 简述电烙铁的分类和使用的注意事项。

5. 常用的焊料和助焊剂有哪些?

6. 简述手工焊接的步骤和注意事项。

7. 简述手工焊接的技巧。

8. 如何评价焊点质量的优劣?

9. SMT 是什么含义?

10. 在 SMT 生产中怎样进行静电防护?

11. 静电防护方法有哪些?

12. 电子产品制造中防静电措施及静电作业区(点)的一般要求是什么?

第5章 电子装配工艺

电子装配是将电子产品的各个模块进行组装,实现一个完整产品的过程。本章主要对电子产品的装配工艺进行介绍,包括:

- 工艺文件,主要包括工艺文件的作用、编制方法、填写方法等。
- 电子设备组装工艺,包括电子设备组装的内容和方法以及组装工艺的发展等。
- 印制电路板的插装,包括元器件的加工、印制电路板装配图以及印制电路板组装的工艺流程等。
- 连接工艺,主要介绍了整机组装过程中的连接方式,如压接、胶接等。
- 整机总装质量的检测,主要包括外观检查、性能检查、出厂试验等。

通过本章的学习,读者可以熟悉基本的电子产品的组装工艺。

5.1 工艺文件

5.1.1 工艺文件的作用

在新产品试制工作中,编制工艺方案是进行工艺准备的总纲,是进行设计工作的指导性文件。在企业中,工艺文件是非常重要的,它是组织生产、指导操作、保证产品质量的重要手段和法规。为此,编制的工艺文件应该正确、完整、统一、清晰。工艺文件的主要作用如下:

① 组织生产,建立生产秩序;
② 指导技术,保证产品质量;
③ 编制生产计划,考核工时定额;
④ 调整劳动组织;
⑤ 安排物资供应;
⑥ 管理工具、工装、模具;
⑦ 进行经济核算的依据;
⑧ 巩固工艺纪律;
⑨ 产品转厂生产时的交换资料;
⑩ 各厂之间进行资料交流。

5.1.2 工艺文件的编制方法

编制工艺文件应以保证产品质量、稳定生产为原则,可按如下方法进行:

① 仔细分析设计文件的技术条件、技术说明、原理图、安装图、接线图、线扎图及有关的零、部件图等,将这些图中的安装关系与焊接要求仔细弄清楚,必要时对照一下定型样机。

② 编制时先考虑准备工序,如各种导线加工处理,线把扎制,地线成形,器件焊接浸锡,各种组合件的焊装,电缆制作,印标记等,编制出准备工序的工艺文件。凡不适合直接在流水线

上装配的元器件,可安排在准备工序进行装配。

③ 接下来考虑总装的流水线工序,先确定每个工序的工时,然后确定需要用几个工序,要仔细考虑流水线各工序的平衡性。另外,仪表设备、技术指标、测试方法也要在工艺文件上反映出来。

④ 编制工艺文件的要求如下:

➢ 编制工艺文件要做到准确、简明、统一、协调,并注意吸收先进技术,选择科学、可行、经济效果最佳的工艺方案;

➢ 工艺文件中所采用的名词、术语、代号、计量单位要符合现行国标或部标规定,书写要采用国家正式公布的简化字,字体要清晰;

➢ 工艺附图要按比例绘制,并注明完成工艺过程所需要的数据和技术要求;

➢ 尽量引用部门能用到的技术条件、工艺细则及企业的标准工艺规程,最大限度地采用工装或专用工具、测试仪器和仪表;

➢ 易损或用于调整的零件,元器件要有一定的备件,并需要注明产品存放,传递过程中必须遵循的安全措施与使用的工具设备;

➢ 编制关键文件和关键工序重要零、部件的工艺规程时,要指出准备内容和装连方法。

5.1.3　工艺文件格式填写方法

工艺文件是一个产品组装的关键文件,因此制作时必须详细、清楚。一个产品的全套工艺文件可能是一本长达 100～200 页的手册,简单的产品根据其内容也可以编出 20～30 页出来。工艺文件一般要包括下面的一些内容:

① 工艺文件封面。指为产品的全套工艺文件或部分工艺文件装订成册的封面。在工艺文件的封面上,可以看到产品型号、名称,工艺文件的主要内容以及册数、页数等内容。

② 工艺文件目录。在工艺文件目录中,可以查阅每一种组件、部件和零件所具有的各种工艺的名称、页数和装订的册次,它是归挡时检查工艺文件是否成套的依据。

③ 工艺路线表。工艺路线表是生产计划部门作为车间分工和安排生产计划的依据,也是作为编制工艺文件分工的依据。在工艺路线表中可以看到产品的零件、部件、组件等由毛坯准备到成品包装的过程,在工厂内顺序流经的部门及各部门所承担的工序,并列出零件、部件、组件的装入关系内容。

④ 元器件工艺表。元器件工艺表是用来对新购进的元器件进行预处理加工的汇总表,其目的是为了提高插装的装配效率和适应流水线生产的需要。

⑤ 导线加工工艺表。导线加工工艺表中列出为整件产品或分机内部的电路连接所应准备的各种各样的导线和扎线等线缆用品。在导线加工工艺表中可以看到导线剥头尺寸、焊接去向等内容。

⑥ 配套明细表。配套明细表是用来说明整件或部件装配时所需要的各种器件,以及器件的种类、型号、规格及数量。在配套明细表中可以看出一个整件或部件是由哪些元器件和结构件构成。

⑦ 装配工艺过程。装配工艺过程是用来说明整件的机械性装配和电气连接的装配工艺全过程。在组装工艺过程中可以看到具体器件的装配步骤与工装设备等内容。

⑧ 工艺说明及简图。工艺说明及简图是用来表达其他文件格式难以表达清楚且重要和

复杂的工艺,也可以用于对某一具体零件、部件、整件。

5.2　电子设备组装工艺

5.2.1　概　述

1. 电子设备组装内容

电子设备组装内容主要有以下几个方面:

➢ 单元电路的划分;

➢ 元器件的布局;

➢ 元件、部件、结构的安装;

➢ 整机连装。

2. 电子设备组装级别

在组装过程中,根据组装单位的大小、尺寸、复杂程度和特点的不同,将电子设备的组装分成不同的等级。电子设备的组装级别如表 5 - 1 所列。

表 5 - 1　电子设备的组装级别

组装级别	特　点
第 1 级(元件级)	组装级别最低,结构不可分割。主要为通用电路元器件、分立元器件、集成电路等
第 2 级(插件级)	用于组装和互连第 1 级元器件。例如,装有元器件的电路板及插件
第 3 级(插箱板级)	用于安装和互连第 2 级组装的插件或印制电路板部件
第 4 级(箱柜级)	通过电缆及连接器互连第 2、3 级组装,构成独立的有一定功能的设备

5.2.2　电子设备组装的内容和方法

1. 组装特点

电子产品属于技术密集型产品,组装电子产品有如下主要特点:

① 组装工作是由多种基本技术构成的,如元器件的筛选与引线成形技术、线材加工处理技术、焊接技术、安装技术、质量检验技术等。

② 装配质量在很多情况下是难以定量分析的,如对于刻度盘、旋钮等装配质量多以手感和目测来鉴定和判断。因此,掌握正确的安装操作是十分必要的。

③ 装配者必须进行训练和挑选,否则由于知识缺乏和技术水平不高,就可能生产出次品。而一旦混入次品,就不可能百分百地被检查出来。

2. 组装方法

电子设备的组装不但要按一定的方案进行,而且在组装过程中也有不同的方法可供采用,具体方法如下:

① 功能法。功能法是将电子设备的一部分放在一个完整的结构部件内,去完成某种功能的方法。此方法广泛用在真空器件的设备上,也适用于以分立元件为主的产品或终端功能部件上。

② 功能组件法。这是兼顾功能法和组件法的特点,制作出既保证功能完整性又有规范化的结构尺寸的组件。

5.2.3　组装工艺技术的发展

随着新材料、新器件的大量涌现,必然会促使组装工艺技术有新的进展。目前,电子工业产品组装技术的发展具有如下特点:

① 连接工艺的多样化。在电子产品中,实现电气连接的工艺主要是手工和机器焊接。但如今,除焊接外,压接、绕接、胶接等连接工艺也越来越受到重视。压接可用于高密度接线端子的连接,如金属或非金属零件的连接,采用导电胶也可实现电气连接。

② 连接设备的改进。采用手动、电动、气动成形机或集成电路引线成形模具等小巧、精密、专用的工具和设备,使组装质量有了可靠的保证。采用专用剥线钳或自动剥线捻线机来对导线端头进行处理,可克服伤线和断线等缺陷。采用结构小巧、温度可控的小型焊料槽或超声波搪锡机,提高了搪锡质量,同时也改善了工作环境。

③ 检测技术的自动化。采用可焊接性测试来对焊接质量进行自动化检测,它预先测定引线可焊接性水平,达到要求的元器件才能够安装焊接。采用计算机控制的在线测试仪对电气连接的检查,可以根据预先设置的程序,快速正确地判断连接的正确性和装连后元器件参数的变化。避免了人工检查效率低、容易出现错检或漏检的缺点。采用计算机辅助测试(CAT)来进行整机测试,测试用的仪器仪表已大量使用高精度、数字化、智能化产品,使测试精度和速度大大提高。

④ 焊接材料新技术的应用。目前在焊接材料方面,采用活性氢化松香焊丝代替传统使用的普通松香焊锡丝;在波峰焊和搪锡方面,使用了高氧化焊料;在表面防护处理上,采用喷涂501-3聚氨酯绝缘清漆及其他绝缘清漆工艺;在连接方面,使用氟塑料绝缘导线、镀膜导线等新型连接导线,这些对提高电子产品的可靠性和质量起了极大的作用。

5.2.4　整机装配工艺过程

整机组装的过程因设备的种类、规模不同,其构成也有所不同,但基本过程大同小异,具体如下:

① 准备。装配前对所有装配件、紧固件等从配套数量和质量合格两个方面进行检查和准备,同时做好整机装配及调试的准备工作。在该过程中,元器件分类是极其重要的。处理好这一工作是避免出错和迅速装配高质量产品的首要条件。在大批量生产时,一般多用流水作业法进行装配,元器件的分类也应落实到各装配工序。

② 安装焊接。包括各种部件的安装、焊接等内容,也包括即将介绍的各种工艺。都应在装连环节中加以实施应用。

③ 调试。调试整机包括调试和测试两部分,各类电子整机在总装完成后,一般最后都要经过调试,才能达到规定的技术指标要求。

④ 检验。整机检验应遵照产品标准(或技术条件)规定的内容进行。通常有生产过程中生产车间的交收试验、新产品的定性产品的定期试验(又称例行试验)。其中例行试验的目的,主要是考核产品质量和性能是否稳定正常。

⑤ 包装。包装是电子产品总装过程中保护和送货产品及促进销售的环节。电子产品的

包装,通常着重于方便运输和储存两个方面。

⑥ 入库。入库或出产合格的电子产品经过合格的论证,就可以入库储存或直接出厂,从而完成整个总装过程。

5.3　印制电路板的插装

5.3.1　元器件加工(成形)

① 元器件安装的方法。元器件的安装方式分为卧式和立式两种,卧式安装美观、牢固、散热条件好、检查辨认方便;立式安装节省空间,结构紧凑,只在印制电路板安装面积受限,不得已时才采用,有些元器件本来为直插型的另当别论。

② 元器件引脚成形的要求。

➢ 成形尺寸要准确,形状应符合要求,以便后续的插入工作能顺利进行。

➢ 成形后的元器件其标注面应向上、向外,使得整机美观,便于检修。

➢ 成形时不能损坏元器件,不能刮伤其收脚的表面镀层,不能让元器件的引脚受到轴向拉力和额外的扭力,弯折点离引脚根部要保持一定的距离。

③ 元器件引脚成形的方法。元器件的引脚成形可以采用模具手工成形或专用设备成形。引脚成形的模具加工元器件的引脚一致性好,现在有些工厂已采用专用设备,这种专用设备比手工模具成形的生产效率高,但成本也高。元器件引脚成形的方式如图 5-1 所示。

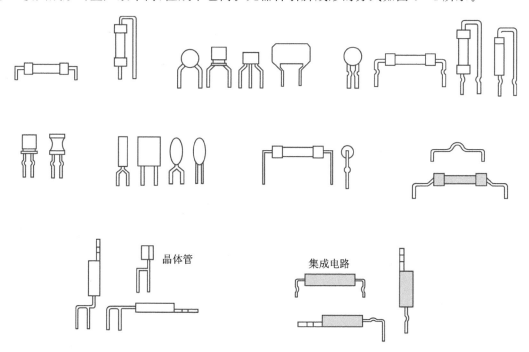

图 5-1　元器件引脚成形

对于有些元器件的引脚成形不使用模具时,可以用尖嘴钳加工,这时最好把长尖嘴钳钳口的一侧加工成圆弧形,以防止成形时损伤引脚。使用尖嘴钳加工引脚的过程如图 5-2 所示。

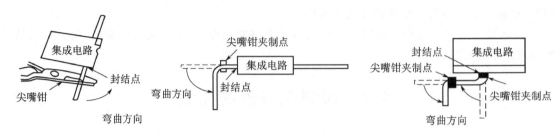

图 5 - 2　使用尖嘴钳加工引脚

5.3.2　印制电路板装配图

印制电路板装配图俗称印制电路板,是表示各元器件及零部件、整件与印制电路板连接关系的图纸,是用于装配焊接印制板的工艺图样。它能将电路原理图和整块电路板之间沟通起来。

读印制电路板装配图时需要注意以下几个问题。

① 印制电路板上的元器件一般用图形符号表示,有时也用简化的外形轮廓表示,但此时都标有与装配方向有关的符号、代号和文字等。

② 印制电路板都在正面给出铜箔连线情况。反面只用元器件符号和文字表示,一般不印制导线,如果要求表示出元器件的位置与印制导线的连接情况时,则用虚线画出印刷导线。

③ 大面积铜箔是地线,且印制电路板上的地线是相通的。开关件的金属外壳也是地线。

④ 对于变压器等元器件,除在装配图上表示位置外,还标有引线的编号或引线套管的颜色。

⑤ 印制电路板装配图上用实心圆点画出的穿线孔需要焊接,用空心圆画出的穿线孔则不需要焊接。

另外,在元器件组装时,应按照印制电路板装配图从其反面(胶木板一面)把对应的元器件插入穿线孔内,然后翻到铜箔一面焊接元器件引线。

5.3.3　印制电路板组装工艺流程

按照工艺说明文件中给出的印制板及元器件分布图,在组装中一般进行如下操作:

① 元器件安装过程:元器件整形→元器件插装→元器件引线焊接。

② 元器件安装顺序:应按照从小到大、从低到高的顺序进行装配。

5.4　连接工艺和整机总装

5.4.1　连接工艺

电子整机装配过程中,连接方式是多种多样的。除了焊接之外,还有压接、绕接、胶接、螺纹连接等。在这些连接中,有的是可拆的,有的是不可拆的。

连接的基本要求是:牢固可靠,不损坏元器件、零部件或材料,避免碰坏元器件或零部件涂敷层,不破坏元器件的绝缘性能,连接的位置要正确。

1. 压　接

压接是借助较高的挤压力和金属位移,使连接器触脚或端子与导线实现连接的方法。压接的操作方法是使用压接钳,将导线端头放入压接触脚或端头焊片中,用力压紧即获得可靠的连接。压接触脚和焊片是专门用来连接导线的器件,有多种规格可供选择,相应的也有多种专用的压接钳。

压接分冷压接与热压接两种,目前以冷压接使用较多。压接技术的特点是:操作简便,适应各种环境场合,成本低,无任何公害和污染;存在的不足是:压接点的接触电阻较大,因操作者的施力不同,质量不够稳定。很多接点不能用压接方法。

2. 绕　接

绕接是将单股芯线用绕接枪高速绕到带棱角(菱形、方形或矩形)的接线柱上的电气连接方法。

由于绕线枪的转速很高(约 3 000 r/min),使导线在接线柱的棱角上产生压力和摩擦,并能破坏其几何形状,出现表面高温而使两金属表面相互扩散产生化合物结晶。

绕接用的导线一般采用单股硬质绝缘线,芯线直径为 0.25～1.3 mm。为保证连接性能良好,接线柱最好镀金或银,绕接的匝数应不少于 5 圈(一般在 5～8 圈)。绕接方式有绕接和捆接两种。

绕接的特点是:可靠性高,失效率极小,无虚、假焊;接触电阻小,只有 1 mΩ,仅为锡焊的 1/10;抗震能力比锡焊大 40 倍;无热损伤,成本低,操作简单,易于熟练掌握。其不足之处是:导线剥线头长,需要专用设备。

目前,绕接主要应用在大型高可靠性电子产品的机内互连中。为了确保可靠性,可将有绝缘层的导线再绕 1～2 圈,并再绕接到线头、尾各锡焊一点。

3. 胶　接

用胶黏剂将零部件粘在一起的安装方法,属于不可卸载连接。其优点是工艺简单不需专用的工艺设备,生产效率高、成本低。

在电子设备的装连中,胶接广泛用于小型元器件的固定,不便于螺纹装配、铆接装配的零件,以及防止螺纹松动和有气密性要求的场合。

① 胶接的一般的工艺过程有:表现处理、配胶、涂胶、固化、检验等步骤。在第一步"表面处理"中,粘接表面粗糙化之后还应用汽油或酒精擦拭,以除去油脂、水分、杂物,确保胶黏剂能润湿胶接表面,增强胶接效果。在第四步"固化"中,应注意以下几点:

➢ 涂胶后的胶接件,必须用夹具夹住,以使胶层紧密黏合;
➢ 为了保证胶接面上的胶层厚度均匀,外加压力要分步均匀;
➢ 凡需要加温固化的胶接件,升温不可过快,否则胶黏剂内多余的溶剂来不及逸出,会使胶层内含有大量的气泡,影响胶接效果;
➢ 在固化过程中不允许移动胶接件;
➢ 加热固化后的胶接件要慢慢降温,不允许在高温下直接取出,急剧降温会引起胶接件变形,而使胶接面被破坏。

② 几种常用胶黏剂。胶接质量的好坏,主要取决于胶黏剂的性能。几种常用胶黏剂的性能特点及用途如下。

➢ 聚丙烯酸酯胶:渗透性好、粘接快,但接头韧性差、不耐热。

➤ 聚氯乙烯胶：固化快,不需要加压、加热。

➤ 222 厌氧性密封胶：定位固接速度快,渗透性好,有一定的胶接力和密封性。拆除后不影响胶接件原有性能。

➤ 环氧树脂胶：具有耐热、耐碱、耐潮、耐冲击等特点。

除了以上介绍的几种胶黏剂外,还有其他许多各种性能的胶黏剂,例如导电胶、导磁胶、导热胶、压敏胶等,其特点与应用可查有关资料。

4. 螺纹连接

在电子设备组装中,广泛采用可拆卸式螺纹连接。这种连接一般是用螺钉、螺栓、螺母等紧固件,把各种零部件或元器件连接起来。

其优点是连接可靠,装拆方便,可方便地调节零部件的位置。缺点是用力集中,安装薄板或易损件时容易变形或压裂;在震动或冲击严重的情况下,螺纹容易松动,装配时要采取防松动和止动措施。

① 螺纹的种类和用途。螺纹的种类较多,常采用的有以下几种:

➤ 牙型角 60°的公制螺纹。公制螺纹又分为粗牙螺纹和细牙螺纹。粗牙螺纹是螺纹连接的主要形式。细牙螺纹比同一直径的粗牙螺纹强度高,自锁可靠,常用于电位器、旋钮开关等薄形螺母的螺纹连接。

➤ 右旋/左旋螺纹。电子设备组装一般使用右螺纹。

② 螺纹连接的形式。螺纹连接形式有螺栓、螺钉、和双头螺栓 3 种连接,其特点与应用如图 5-3 所示。

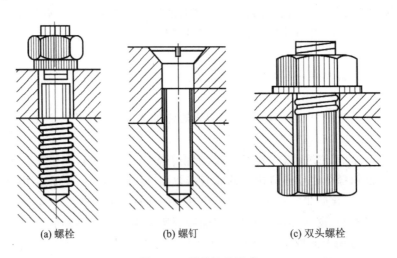

(a) 螺栓　　　　　　　(b) 螺钉　　　　　　　(c) 双头螺栓

图 5-3　螺纹连接形式

③ 螺纹连接工具选用。

➤ 螺纹旋具：用于紧固和拆卸的工具,有"一字槽"和"十字槽"两大类。在装配线上还大量应用"一字槽"和"十字槽"气动旋钉旋具,不同规格与尺寸主要表现在旋柄的长度与刃口的宽度上,可根据自身要求进行选取。

➤ 扳手：主要有活动扳手、固定扳手、套筒扳手、什锦扳手等。这种工具省力,不损伤零件,适用于装配六角和四方螺母,可按条件需要进行选择。

5.4.2　整机总装

电子设备整机的总装,就是将组成整机的各部分装配件,经检验后,连接合成完整的电子设备的过程。

总装之前应对所有装配件、紧固件等技术要求进行配套与检查,然后对装配件进行清洁处理,保证表面无灰尘、油污、金属屑等,因为整机的总质量与各组组成的配件的装配质量相关。

电子产品总装一般顺序大致为:先轻后重、先铆后装、先里后外、上道工序不得影响下道工序。

1. 整机总装的基本要求

未经检验合格的装配不得安装,已检查合格的装配要保持清洁。

要认真阅读安装工艺文件和设计文件,严格遵守工艺规程,总装完成后的整机应符合图纸和工艺文件的要求。

严格遵守总装顺序,防止前后顺序颠倒,注意前后工序的衔接。总装过程中不要损伤元器件、机箱及元器件上的涂敷层。应熟练掌握操作技能,保证质量,严格执行 3 检(自检、互检、专职检验)制度。

2. 整机总装流水线作业法

在工厂中,不管是印制电路板的组装还是整机组装,只要大批量地对电子产品进行生产,都广泛使用流水线作业法(流水线生产方式)。

① 流水线作业法的过程。其过程是把一台电子整机的组装联合调试等工作划分成为若干简单操作项目,每个操作者完成各自负责的操作项目,并按规定的顺序把机件传送给下一道工序的操作者继续操作,形似流水般不停地自首至尾逐步完成整机的总装。

② 流水线作业法的特点。由于工作内容简单,动作单纯,记忆方便,故能减少差错,提高工效保证产品质量。先进的全自动流水线使生产效率和产品质量更为提高。例如,先进的印制电路板插焊流水线,不仅有先进的波峰焊接机,还配置了自动插件机,使印制电路板的插焊工作基本实现了自动化。流水线上配置有标准的工作台。工作台的使用,对提高工作效率、减轻劳动强度、保证安全和提高质量有着重要的意义。对工作台的要求是:能有效地使用双手;手的动作距离最短;取物无须换手,取置方便;操作安全。

5.5　整机总装质量的检测

5.5.1　外观检查

外观检查的主要内容有:产品是否整洁,面板、机壳表面的涂敷层及装饰件、标志、铭牌等是否齐全,有无损伤;产品的各种连接装置是否完好,是否符合规定的要求;产品的各种结构件是否与图纸相符,有无变形、开焊、断裂、锈斑;量程覆盖是否符合要求;转动机构是否灵活;控制开关是否操作正确、到位等。

5.5.2　性能检查

性能检验用以确定产品是否达到国家或行业的技术标志,检验一般只对主要指标进行测试,含安全性能测试、通用性能测试、使用性能测试。

例行试验用以考核产品的质量是否稳定。操作时对产品常采用抽样检验,但对新产品或有重大改进的老产品都必须进行例行试验,例行试验的极限条件主要包括高低温、潮湿、振动、冲击、运输等。

① 高温试验。它包括高温负荷试验和高温储存试验。高温负荷试验是将样品在不包装、不通电的正常工作位置状态下,放入试验箱中,逐步加热到 40℃左右,稳定持续工作 16 h,降温后再通电检验。高温储存试验的方法是将产品在不包装、不通电和正常位置状态下放入试验箱中匀速加温到 55℃左右,搁置 2 h,再冷却进行检验。

② 低温试验。用以检查低温环境对电子产品的影响,确定产品在低温条件下工作和储存的适应性。将产品放入低温条件下进行测量。

③ 温度变化试验。将产品放入到变化的温度中进行产品性能测试。

④ 恒定湿热试验。将产品放入不同的湿度与热度中进行测试。

⑤ 振动试验。将样品固定在振动台上,经过模拟固定频率、变频等各种振动环境进行试验。

⑥ 冲击试验。将样品固定在试验台上,用一定的加速度和频率,分别在样品的不同方向冲击若干次,冲击试验后,检查其主要技术指标是否仍然符合要求,有无机械损伤。

⑦ 运输试验。装载在汽车上,并以一定速度在三级公路上行驶若干公里,再去试验。

5.5.3　出厂试验

产品在完成装配、调试后,在出厂前按国家标准逐台试验,一般都是检验一些最重要的性能指标,并且这种试验都是既对产品无破坏性,又能比较迅速完成的项目。不同的产品有不同的国家标准,除上述的检测外还有绝缘电阻测试、绝缘强度测试、抗干扰测试等。

思考题

1. 什么是工艺文件,其作用是什么?
2. 简述工艺文件的编制方法。
3. 简述电子设备组装的内容和方法。
4. 简述整机装配工艺过程。
5. 简述印制电路板的插装方法和要求。
6. 整机总装质量的检测主要有哪些?

第6章　典型电子工艺实训案例

本章介绍了三个典型的电子工艺实训的案例,主要内容包括:
- 半导体收音机案例,介绍了半导体收音机的基本原理以及半导体收音机的装调。
- 万用表案例,介绍了万用表的组成结构、工作原理,安装步骤等。
- 51单片机开发板案例,介绍了51单片机开发板的设计、组装及测试等。

通过本章的学习,读者可以对电子产品工艺实训有更加深刻的认识,进一步掌握电子产品工艺与实训的基本技巧。

6.1　半导体收音机

6.1.1　无线电波基础知识

1. 什么是无线电波

当人们打开电视机,转动频道旋钮到某一位置时,就能收到地区发生事件的画面和声音。电视机和这一地区并没有用导线互相连接,那里所发生的事件的场景和声音是怎样传来的?原来这些画面和声音是通过电视台向外发送无线电波来实现的。那么,什么是无线电波呢?无线电波是看不见的电场和磁场互相转换的一种运动形式,是一种电磁波,它不需要导线进行传播,因此人们把它称为无线电波。理论与实践证明无线电波的传播速度为300 000 km/s。

2. 电磁波的产生

英国物理学家麦克斯韦总结了电、磁的运动以后,提出了统一的电磁场理论,预言了电磁波的存在。后来德国物理学家赫兹从实验上证实了这理论的正确性,他提出:任何变化的电场都会在它周围的空间产生磁场。同样任何变化的磁场也会在它周围的空间产生电场。

根据这论点,可以画出电磁波形成示意图,如图6-1所示。图中A表示天线,E表示电场,B表示磁场。

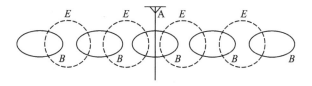

图6-1　电磁波形成示意图

我们知道LC回路中的电磁振荡是按正弦规律变化的,按正弦规律变化的物理量它的变化是不均匀的。例如,按正弦规律变化的电流在峰值附近它的变化很小,而在零值附近它的变化很大。因此,LC谐振电路可以产生不均匀变化的磁场和电场,这样可以用它来作为产生电磁波的一种电磁振荡源。

电磁波可根据其不同频率划分为几个波段,不同频率的电磁波它的特性和用途是不一样的,详见表6-1。

表6-1 不同频率电磁波的特性和用途

波段名称	波长/m	频 率	主要用途	频段名称
长波(LM)	10 000~1 000	30~300 kHz	电报,通信	低频(LF)
中波(MW)	1 000~100	300~3 000 kHz	广 播	中频(MF)
短波(SW)	100~10	3~30 MHz	电报通信,广播	高频(HF)
超短波	10~1	30~300 MHz	雷达,电视,无线电导航	甚高频(VHF)
微 波	1 以下	300~3×10^5 MHz	雷达,导航,微波,中继,电视	超高频(UHF)

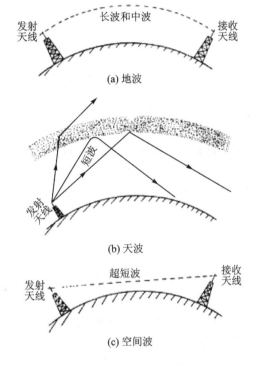

(a) 地波

(b) 天波

(c) 空间波

图6-2 不同波长的电磁波传播方式

一般短距离广播主要用中波。中波是沿着地球表面传播的,叫做地波传播,如图6-2(a)所示。远距离广播或通信等多用短波。短波段的电波波长比较短,大地对它吸收很强。短波只能沿着地球表面传播约几十公里,然而高空中电离层对它吸收较弱而且会把电波反射回地面,因此,短波主要靠电离层与地面之间往返反射而形成远距离传播。这种传播方式称为天波传播,如图6-2(b)所示。天波传播会受季节、昼夜、地理环境等因素变化的影响。超短波、微波因为频率很高,所以无法通过天波和地波传播,而是通过直线传播,如图6-2(c)所示,因此叫做视距传播或空间传播。

6.1.2 无线电信号的传送与接收

1. 无线电信号的发送

发送电磁波的目的是要完成通信任务,也就是说要把一定的信息、语言、音乐、图像传送给接收者。因此,首先要把语言、音乐或图像等转变成电信号,然后将这电信号送往发射天线,以电磁波的形式发送出去。但是理论与实践证明要有效地辐射电磁能量,发射天线的长度必须等于电磁波波长的1/2。要发送频率为20~20 000 Hz的音频信号,发射天线的长度约$15×10^7$ m,要制造这样长度的天线是不现实的,因此直接发送音频信号是行不通的。为了得到可实现的天线长度,并能有效地辐射电磁波能量,信号频率必须是高频的(对应波长短)。如何使高频率信号能携带语言、音乐或图像的信号呢?

众所周知,一个交流电的特征可以用它的振幅、频率和相位3个参数来表示。高频率振荡信号同样是一个交流信号,它的特征同样可以用振幅、频率和相位3个参数来表示,只是频率比较高。因此,只要用语言、音乐或图像等转换的电信号去控制这3个参数中任一个参数,使之变化遵循控制信号变化的规律,这样就可使高频信号能携带语言、音乐或图像信号的信息。

在无线电技术中称这种控制过程为调制,控制信号称调制信号;被控制的正弦波称载波。因为可以有 3 种方式控制正弦交流电的 3 个参数,所以通常称控制振幅为调幅方式;控制频率为调频方式;控制位相为调相方式。

在无线电广播中,常用的调制方式有调幅和调频两种,但以调幅用的最为普遍。所谓调幅就是使高频振荡电流的振幅随着调制信号的变化而变化。图 6 - 3 所示,是音频信号调制高频振荡电流各主要过程的信号波形图。在图 6 - 3 中,(a)图表示一个音频信号电流;(b)图表示一个高频振荡器产生的高频等幅振荡信号;(c)图表示(a)图信号调制(b)图高频振荡信号幅度的已调制高频振荡信号。由图 6 - 3(c)可以看出,被调幅后的高频振荡电流的振幅包络线(由图 6 - 3(c)中沿高频振荡电流正、负峰点所连接的虚线)跟音频电流的变化规律完全一样,高频振荡电流振幅的变化正比于音频信号的幅度,振幅变化的周期等于音频信号的周期。

图 6 - 4 表示了调幅广播的示意过程。声音由话筒转变为音频电信号,经放大后送到调制器,高频振荡器产生高频率等幅振荡信号也送到调制器。在调制器中,高频振荡电流被音频信号调幅,调幅后的高频信号经高频放大后送往发射天线,然后由发射天线向四周空间发射电磁波。由于该电磁波已受信号调幅,所以称之为调幅波。

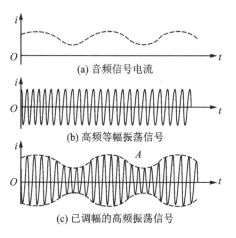

图 6 - 3　音频信号在调幅过程中各
　　　　　点主要信号波形

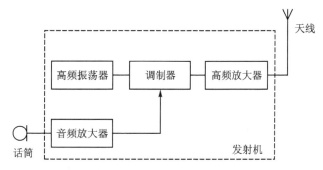

图 6 - 4　调幅发射机原理方框图

调频在广播中也是常被应用的一种调制方式。所谓调频就是使高频振荡信号的频率随调制信号幅度的变化而以某一固定频率为中心左右发生变化。例如各地建立的调频广播电台和我国电视广播中的音频信号就是采用调频方式的。在图 6 - 5 中,一高频率等幅振荡电流图(b)被音频电流图(a)调频后,产生图(c)所示的调频振荡电流。由图 6 - 5 可见,调频信号的特点是高频率振荡电流的振幅保持不变,但它的频率按音频电流的大小而变化,在音频电流的峰值处频率偏移中心频率最大,调频信号频率变化的周期等于音频信号频率变化的周期。由调频振荡电流产生的电磁波叫调频波。

2. 无线电波的接收

无线电电波接收原理与发射原理正好相反,下面以收音机原理为例说明无线电波接收的最基本原理。如图6-6所示,这是一个最简单的收音机原理方框简图。为了能从无线电波中取出音频信号然后再还原为语言或音乐的声音,从原理上说至少应包含以下几个组成部分:天线,调谐回路,检波器和扬声器。天线是用来接收空间电磁波的,电磁波在空间传播时如果碰到导体就会在导体中激起电动势,这电动势的变化频率就是这个电磁波的频率。因此,天线的作用就是接收空间电磁波,让它在天线回路中产生信号电动势。由于空间有许许多多电台发送的电磁波,它们都有自己的固定频率,这些电磁波都同时被天线接收下来,如果不加选择地将这些信号还原为声音,那么这些声音就变成噪音。因此,必须设法从天线接收下来的许多

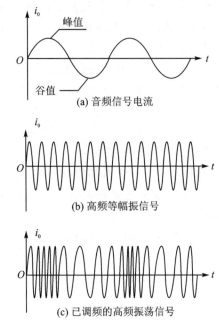

图6-5　音频信号在调频过程中各点主要信号波形

(a) 音频信号电流
(b) 高频等幅振信号
(c) 已调频的高频振荡信号

信号中选出所要收听的电台。在接收机中选台主要是利用不同电台发送的电磁波频率不同的特点来进行的,在收音机中这一任务是由电感线圈和可变电容器组成的谐振电路来完成的,通常称它为调谐电路。由调谐电路选择出的所需要的电台信号是已调幅的高频信号,虽然它被音频信号调制,但扬声器无法将这种信号还原成声音。因此,必须从高频信号中把音频信号分

图6-6　收音机基本原理方框简图

离出来,这个分离过程称为解调。解调就是解除调制的意思,通常称为检波。在收音机中,检波是由半导体器件二极管或三极管来完成。调幅的高频信号经检波还原出音频信号,然后送往扬声器,扬声器将音频信号还原为声音,这就是无线电接收的最基本原理。在实际的接收机

中,电路的形式和组成千姿百态而且还较为复杂,其目的是改善接收机的各种性能,但它们的最基本原理是一样的。

6.1.3　怎样装调收音机

1. 直放式收音机的工作原理

该收音机将空间接收到的电磁波经选台后送检波器进行解调处理,然后再送扬声器还原为声音。要使扬声器发出的声音足够大,接收到的电磁波强度也要足够大,因此这种收音机模型只能在实验室中实验或在广播电台发射天线附近使用,是没有实用价值的。为了使收音机能商品化,人们很自然地会想到将接收到的微弱电磁波信号先进行放大,使已调幅的载波幅度足够大,然后进行检波,检波后得到的音频信号再进行音频放大,最后推动扬声器。这样即使远离电台,收音机扬声器也能发出足够大的声音。图6-7是这种收音机的原理方框图和各方

框对应输出信号的波形图。图中可见,从天线接收到的高频信号在收音机中经输入回路选台后直接进行放大→检波→放大。因此,称这种收音机为直接放大式晶体管收音机。但是,因为一些元件对不同频率的信号表现出的特性不同,例如三极管的 β 值随着放大信号频率的增高是降低的,因此该收音机对不同频率的电台信号放大量有所差别,频率较高的时候这种不均匀性就更突出。这会导致收音机当考虑高频率信号接收效果时,较低频率信号会因收音机放大量太大而产生自激;当考虑较低频率信号的接收效果时,高频率信号会因收音机对高频率信号放大能力差而几乎从扬声器中听不到声音(通常称这种现象为灵敏度不均匀)。同时,这类收音机对于同一个电台信号离电台近时(电磁波强),收音机输出音量大,离电台远时(电磁波弱)收音机输出音量小,这就是说收音机接收强弱不同的外来信号时,扬声器输出的音量将出现很大的变化。由于直接放大式收音机有上述缺点,所以它刚一诞生很快就被下述的外差式收音机所代替。

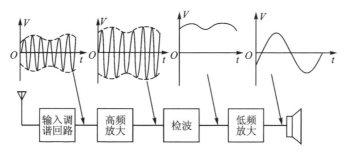

图 6 - 7　直接放大式收音机的方框简图

2. 超外差收音机的工作原理

(1) 超外差收音机的基本组成

直接放大式收音机的最大缺点是在接收的频率范围内灵敏度不均匀,选择性差。为了克服这些缺点,可将接收到的外来信号频率统一地变换成一个固定的信号频率,然后对这固定的频率信号进行放大。在收音机中将外来信号统一变换成一个固定信号频率的过程称为变频,这固定的信号频率称为中频,我国规定收音机中的中频频率为 465 kHz。因此,通过变频后的中频信号可以进行多级中频放大,而不用考虑某些元件对不同频率表现特性不同的问题,使收音机在接收不同频率信号时都具有相同的放大能力。在进行中频放大时,还要求中频放大器能根据输入信号强弱自动调整放大器的放大倍数,使输入信号弱时,中频放大器放大倍数增大;输入信号强时,中频放大器放大倍数减小。这样就克服了收音机接收强弱不同的外来信号时,扬声器输出的音量不均匀的问题。收音机中这种能根据输入信号强弱而自动调整放大器放大倍数的电路,称为自动增益控制电路,通常用英文字母 AGC 表示。将直接放大式收音机进行上述电路改进后,其电路组成框图如图 6 - 8 所示,称它为"超外差式"收音机。所谓外差式就是检波级前的信号频率始终是将外来信号频率经频率变换后的固定中频 465 kHz。若该中频信号在检波前经过中频放大就叫超外差式。可见,超外差式收音机与直接放大式收音机的区别就在于检波以前高频电路不同,而在检波以后的低频部分电路则是大同小异。

综上所述,超外差收音机的优点是:接收到电台信号后,不论其频率高低,一律将之变换成一个固定中频 465 kHz,然后把这一中频信号进行中频放大,检波和低频放大。由于中频比接收的电台信号频率(载波频率)低,采用一般放大电路就容易获得较大的放大量,所以超外差

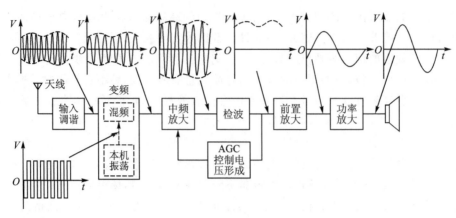

图 6 - 8　超外差式收音机的原理框图

式收音机灵敏度高。又由于中频放大电路采用调谐回路,它能把变频级输出的中频信号进行放大,而其他的信号则受到抑制得不到放大,所以超外差收音机选择性好,受干扰小。超外差式收音机具有的如上优点使之至今仍受人们欢迎。

(2) 超外差收音机各级的主要作用

任何一台超外差收音机其电路基本组成框图都是一样的,如图 6 - 8 所示。它主要由输入调谐回路、变频、中放、AGC 电路、检波、前置低放和功率放大电路组成。现将各部分的原理与作用简述如下:

① 输入调谐回路。输入调谐电路主要由磁棒、磁棒线圈和可变电容器组成。磁棒有聚集空间电磁波的功能,它将使磁棒上的线圈感应出许多不同频率的电动势(每一个频率的电动势都对应着一个广播电台信号)。若某一感应电动势所对应的信号频率等于磁棒线圈与可变电容器组成的串联谐振频率,则该频率的信号将以最大电压传送给变频级。

② 变频级。变频级由本机振荡电路、混频电路和选频电路组成,其主要作用是将磁性天线接收下来的高频信号变换成固定的 465 kHz 中频信号。

本机振荡电路的作用是产生一个频率比接收到的电台信号高出 465 kHz 的高频等幅信号。

混频电路的作用是将输入调谐回路接收到的高频信号 $f_{外}$ 与本机振荡器产生的高频等幅信号 $f_{振}$ 进行混频,输出许多新的频率信号,例如差频信号 $f_{振} - f_{外}$ 与和频信号 $f_{振} + f_{外}$、$f_{振}$、$f_{外}$ 等,其中和频、差频信号的包络线仍然与 $f_{外}$ 信号包络线一样。

选频电路的作用就是选择出需要的 $f_{振} - f_{外} = 465$ kHz 中频信号,然后耦合到下一级电路进行处理,而把其余不需要的信号滤掉。选频的主要元件是中频变压器。

由于下一级电路仅处理 465 kHz 中频信号,因而在变频电路中,本振信号频率一旦确定,接收的外来信号频率也就确定了。这就是说,超外差收音机接收什么频率的电台信号是由超外差收音机中的本机振荡频率决定的,即 $f_{外} = f_{振} - 465$ kHz。因此,超外差收音机中的输入调谐回路的优劣主要看其是否谐振在低于本振频率 465 kHz。若是,输入调谐回路就能将该频率的外来信号以最大电压传送给变频级,这时对应于收音机就有最高接收灵敏度;否则,收音机的灵敏度就降低。在超外差收音机中,通过调整输入回路的参数,以实现输入调谐回路的谐振频率始终低于本机振荡频率 465 kHz 的过程,称为“统调跟踪”,即灵敏度调整。通过调整本机振荡回路的参数以确定接收外来信号频率范围的过程称作为“频率覆盖”。中波段接收频率范围为 530～1 605 kHz,这时对应本机振荡器低端频率为 530 kHz+465 kHz=995 kHz

（可变电容器全部旋进），高端频率为 1 605 kHz＋465 kHz＝2 070 kHz（可变电容器全部旋出），即本机振荡频率范围为 995～2 070 kHz。

③ 中频放大器。中频放大器主要由中频变压器（中周）和高频三极管组成。其作用是把变频级送来的中频信号再进行一次检查，只让 465 kHz 的中频信号通过，并送到三极管进行放大，然后将放大了的中频信号再送到检波器去检波。

④ 检波器。检波器也称解调器，它主要由二极管和滤波电容组成，主要作用是从人耳听不见的中频信号中检出音频信号。检波实质就是利用二极管的单向导电特性，切除已调幅中频信号的正半周或负半周，然后经电容器滤除残留的中频分量取出含有直流分量的音频信号，再送到低频放大器中进行音频放大。

⑤ 自动增益控制电路。晶体管收音机中使用的小功率高频三极管都有这样一个特性，当三极管静态工作电流 I_c 在 1 mA 以下时，三极管的 β 值将随着 I_c 的减小而减小。自动增益控制电路就是利用这一特性将检波得到的音频信号中的直流分量经电路处理后，去控制中频放大器中三极管静态工作点，使收音机在接收到强信号时中频放大器中三极管静态工作电流 I_c 减小，β 值下降。这样中频放大器对输入的强信号放大量减小，检波后输出的音频信号幅度不至过大；反之，收音机接收到弱信号时，中频放大器中三极管 β 值上升，使检波后输出的音频信号幅度不至减小。从而保证了收音机接收强弱电台时，检波输出的音频信号幅度基本均匀。

⑥ 低频放大器。低频放大器是放大音频信号的放大器，它是由前置低放和功率放大电路组成。前置低放的主要作用是将检波得到的微弱音频信号进行放大，使之能向功率放大电路提供足够的推动功率。功率放大电路的主要作用是将来自前置放大电路的音频信号进行功率放大，然后推动扬声器发出声音。

（3）超外差收音机的主要元器件

① 双连可变电容器。超外差式收音机的变频级有一个输入调谐回路和一个本机谐振电路，其谐振频率的改变是通过改变可变电容器容量的方法来实现的。为了保证输入回路无论调谐到哪一个位置，本机振荡都能产生一个高于输入调谐回路谐振频率（$f_{外}$）465 kHz 的振荡信号（$f_{本}$），$f_{本}-f_{外}＝465$ kHz，在工艺上采用了同轴连动双连可变电容器，简称双连。

在收音机中，双连又分差容双连和等容双连，因此，使用双连可变电容器要注意和振荡线圈参数配合。例如振荡线圈型号是 LTF－3－1 要选配等容 2×7/270 pF 的双连。

② 中频变压器。中频变压器俗称中周，它的质量优劣在很大程度上决定收音机的灵敏度、选择性等指标，因此它是超外差式收音机的重要元件。在超外差式收音机中，中频变压器主要用于选频和中放电路中级间耦合与阻抗匹配。中频变压器的初、次级线圈同绕在一个高频磁芯上，外面套有铁氧体磁帽以形成封闭磁芯，把磁场限制在磁芯中，最外面再加一个金属屏蔽罩同时也兼作紧固用，如图 6－9 所示。无感螺丝刀可通过屏蔽罩上顶部的圆孔旋动磁帽来调节中频变压器电感量的大小从而改变其谐振频率。

收音机的中频变压器有多种型号，但常用的只有 3 种型号，TTF－1 型、TTF－2 型和 TTF－3 型。不同型号的中频变压器形状大小不一样，初学者可根据自己装配的收音机体积大小来选用。在同一套中频变压器中，每只中频变压器的电器参数不一样，因此在使用前都要详细看一下生产厂家提供的说明书，不能随意调换它们在电路图中的位置。中频变压器的电路见图 6－10。

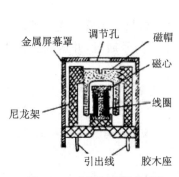

图 6-9　中频变压器的结构

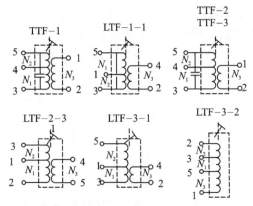

图 6-10　TTF 型中频变压器和振荡线圈电路

③ 振荡线圈。振荡线圈在外形上与中频变压器相似,如 LTF-1 型、LTF-2 型、LTF-3 型等。

④ 磁性天线。在收音机中磁性天线的作用是接收空间电磁波。所谓磁性天线是在一根磁棒上绕两组彼此不相连接的线圈,如图 6-11 所示。磁棒在磁性天线中的作用是聚集空间电磁波,当磁性天线的磁棒与电波传播方向垂直时,磁性天线接收电波的能力最强,如图 6-12 所示。磁性天线的方向性,使得收音机转动某一方向时,扬声器发出的声音最响,同时也抑制了非接收方向来的干扰电波,从而减小了杂音。

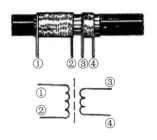

图 6-11　磁性天线

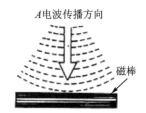

图 6-12　磁棒与电波传播方向

按使用材料不同,磁棒分为锰锌铁氧体(呈黑色,用 Mx 表示)和镍锌铁氧体(呈棕色,用 Nx 表示)。锰锌铁氧体磁导率较大,但它的工作频率低,只适用于接收中波,故称为中波磁棒;镍锌铁氧体磁导率较小,但它的工作频率高适用于接收短波,故称它为短波磁棒。中、短波磁棒两者不能混用。有些收音机只用一根磁棒来接收中、短波,这实际上是将中波磁棒与短波磁棒的头尾胶合起来接成一根中短波磁棒。磁棒以铁氧体为材料,它像陶瓷一样易断裂,使用过程一定要小心。若不小心跌断磁棒可用 502 胶胶接,胶接后的磁棒性能略比原磁棒差,但还是可以用的。

图 6-13　磁棒的形状和 d、l、H、D 表示的意义

如图 6-13 所示,磁棒按其外形有圆形和扁形两种。在使用中同样长度和同样截面积的圆扁磁棒效果是相同的。磁棒的截面积越大,磁棒越长,磁性天线接收无线电波的能力也就越强,收音机的灵敏度越高,即表现为收到的电台数越

多。因此,只要机壳内能够放得下,应该尽量使用比较长的磁棒。

绕制在磁棒上的线圈称为磁性天线线圈。磁性天线线圈由初级绕组 L_1 和次级绕组 L_2 组成,L_1 与双联可变电容器的一组相接组成输入调谐回路,故称 L_1 为输入调谐回路线圈。由于磁棒能聚集无线电波,所以输入调谐回路线圈能感应出所需的电台信号。次级线圈 L_2 能把 L_1 的信号耦合到下级,故称 L_2 为天线耦合线圈。

流经磁性天线线圈的电流频率都比较高的。由于高频电流具有趋肤效应,即频率越高导线截面上电流的分布越集中于导线表面,因此导体对高频电流呈现的电阻随着电流频率的增加而增大,远超过其直流电阻,结果导线对高频信号的功率损耗也就增大。为了克服这一点,在中波范围,磁性天线线圈通常考虑增大导体的表面积,即采用线径为 0.1 mm 的漆包线 7 股绕制。短波磁性天线初级线圈常采用 1~1.5 mm 的镀银铜线间绕,匝间距离一般为 2~3 mm。

磁性天线线圈接入电路时一般有两种接法如图 6-14 所示。如果采用第一种接法,整个波段灵敏度的均匀性比第二种接法好;如果采用第二种接法,会加强波段高频端的灵敏度,但也可能引起高频端啸叫。因此,在超外差式收音机中常采用第一种接法。

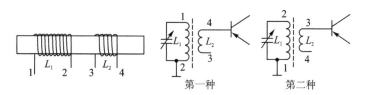

第一种　　　　第二种

图 6-14　磁性天线接入电路的两种方法

3. ZX-921 型超外差收音机的装配

(1) ZX-921 型超外差收音机各部分电路

ZX-921 型套件为低压全硅管袖珍式 8 管超外差式收音机,外形尺寸为 150 mm×78 mm ×38 mm。本机具有造型新颖、结构简便、用电经济、灵敏度高、选择性好、音质清晰、放音洪亮等特点。该机电路设计简洁合理,且采用通用元器件,选材、装配、调试、维修都很方便。

图 6-15 是 ZX-921 型超外差式收音机电路原理图;图 6-16 是 ZX-921 型收音机的印刷电路板图;表 6-1 为该型号收音机的元件清单。由图 6-15 可见,ZX-921 型收音机是由 8 个三极管和 2 个二极管组成的,其中 BG1 为变频三极管,BG2、BG3 为中频放大三极管,BG4 为检波三极管,BG5、BG6 组成阻容耦合式前置低频放大器,BG7、BG8 组成变压器耦合推挽低频功率放大器。该机的主要技术指标为:

频率范围	中波 530~1 605 kHz;
中频	465 kHz;
灵敏度	小于 1 mV/m;
选择性	大于 16 dB;
输出功率	56 mW~140 mW;
电源	1.5 V(1.5 V 干电池一节)。

① 调谐、变频电路。如图 6-15 所示,L1 从磁性天线(磁棒)上感应出的电台信号,经由 L1 和 Cl-A 组成的输入调谐回路选择后,只剩下需要的电台信号,该信号耦合给 L2,并由 L2 送 BG_1 的基极和发射极。

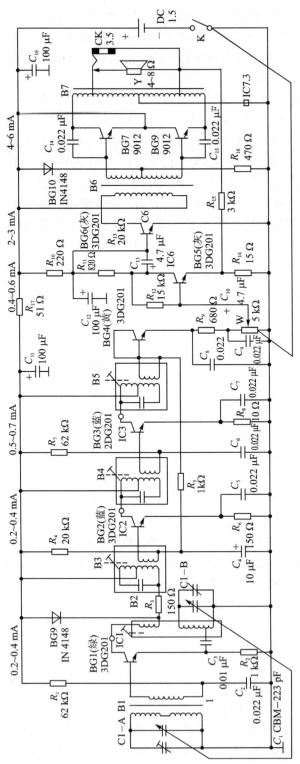

图 6-15 ZX921型超外差收音机电路原理

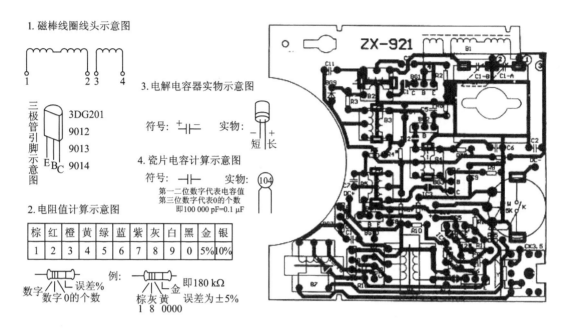

1.磁棒线圈线头示意图

三极管引脚示意图
3DG201
9012
9013
9014

2.电阻值计算示意图

棕	红	橙	黄	绿	蓝	紫	灰	白	黑	金	银
1	2	3	4	5	6	7	8	9	0	5%	10%

数字　误差%
数字0的个数

例：　即180 kΩ
棕灰黄　误差为±5%
1 8 0000

3.电解电容器实物示意图

符号：　实物：
短　长

4.瓷片电容计算示意图

符号：　实物：104
第一二位数字代表电容值
第三位数字代表0的个数
即100 000 pF=0.1 μF

图 6 - 16　ZX - 921 型收音机的印刷电路板图及其他

表 6 - 1　ZX - 921 型超外差式收音机元件清单

名　称	型　号	数　量
三极管	3DG201(黄或绿、蓝)用 EB 极	1 支
	3DG201(绿)或 9014	1 支
	3DG201(蓝)或 9014	2 支
	3DG201(灰)或 9014	2 支
	9012 或 3CX201、8550	2 支
二极管	1N4148	2 支
振荡线圈	TFl0 - 920(红色)	1 支
中频变压器	TFl0 - 921(黄色)	1 支
	TFl0 - 922(白色)	1 支
	TFl0 - 923(绿色)	1 支
输入变压器	绿色(或蓝色)	1 支
输出变压器	红色(自耦型)	1 支
磁棒及线圈	B - 5×13×100 mm	1 套
电动扬声器	YD66 - 0.25~2 W - 4~8 Ω	1 支
电阻器/Ω	10、15、51、220、470、610、820	各 1 支
电阻器/ kΩ	3、15	各 1 支
电阻器	150 Ω、1 kΩ、20 kΩ、62 kΩ	各 2 支
电位器	WHl5 - K4Φ16 - 5K	1 支

续表 6-1

名　称	型　号	数　量
瓷片电容	0.01 μF(或 103)	1 支
	0.022 μF(或 223)	8 支
电解电容	4.7μF	2 支
	10 μF	1 支
	100 μF	3 支
耳机插座	Φ3.5 mm	1 个
双联电容	CBM-223 pF	1 支
机壳前盖		1 个
机壳后盖		1 个
塑料音窗		1 个
刻度板		1 块
调谐拨盘		1 个
调谐指示片(可不用)		1 片
电位器拨盘		1 个
磁棒支架		1 个
印刷电路板		1 块
装配说明		1 份
扬声器压板		2 个
电池正极片		1 片
电池负极簧		1 个
螺丝		6 粒
导线(红、黄、黑)		3 根

由于调谐回路阻抗高,约为 100 kΩ,三极管输入阻抗低,约为 1~2 kΩ。要使它们的阻抗匹配,使信号输出最大,就必须适当选择 L1 与 L2 的圈数比,一般取 L1 为 60~80 圈,L2 取 L1 的 1/10 左右。

电阻器可用范围:

R3:62~150 Ω;R9:470~680 Ω;R2:1~1.5 kΩ;

R15:3~5.1 kΩ;R4、R13:18~22 kΩ。

电容器可用范围:

C3:6 800 pF~0.1 μF;C14、C15:0.01~0.033 μF

C10、C13:1~4.7 μF;C4:4.7~10 μF。

三极管 β 值分色点标记:黄 40~55 倍;绿 55~80 倍;蓝 80~120 倍;紫 120~180 倍;灰 180~270 倍;白 270~400 倍。

L1 和 L2 在磁棒的中间位置时,其电感量最大,但 Q(Q 为品质因数)值略低;在磁棒的端头位置时,电感量最小,但 Q 值最高。为了使天线线圈电感量较大并同时提高 Q 值,有的收音机的 L1 采用间绕和分段绕制。在统调时,如果 L2 被调在磁棒的中间位置时,才能使波段低端具有较高的灵敏度,那么就说明线圈的电感量不够,需要增加天线线圈的圈数;如果线圈被调到磁棒的端头位置,才能使波段低端具有较高的灵敏度,则需要减少线圈匝数。对应波段高端灵敏度调整,由于这时双连可变电容器动片已几乎全部旋出,每组电容量约为几 pF 至十几 pF,因此,并联于 C1-A(或称输入连)两端的微调电容器 C 与 C1-A 的电容量有相同的数量级,可以改变 C 电容量以改变输入回路的高端谐振频率,使之始终低于本机振荡频率 465 kHz。微调电容 C 主要用于调整波段高端的接收灵敏度。相反,微调电容 C 对波段低端接收灵敏度的影响极小,这是因为在波段低端双连可变电容器 C1-A 几乎全部旋进,此时 C1-A 的电容量很大,约为 200 pF,微调电容器 C 的电容量的变化对它来说便可忽略不计。

来自 L2 经输入调谐回路选择的信号电压一端接 BG1 的基极,另一端经 C2 旁路到地,再由地经本振回路 B2 次级下半绕组,然后由 C3 耦合送 BG1 的发射极。与此同时,来自本机振荡回路的本机振荡信号由本振线圈次级抽头 B2 输出,经电容 C3 耦合后注入 BG1 的发射极;本机振荡信号的另一端,即本振线圈次级另一端,经地由 C2 耦合到 L2 的一端,并经 L2 送 BG1 的基极。由于 L2 线圈只有几匝,电感量很少,它对本机振荡信号的感抗可忽略不计。因此,可认为由 C2 耦合的本振信号是直送 BG1 基极,这样在 BG1 三极管的发射结同时加有两个信号,它们的频率分别为 $f_振$ 和 $f_外$。只要适当地调整 BG1 的上偏置电阻 R_1,使 BG1 的发射结工作在非线性区(这时对应 BG1 集电极电流 I_c 为 0.2~0.4 mA),则 $f_振$、$f_外$ 信号经 BG1 混频放大后将由集电极输出各种频率成分的信号。由 B3 中频变压器初级绕组与电容组成的 465 kHz 并联谐振电路,选出 465 kHz 中频信号,并将之经中频变压器耦合至次级绕组,输出送中频放大电路进行中频信号放大处理。在本机振荡回路中可变电容 C1-B(或简称振荡连)两端并接一个微调电容器,它的主要作用是调整收音机波段高端的覆盖范围,其功能与输入调谐回路中的电容一样。收音机波段低端的覆盖范围调整是调节 B2 本机振荡线圈的磁芯,当将 B2 中的磁芯越往下旋转(用无感螺丝刀顺时针转动磁芯),线圈的电感量就越大,这时本机振荡频率就越低,对应接收的信号频率也越低。

② 中频放大电路。中频放大电路的主要任务是放大来自变频级的 465 kHz 中频信号。收音机的灵敏度、选择性等技术指标主要取决于中频放大器。一般收音机的中频放大倍数要达到 1 000 倍,因此,中放三极管的放大倍数取 $\beta=70$ 左右。β 值不能取得太高,否则将引起中频放大器自激啸叫。在图 6-15 中,B3、B4 和 B5 分别是第一中频变压器、第二中频变压器和第三中频变压器,它们都是单调谐中频变压器,初级绕组分别与各自电容器组成并联谐振电路,谐振频率为 465 kHz。在电路中它们主要起选频、中频信号耦合和阻抗匹配作用。

来自变频三极管 BG1 集电极的中频信号,经 B3 选频后,由 B3 次级绕组输出,一端经电容 C4、C5 后送往 BG2 的发射极,另一端送往 BG2 的基极。该信号经 BG2 放大后由集电极输出,并再经 B4 选频进一步滤除非中频信号后由 B4 次级绕组耦合输出。同样,B4 输出的中频信号一端送往 BG3 的基极,另一端经 C6、R8 后送往 BG3 的发射极,中频信号经 BG3 再一次放大后由集电极输出送往 B5 中频变压器。来自 BG3 集电极已经过两级中频放大的中频信号,经 B5 再一次选频后,由 B5 次级绕组输出,送往检波电路进行解调处理。在上述的两级中频放大电路中,各极工作状态的确定要考虑到不同的需要。

③ 检波器及自动增益控制电路。在图 6-15 中检波电路主要由检波三极管 BG4、滤波电容 C8 和检波电阻 R9、W 组成。来自 B5 次级经中频放大器放大的中频信号送往三极管 BG4 的基极和发射极,发射结相当于二极管,检波后输出信号的变化规律和高频调幅波包络线基本一致。

收音机的检波输出音频信号强度也能自动地在一定范围内保持不变。

④ 低频前置放大与功率放大电路。如图 6-15 所示,来自音量电位器 W 中心滑片的音频信号,经 C10 耦合到 BG5 的基极,通过由 BG5、BG6 组成的阻容耦合低频前置放大器放大后,由 BG6 集电极送往输入变压器 B6 的初级。为了保证前置放大器有较大的功率增益和较小的失真,取 BG6 的集电极静态工作电流为 2~3 mA。来自 BG6 集电极的音频信号经输入变压器阻抗变换后,耦合输出两组相位差互为 180° 的音频信号,然后分别送往 BG7、BG8 的基极和发射极,BG7、BG8 组成变压器耦合推挽低频功率放大器。由于电路上下是完全对称的,来自输入变压器的音频信号,经 BG7、BG8 功率放大后送往扬声器。在图 6-15 中,R15 是交流负反馈电阻,其作用是改善低频放大器的音质。

(2) 安装前的准备

① 印刷电路板上元件排列应注意的问题。

➤ 磁性天线要水平安装在整机的上端,不能竖直放。磁棒周围不要放置大型的金属元件。

➤ 磁性天线与振荡线圈要互相垂直,否则会引起两种线圈不必要的耦合,影响收音机的性能。

➤ 扬声器要装在机壳上,不要固定在印刷电路板上,否则容易引起高频机振。电位器、双连可变电容器和磁棒通常都是固定在印刷电路板上,其中磁棒必须采用非金属支架固定,例如采用尼龙塑料支架。

➤ 磁棒要尽量远离扬声器,否则会使磁棒磁化,使收音机灵敏度降低。磁棒也要远离输入变压器和中频变压器,尤其是第三中频变压器和与它相连接的检波三极管,以防中频信号及其谐波串入磁性天线回路引起收音机自激而产生啸叫。

➤ 电池应尽量安排放在机壳底部,使整机重心降低。

➤ 中频变压器初级引线连接三极管集电极,次级引线连接下一极三极管的基极,其连接距离应尽可能短些,这样可以减小引线的分布电容和分布电感,防止因分布电容或分布电感过大而造成中频频率不稳定或引起中频自激。3 个中频变压器不要并排靠在一起,以免各级元件排列受影响,使前后级产生反馈而自激。

➤ 电阻器和电容器排列建议按图 6-17 所示的形式,这样占用电路板的面积小。

② 元器件检查及安装前的处理。在进行收音机装配前必须根据表 6-1 的元件清单逐一地对电阻、电容、电感线圈、变压器、二极管、三极管进行测量,并依照第 3 章介绍的方法判断元件的好坏。

为了保证收音机有足够的灵敏度和音频输出功率,变频管(BG1)β 值一般应为 55~80;一中放三极管

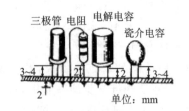

图 6-17　电阻电容的排列

(BG2)β 值为 80~120;二中放三极管(BG3)β 值应为 80~120;前置低频三极管(BG5)β 值应为 80~270;前置低频三极管(BG6)β 值为 80~270;功率放大三极管(BG7、BG8)β 值应选大

于 180 较好,同时还要求两管的 β 值、I_{ceo} 尽量一致,一般误差在 20％以内。

由于在收音机中,电源的最高电压仅 1.5 V,而一般三极管的耐压都大于 12 V,因此在低压工作的条件下通常不考虑管子的耐压问题。

（3）机壳的安装

➢ 音窗的安装固定。用电烙铁把音窗插入机壳的 5 根白色塑料柱烫化一半,并和机壳热压在一起。

➢ 周率板(刻度盘)的安装。面对周率板数字,把塑料周率板左边插入音窗格下边,右边有两个和外壳相通的小孔,用两根黑塑料钉(套件中的配件)插入小孔,在塑料机壳里边用电烙铁把塑料钉与机壳热压在一起。

➢ 扬声器的安装。扬声器和扬声器压脚放在如图 6 - 16 所示的位置,然后用两个 M3×5 螺钉将扬声器紧固在机壳前盖上。

➢ 电池卡的安装。将电池正负极板分别焊上一根 10 cm 的细包塑导线,负极弹簧卡在机壳左边的卡槽里。正极片弯折部分朝下插入机壳右边的卡槽里,将电池正极引线焊在扬声器任一个焊片上,然后再在扬声器的两个焊片上分别焊一根 10 cm 的细包塑导线待用。

（4）机芯装配步骤

① 元件引脚上锡。根据表 6 - 1 的元件清单分别对电阻、电容、三极管、天线线圈进行镀锡。镀锡时首先用小刀或细砂纸擦净元件引脚的垢层,用已预热的电烙铁让元件引脚先上一层松香(镀锡时起助焊作用),然后再镀上一层薄锡。特别要注意的是磁性天线线圈是用多股漆包线,用上述方法镀锡很容易出现漆包线断股,因此,用细砂纸擦净漆包线表面漆层之前最好用火柴烧一下线圈头上的纱包与漆层,如图 6 - 18 所示。以后随着焊接水平的提高,逐步会感受到什么元件引脚需经表面处理后镀锡,什么元件引脚产品出厂时锡已经镀好不需要再镀锡。

② 找出“特殊元件”在印刷电路板上的位置。首先找出实物图中的“特殊元件”：磁性天线线圈(B1),双连可变电容器(C1),本机振荡线圈(B2),中频变压器(B3B4B5),电位器(W)和输入变压器(B6)。然后从套件中找出这些元件(实物),确认这些元件在电路图中的代表符号,并与印刷电路板图上这些元件的符号相对应,确定出它们的安装地点。最后根据上述元件引脚特点和固定方式,在印刷电路板上找它们切实的安装位置。值得注意的是,本机振荡线圈和中频变压器的引脚和固定方式是一样的,为了防止它们之间相互装错,它们的安装位置一方面可以从印刷电路板图中的元件序号确定,另一方面可依据电原理图的连接线来判定。

③ 元件的安装。

➢ 电位器(W)的安装。如图 6 - 19 所示,将电位器在松香的助焊下焊在印刷电路板上,其安装位置以装上电位器拨盘,紧固印刷电路板与机壳后,拨盘不擦碰到机壳为宜。

➢ 双连可变电容器(C1 - A、C1 - B)的安装。双连可变电容器 3 个引脚插入印刷电路板对应的 3 个孔,然后用 M2.5×5 沉头螺钉将双连电容器紧固在印刷电路板上,最后将双连电容器的引脚与印刷电路板对应点用焊锡焊好。

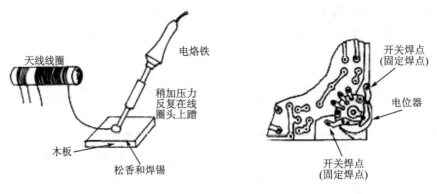

图 6-18　多股漆包线镀锡的方法　　　　　图 6-19　电位器的安装

➤ 变压器(B3、B4、B5、B2、B6)的安装。分别将中波振荡线圈、中频变压器和输入变压器插入印刷线路板,然后将各个引出脚与电路板焊好。屏蔽罩的引脚暂时不要焊在电路板上,待整机安装完毕收音机收到广播后再将它们引脚焊好。安装中波振荡线圈和中频变压器时,要注意变压器的型号和磁帽颜色不要装错。由于输入变压器引线脚是固定在塑料框架上,焊接时,固定引脚受热,它周围的塑料将软化,所以在焊接过程中不能晃动输入变压器,否则有可能将线圈引线漆包线拉断。

④ 磁性天线的安装。如图 6-18 所示,将尼龙磁棒架从印刷电路板没有铜箔的一面插入固定圆孔,然后用电烙铁软化固定尼龙杆,热压后尼龙磁棒架就紧固在印刷电路板上,穿入磁棒,套上天线线圈并使初级线圈靠磁棒的外侧,然后分别将已镀上焊锡的两个绕组的线头焊在线路板上。

⑤ 其他元件的安装。"特殊元件"安装和焊接完后,即可根据图 6-15 按顺序(从变频级到功放级,或从功放级到变频级)找出元件的序号,然后依据实物图找出对应的元件,最后依据印刷电路板图将元件分别焊到印刷电路板对应的位置上。

元件的焊点用锡量不要太多,太多除了浪费和不美观之外,太大的焊锡点有时还会和相邻的焊点碰触,造成短路。正确的焊点应如图 6-20 所示。在焊接时,元件引线的多余部分要剪掉,穿过印刷电路板以后不要伸出太长,一般留 2~3 mm。在焊接过程中要力求体会到焊好一个焊点,松香(助焊剂)、焊锡、烙铁温度以及电烙铁滞留在焊点上的时间 4 者之间的关系。对于初学者建议焊好一个元件在电路图上对应做一个记号,这样一方面可以防止漏焊,另一方面也可以防止焊错元件。在焊接过程中还要注意到电解电容器极性不能焊反,色环电阻最好第一环朝上。

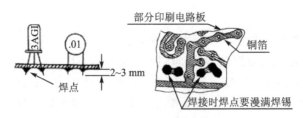

图 6-20　正确的焊点

各元件焊好后,三极管和电解电容器高度应一致,所有电阻器的高度应一致,这样就可以使整机显得整齐,美观,体现基本的工艺水平。

印刷电路板焊接完毕之后,残留在印刷电路板上的松香可以用棉花沾一点酒精将它抹去。

元件的焊接是一门工艺技术,怎样才能焊得好,除了懂得焊接知识之外,主要还要靠实践积累经验,焊多了逐步就能掌握焊接这门技术。

4. ZX - 921 型超外差收音机的调试方法与步骤

收音机机芯装配完后,经过反复检查,确实认为没有装错即可进行收音机的调整。收音机的调整主要有如下几个方面内容:

> 三极管静态工作点调整。它主要是通过改变三极管上偏置电阻的阻值,使三极管静态工作在最佳状态。

> 中频频率的调整。它是通过改变中频变压器的电感量,使与它相并联的电容器组成的并联谐振电路,其谐振频率为 465 kHz。

> 接收频率范围的调整。它是通过改变中波振荡线圈的电感量和本机振荡回路的微调电容器来实现收音机接收的中波频率范围为 530~1 605 kHz。

> 统调,也称灵敏度调整。它是通过调整天线线圈在磁棒上的位置(改变天线线圈的电感量)和输入回路微调电容使收音机在接收频率范围内始终有 $f_振 - f_外 = 465$ kHz。

(1) 调整三极管的静态工作点

① 三极管静态工作点的选取。

收音机质量的优劣与三极管静态工作点的调整关系很大,因此,进行收音机的调整首先必须调整好各级静态工作电流。

若将变频三极管的静态工作电流调大一些,收音机的本机振荡相对强些,但混频效果差些,对应三极管的噪声也相应增加;若工作电流调得太小,噪声虽然可以减小,但电源电压稍降低时,本机振荡不易起振。

一中放三极管加有自动增益控制,因此工作电流不宜调得太大。静态工作电流调得太大自动增益控制效果差;但静态工作电流也不能调得太小,因为工作电流太小,一中放功率增益小,整机增益就不高,特别是在电池电压变化时,整机性能变化显著,收音机稳定性变差。

二中放三极管静态工作电流可取大一点,以便获得较高的功率增益;但是若三极管集电极静态工作电流大于 1 mA 时,中放功率增益增大不了多少,因此二中放静态工作电流通常取 1 mA 左右。

前置低放(BG6)一般静态工作电流为 2~3 mA。由于该级要求在失真较小的前提下尽量能提高功率增益,所以静态工作电流可适当大些。

推挽功率放大级的静态工作电流主要用于克服交越失真(对应扬声器发出的声音像口吃似的)。因此,静态工作电流不能调的太大,否则将增加电源的功率损耗,使功放级效率降低。一般调整原则是在不引起交越失真的前提下三极管静态工作电流尽可能调小。

② 静态工作点调整前的检查。

静态工作点调整前的检查也称作通电前检查,其目的是为了防止收音机元件装错或元器件不良,在通电时引起整机总电流太大而将电池耗尽或将元件损坏。因此,在通电前首先不装入电池,闭合收音机电源开关,用万用表 R×100 挡测量电池极板,红表笔接收音机负极板,黑表笔接正极板正常电阻值约为 700 Ω。若电阻值约为 0 Ω,说明印刷电路板中有短路,可能故障是 R17 电阻以前的线路板电源负极走线与电源正极(地)短路,或电解电容器 C16 击穿。若

置电流挡

图 6 - 21　整机电流的测量

电阻值基本正常,断开电源开关装入电池,将万用表拨置 500 mA 挡,将表笔并联于电源开关两端,如图 6 - 21 所示,正常电流在 10 mA 左右。若测得电流值很大,上百 mA,则是 C16 击穿或 R17 电阻之前的电源供电回路短路;若测得电流大于 10 mA 并伴随着通电时间而增加,故障元件是 C16 极性接反;若电流值为 20~30 mA,可能故障是前置放大器不良,这时整机电流不是很大,所以可以通电进行偏置调整和故障检修。

③ 静态工作点的测量与调整。

测量三极管静态工作点是在无交流信号输入的前提条件下进行的,因此,测量低频放大器时必须使音量控制电位器置最小的位置。测量变频、中放电路时必须用一根导线短路天线线圈的次级 L2。

➤ 功放级静态工作点的测量与调整。将万用表拨至 500 mA 电流挡,测量功放级 I_{c7}、I_{c8} 的静态工作电流,正常电流值为 2~6 mA(这时万用表应退至 10 mA 挡测量)。若电流约为 80 mA,则是输入变压器次级断线,或 BG7、BG8 不良;若电流为 6~30 mA,则短接电路板为测量功放级静态电流而开的槽口,用万用表电压挡测量中点电压,正常电压值为电源电压的一半,若中点电压不正常,故障是 BG7、BG8 将不对称且三极管性能差;若电流约为 0 mA,同时中点电压正常,故障是 BG7、BG8 同时接错,将集电极与发射极对调。

➤ 前置低放静态工作点的测量。将万用表拨至直流 2.5 V 电压挡,万用表黑表笔接地(电源的负极),红表笔接 BG6 发射极,测量 BG6 发射极对地电压,正常电压为 $U_{e6} = 0.6~0.7$ V。

➤ 中放级静态工作点的测量。将万用表拨至直流 2.5 V 电压挡,测量 BG2 发射极对地电压,正常时 $U_{e2} = 0.6~0.8$ V。若电压略偏离正常值可调整 R4 电阻值,通常 R4 电阻值减小 U_{e2} 电压值变得更低,反之亦然。若 U_{e2} 正常,则测量 BG3 发射极对地电压,正常电压值为 $U_{e3} = 0.6~0.7$ V。若 U_{e3} 不正常检查 B4 次级和 B5 初级绕组是否断线,R8 是否不良,若上述元件都正常则故障元件是 BG3 不良。

➤ 变频级静态工作点的测量与调整。测量 BG1 发射极对地电压,正常的电压值为 $U_{e1} = 0.6~1.0$ V。若电压略偏离正常值,可调整 R1 电阻的阻值,通常 R1 阻值减小 U_{e1} 变得更低,反之亦然。若电压不正常,采用直流等效电路的方法进行检查。

收音机静态工作点调整结束,卸下短路 L2 的短路线。

④ 调整三极管静态工作点时可能遇到的问题

测量三极管发射极电压可根据 $I_e = \dfrac{U_e}{R_e}$ 换算出近似的集电极电流即 $I_e \approx I_c$。

在进行静态工作点调整时,收音机的供电电压必须是标准值(新电池)。

遇到三极管静态工作电流调不上去或调不下来时,要停止调整,进行检查。这种情况可能是:发射极电阻值太大;下偏置电阻太小;集电极负载电阻阻值太大;三极管引脚接错或三极管损坏。要掌握估算集电极回路里的电流最大值,或发射极最大电压值(即三极管饱和或击穿的情况下),其估算公式为:

$$集电极回路最大电流 = \frac{本级电源电压}{集电极负载电阻 + 发射极电阻}$$

这样才有能力通过测量静态工作点判断电路的工作状态。

> 若在调整过程中，发现上偏置电阻阻值很大时，集电极电流仍较大，但该电流值可以调小，则要重点检查下偏置电阻是否开路，发射极电阻是否短路；若该电流无法调小，则要检查三极管是否击穿，耦合电容是否击穿、漏电或接反；若上偏置电阻阻值需要调得很小，才能达到规定的发射极电压值，则要着重检查三极管的发射极与集电极是否接反，三极管的 β 值是否太小。

> 若没有改变三极管偏置电阻的阻值，却发现发射极电压（或集电极电流）忽大忽小地变化，这时要检查是否有外来信号输入，三极管的 I_{ceo} 是否太大等。

> 若在调整三极管的偏置过程中偏置电阻的阻值刚略有变动时，发射极电压（或集电极电流）不是缓缓发生变化，而是突然变化，则可能故障是电位器或微调电阻接触不良或电路产生振荡。若振荡发生在低频放大电路，可将输入变压器初级线圈引脚对调，破坏振荡的相位条件。

（2）中频频率的调整。

① 信号通路检查。

收音机各级静态工作点调整结束，将音量控制电位器顺时针旋至最大，在正常情况下扬声器应有声音。若扬声器无声，可用干扰法检查故障部位。首先用镊子碰 BG5 基极，若扬声器无声，故障是扬声器不良；若扬声器有声，可用镊子碰 W 电位器中心滑动片。此时若仍无声，故障是 C10 不良；有声，故障是检波电路或检波前的电路工作不良。

接通电源并将音量开至最大，判断变频级振荡电路是否起振。用万用表电压挡测 BG1 发射极对地电压的同时，用一根导线短路中波振荡线圈次级，如图 6－22 所示。短路时万用表指示的电压值要发生微弱的变化。若电压值没有变化，说明变频电路中本机振荡电路不工作，可能故障是三极管装错，将低频三极管当高频三极管用，或 C3 不良。对于 C3 不良可用一个 $0.01\ \mu F$ 的瓷介电容在路与 C3 并联试一试。若并上电容时电路工作正常，则故障是与其相并联的电容器不良；若电路仍不起振，一般故障是振荡线圈开路或振荡线圈相位接反。若检查发现变频电路中本机振荡电路工作正常，在确认天线线圈 L1 没有开路的前提下，扬声器无声是中频放大电路工作不良引起的。由于中频放大电路旁路电容 C4、C5、C8 失效只能使收音机灵敏度低而不会引起收音机无声，所以故障是与中频变压器相并联的谐振电容不良或电容量不

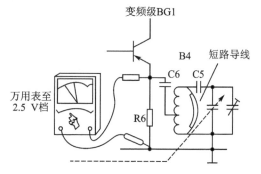

图 6－22　判断本机振荡电路是否起振的方法

正确,否则即为中频变压器不良。为了判断哪个中频变压器或电容不良,可用干扰法进行检查。分别用镊子碰 BG3、BG2 的基极,先碰 BG3 基极。若扬声器无声,检查 B5 中周中的 C 和 B5;若扬声器有声,再碰 BG2 基极。若此时扬声器无声,检查 B4 中周中的 C 和 B4;若扬声器有声检查 B3 中周中的 C 和 B3。

② 不用仪器调整中频。

收音机静态工作点调整好后,一般都能收到一些电台信号。这时若用导线短接双连可变电容器的振荡连 C10 时,接收的电台信号消失,说明收音机变频电路工作正常,可以进行中频调整。

调整中频,就是调整收音机上各中频变压器的电感量,使它与其相并联的电容器组成的谐振电路谐振于 465 kHz 中频频率上。一般中频变压器出厂时都已校准过,但新安装的收音机由于与它相并联的电容器存在容量误差,印刷电路板线路间存在分布电容,所以会将造成各中频变压器不同时谐振在同一个频率上,因此新装配的收音机要进行中频调整。由上所述可知,这种调整原则上是不能大范围调整中频变压器的磁帽位置,即不能将中频变压器的磁帽旋进去(这时对应电感量最大)或旋出来(这时对应电感量小)。

(3) 接收频率范围的调整(或称频率覆盖调整)

中频变压器谐振频率校准后,将调谐拨盘直接紧固在双连可变电容器的轴柄上,然后用 M2×5 的沉头螺钉紧固好,将机芯装入机壳内并用两个 M3×5 头螺钉将它紧固在机壳上。调整调谐拨盘,确认指针指示范围为 530～1 605 kHz。接通电源,调谐拨盘使拨盘指针指示在刻度盘低频端现正在播音的电台频率上(可取一架成品收音机进行比较),例如 640 kHz。用无感螺丝刀调整中波振荡线圈 B2 的磁帽,如图 6 - 23 所示,使收音机收到该电台信号。同样,调谐拨盘使拨盘指针指示在刻度盘高频端现正在播音的电台频率上,例如 1 330 kHz。用镊子逐圈卸除本机振荡回路的拉线微调电容 C 的导线(改变拉线微调电容的电容量),如图 6 - 24 所示,使收音机收到该电台信号,用剪刀剪去拉出的导线,这样反复调整一两次,确认收音机中波接收频率为 530～1 605 kHz,则收音机接收频率范围调整就结束了。

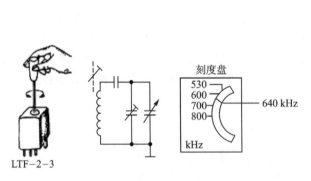

图 6 - 23　低端接收频率的调整

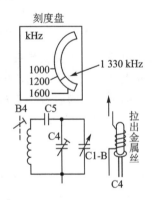

图 6 - 24　高端接收频率调整

(4) 统调(灵敏度调整)

统调也叫做"跟踪",目的就是使双连可变电容器不论旋转任何角度,天线线圈的谐振频率和本机振荡回路的频率差值都等于 465 kHz,即 $f_{振} - f_{外} = 465$ kHz。满足这种关系时,称两个谐振回路同步。这样就可在下一级中频放大器中得到最大放大量,从而得到最高灵敏度。

但是,在实际调整中要做到两个谐振回路同步是很困难的。因此一般只要在 3 点频率上即低频端 600 kHz 附近、中频端 1 000 kHz 附近、高频端 1 500 kHz 附近实现同步,就可以认为在整个中波接收范围内基本同步。调整方法如下:

① 低频端的统调。在刻度盘频率低端选一个电台,如 640 kHz 的电台,听到该电台的播音后,移动 B0 线圈在磁棒上的位置,如图 6 - 25 所示,使听到的广播声音最大声为止。

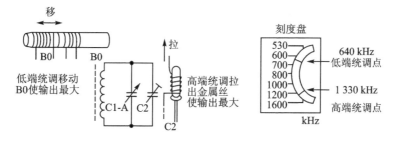

图 6 - 25 收音机高低端的统调

② 高频端的统调。在刻度盘频率高端选一个电台,如 1 330 kHz 的电台,听到这个电台的播音后调整 C2 微调电容器,如图 6 - 25 所示。如果 C2 是拉线微调电容,就要边拉出动片金属丝,边听广播声音的变化,直到声音最大为止。因为高端、低端的调整相互之间有点影响,所以高低端统调要重复几次,使高端、低端都达到最好的状况,这时用剪刀剪掉拉线电容器多余的金属丝。

在统调时,应注意随时调节音量电位器到合适的音量,使调整时收音机声音大小变化能清楚地分辨出。

③ 中间频率统调。中间频率的统调点在 1 000 kHz。在使用密封双连的收音机中,因电路设计时已保证了中间频率的统调,所以这项调整实际是不进行的。

整机调好以后,转动双连可变电容器,如果双连旋转到各个位置都听到啸叫声,则故障可能是中放自激,可参照本章后述的故障"(5) 啸叫"进行检修。

5. 常见故障的检修

(1) 无   声

故障分析:收音机无声故障可以分成两种:一种是完全无声;一种是有一点"沙沙"声,但收不到台。对前一种故障,从故障现象分析,故障部位发生在电源、扬声器、输出耦合电容的可能性比较大。对后一种故障,可根据旋动音量电位器来判断故障部位。若旋动音量控制电位器时"沙沙"声不变,故障多出在低放级;若"沙沙"声随音量控制电位器的变化而变化,故障部位在检波级以前。检修方法如下:

① 接通电源将音量电位器 W 顺时针转至最大,判定扬声器有否声音。若无声,用万用表 10 V 电压挡测量 C16 两端电压,若无 1.5 V 电压,则故障为电池或开关接触不良。若电压正常,则关闭电源,用万用表×1 Ω 挡再测量扬声器两端,表笔接触的同时应能听到"喀喀"声。若听不到此声,故障元件是扬声器不良;若正常,再用万用表测量 BG7 发射极与扬声器的接地端,与上述一样应能听到"喀喀"声。若此声正常,按检修步骤②进行检查。

② 若扬声器有"沙沙"声,且旋转音量电位器"沙沙"声不发生变化,则测量 BG6、BG7、BG8 静态工作点。若工作点正常,故障是 C10 或 W 不良;若静态工作点不正常,应参阅相应的电路分析进行检修。若旋转音量电位器"沙沙"声发生变化,则关闭电源开关,用万用表 R×

100 Ω 挡在路测量三极管 BG4 检波电路。

③ 若三极管检波电路正常,应测量 BG1、BG2、BG3 静态工作点,若不正常,可参阅相应的电路分析进行检修。

④ 若 BG1、BG2、BG3 工作点正常,应测量 U_{e1}(BG1 发射极对地电压)电压,然后用一根导线短接本振线圈 B2 的两端,若 U_{e1} 值没发生变化,故障是 C3 不良或 BG1 衰老。

⑤ 若 U_{e1} 值发生微小变化,则故障是 B3 中的 C、B4 中的 C、B5 中的 C、B3、B4、B5 当中某个元件不良。可用干扰法确定它们当中哪个元件不良。

(2) 收音机音量小

故障分析:收音机音量小,其故障可分为两种情况。一种收音机收到的台数几乎没有什么减少,但收音机的音量却显著减少,从这一现象分析,故障出在低放部分;另一种是收音机收到的电台数目显著减少,只能收听当地几个强台信号,这现象说明,收音机增益不够,即收音机灵敏度低。其故障是检波级以前的电路工作不正常。检修方法如下:

① 打开收音机检查接收的电台数,若电台数明显减少,故障是收音机灵敏度低,参见后述的故障(3)进行检修。

② 若收的电台数基本正常,则接收一台地方强台,置音量电位器最大位置,将万用表置交流 10 V 挡测量扬声器两端的瞬时电压。若瞬时电压值大于 0.8 V,故障是扬声器不良。

③ 若电压瞬时值远小于 0.8 V,应检查 BG6、BG7、BG8 静态工作点。若工作点不正常参见相应电路的分析进行故障检修。

④ 若静态工作点正常,故障是 C10、R14 中某个元件不良,可用一个良好的电解电容并联试一试即可确定故障元件。

(3) 只能收到本地强电台信号

故障分析:收音机只能收到本地强电台信号,我们称它为收音机灵敏度低。通常灵敏度低是由检波以前的电路增益低引起的。因此,变频、中放检波电路都是检修的重点。检修方法如下:

① 首先观察天线线圈是否断股或开路,若发现断股或开路将其焊好。若线圈良好,可用毛刷清除印刷电路上的污垢或烘干印刷电路板的潮气。若故障排除,则故障是由线路板受潮或部分电路污垢过多导致信号损耗大引起的。

② 若故障仍存在,可调整调谐拨盘使收音机收一个电台信号,分别微调 B5、B4、B3。若扬声器音量增大,收音机灵敏度提高,则故障是由中频失调引起;若调整过程中扬声器音量反而减小,应将中频变压器调整磁帽恢复原样。在调整过程中若发现某个中频变压器反应不敏感,则故障可能是它不良,应着重检查该中频变压器和与之并联的谐振电容。

③ 若调整中频变压器故障仍然存在,可关闭电源开关,用万用表 R×100 Ω 挡在路测量 BG4。

④ 若 BG4 正常,可测量 BG1、BG2、BG3 静态工作点。若不正常,参照相应的电路分析进行检修。

⑤ 若静态工作点正常,可取一个 0.01 μF 的瓷介电容与 C8 并联试一试,若收音机音量明显增加,则更换与其相并联的电容。

⑥ 若上述电容都正常,应分别卸下 BG1、BG2、BG3 测量其放大倍数,其 β 值必须大于 60,否则将其替换。

⑦ 若上述晶体管正常,可用干扰法逐一地用镊子触及 BG5、BG4、BG3 基极,扬声器的"喀喀"声应逐级增强。若违反这一规律,替换该级与中频变压器相并联的电容或中频变压器。中频变压器的故障通常为受潮、开路和局部短路。

（4）失　真

故障分析:收音机的失真通常有 3 种类型:第一种为声音失真,它是音频电流通过扬声器,扬声器还原为声音时产生失真。通常该失真表现为声音沙哑难听,其故障为扬声器不良,或装饰面板安装不良,扬声器振动时发生共振。第二种为交越失真(也称为非线性失真),它是一种电失真,表现为声音不真实,吐词不清,特别是音量减小时更为严重,其故障通常是功放电路不良。第三种为频率失真,它也属电失真的一种,其表现为音尖,刺耳,对于这类故障着重检查高音旁路电容和耦合电容有没有失效。检修方法如下:

① 首先收听一个电台信号认真辨认失真类型。若为声音失真,按检修步骤②进行检查;若为交越失真按检修步骤③进行检查;若为频率失真按步骤④进行检修。

② 若确认为声音失真,检查有否小垫圈等金属物粘在扬声器上,装饰面板与机壳安装是否紧凑。若上述都正常,故障是扬声器不良。

③ 若确认为交越失真,参阅直接耦合放大电路、功率放大电路的内容进行检修。

④ 若确认为频率失真取一个 50 μF 的电解电容分别与 C10 相并联。若故障消失则更换与之并联的电容。

（5）啸　叫

故障分析:收音机产生啸叫的原因很多,主要是由于机内各级放大器之间存在着有害的耦合,产生了寄生振荡。因此检修时着重要分清这些有害耦合部位。不同的耦合部位产生的啸叫现象不一样,通常可将其分为下列 3 种情况。

第一种是低频啸叫,其特点是与调节电台无关,不随调谐变化,故障原因一般是电池电压太低,电源滤波电容(图 6 - 15 中的 C16)失效,退耦电阻(图 6 - 15 中的 R17)短路,对于新组装的收音机有可能是音量电位器接错而产生正反馈,或输入变压器线头接反,原来的负反馈成了正反馈。

第二种是中频啸叫,它可分为 AGC 电路中电容 C4 开路引起的啸叫和中频自激啸叫两类。C4 开路引起的啸叫,其特点是扬声器中出现"吱吱"声,调到电台位置附近便发出尖叫,失真加大,声音难听。中频自激啸叫其特点是调谐时在整个度盘上都有啸叫声,尤其在收听电台的两旁更为显著,当调谐到强电台位置时叫声消失,它一般是中和电容容量不够、三极管 β 值太大、静态工作点不正常等引起的。

第三种是高频啸叫,这种啸叫的特点和中频部分啸叫相同,但通常发生在波段的高端,其故障主要是本机振荡太强。检修方法如下:

① 接通电源,判别啸叫类型。若啸叫与调谐变化无关或与音量电位器控制无关,则啸叫是由低放部分引起,按检修步骤②进行检修。若整个度盘上都有啸叫,尤其在收听电台的两旁更为显著,则啸叫是由中放部分引起的。判断中放是否自激可采用下列方法:短路双连 C1 - A 使外来高频信号不进入收音机,然后在音量控制电位器两端测量直流电压,若有电压则说明中放存在自激,按检修步骤③进行检修;若无电压则检查 AGC 滤波电容 C4。若啸叫与中放部分啸叫相同,但主要发生在波段高端,按检修步骤④进行检修。

② 若确认是低频啸叫,首先检查电位器是否接错。若没接错再检查电源电压,若电压低

于 1 V,更换电池试一试。若电压正常,分别用 100 μF 的电解电容并接在 C16 两端检查它们是否良好,并检查 R17 电阻是否短路。若上述元件不良,要换之;若上述元件正常,卸下 R15 电阻,若啸叫消失,则对换 B4 初级引线。

③ 若确认 AGC 滤波不良,则更换 C4 电解电容。若确认中频自激,首先测量 BG2、BG3 静态工作点。若静态工作点不正常参照放大电路进行检修。对于组装机,产生中频自激可能是中频变压器参数不良或元件布局不合理,因此也可考虑更换中频变压器或重新考虑元件布局。

④ 若确认啸叫是由高频部分产生的,应测量 BG1 静态工作点。若不正常,应调整上偏置电阻;若正常,取一个 6 800 pF 或 5 100 pF 的电容替换 C3。若故障仍存在,可用 β 值为 60 倍左右的高频管更换 BG1,对于组装机还应考虑更换本振变压器。

6.2 万用表

万用表是一种多功能、多量程的便携式电工仪表,一般的万用表可以测量直流电流、交直流电压和电阻,有些万用表还可测量电容、功率、晶体管共射极直流放大系数 h_{FE} 等。MF47 型万用表具有 26 个基本量程和电平、电容、电感、晶体管直流参数等 7 个附加参考量程,是一种量限多、分挡细、灵敏度高、体形轻巧、性能稳定、过载保护可靠、读数清晰、使用方便的新型万用表。

万用表是电工必备的仪表之一,每个电气工作者都应该熟练掌握其工作原理及使用方法。通过本节万用表的原理与安装学习,要求学生了解万用表的工作原理,掌握锡焊技术的工艺要领及万用表的使用与调试方法。

6.2.1 万用表原理与安装实习的目的与意义

现代生活离不开电,电类和非电类专业的许多学生都有必要掌握一定的用电知识及电工操作技能。通过实习要求学生学会使用一些常用的电工工具及仪表,比如尖嘴钳、剥线钳、万用表,并且要求学生掌握一些常用开关电器的使用方法及工作原理。通过本小节的学习,学生要接触到一定的电学知识,实现理论联系实际,认识一些常用电工器具的外形及结构特点,为后续课程的学习打下一定的基础。

万用表是最常用的电工仪表之一,通过这次实习,学生应该在了解其基本工作原理的基础上学会安装、调试、使用并学会排除一些万用表的常见故障。锡焊技术是电工的基本操作技能之一,通过实习要求大家在初步掌握这一技术的同时,注意培养自己在工作中耐心细致,一丝不苟的工作作风。

6.2.2 指针式万用表的结构、组成与特征

万用表分为指针式、数字式两种,如图 6-26 所示。随着技术的发展,人们研制出微机控制的虚拟式万用表,被测物体的物理量通过非电量转换成电量,如将温度等非电量转换成电量,再通过 A/D 转换,由微机显示或输送给控制中心,控制中心通过信号比较做出判断,发出控制信号或者通过 D/A 转换来控制被测物体,如图 6-27 所示。

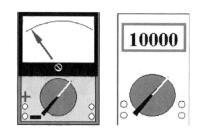

图 6 - 26 指针式万用表和数字式万用表

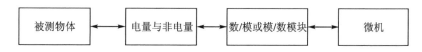

图 6 - 27 微机控制的虚拟式万用表

1. 万用表的结构特征

MF47 型万用表采用高灵敏度的磁电系整流式表头,造型大方,设计紧凑,结构牢固,携带方便,零部件均选用优良材料及工艺处理,具有良好的电气性能和机械强度。其特点如下:

➤ 测量机构采用高灵敏度表头,性能稳定。

➤ 线路部分保证可靠、耐磨、维修方便。

➤ 测量机构采用硅二极管保护,保证过载时不损坏表头,并且线路设有 0.5 A 保险丝以防止误用时烧坏电路。

➤ 设计上考虑了湿度和频率补偿。

➤ 低电阻挡选用 2♯干电池,容量大、寿命长。

➤ 配合高压挡,可测量电视机内 25 kV 以下高压。

➤ 配有晶体管静态直流放大系数检测装置。

➤ 表盘标度尺刻度线与挡位开关旋钮指示盘均为红、绿、黑 3 色,分别按交流红色,晶体管绿色,其余黑色对应制成;共有 7 条专用刻度线,刻度分开,便于读数;配有反光铝膜,消除视差,提高了读数精度。

➤ 除交直流 2 500 V 和直流 5 A 分别有单独的插座外,其余只需转动一个选择开关,使用方便。

➤ 装有提把,不仅便于携带,而且可在必要时作倾斜支撑,便于读数。

2. 指针式万用表的组成

指针式万用表的形式很多,但基本结构是类似的。指针式万用表的结构主要由表头、挡位转换开关、测量线路板、面板等组成,如图 6 - 28 所示。

表头是万用表的测量显示装置,指针式万用表采用控制显示面板＋表头一体化结构;挡位开关用来选择被测电量的种类和量程;测量线路板将不同性质和大小的被测电量转换为表头所能接受的直流电流。万用表可以测量直流电流、直流电压、交流电压和电阻等多种电量。当转换开关拨到直流电流挡,可分别与 5 个接触点接通,用于测量 500 mA、50 mA、5 mA 和 500 μA、50 μA 量程的直流电流。同样,当转换开关拨到欧姆挡时,可分别测量×1 Ω、×10 Ω、×100 Ω、×1 kΩ、×10 kΩ 量程的电阻;当转换开关拨到直流电压挡时,可分别测量 0.25 V、1 V、2.5 V、10 V、50 V、250 V、500 V、1 000 V 量程的直流电压;当转换开关拨到交流电压挡时,可分别测量 10 V、50 V、250 V、500 V、1 000 V 量程的交流电压。

图 6 - 28　指针式万用表的组成

注意表头不能跌坏或者拿在手里晃动。挡位开关由安装在正面的挡位开关旋钮和安装在反面的电刷旋钮组成。测量线路板有黄绿两面,绿面用于焊接,黄面用于安装元件。

3. 万用表的结构

万用表由机械部分、显示部分、与电气部分3大部分组成。机械部分包括外壳、挡位开关旋钮及电刷等部分;显示部分就是表头;电气部分由测量线路板、电位器、电阻、二极管、电容等部分组成,如图 6 - 29 所示。

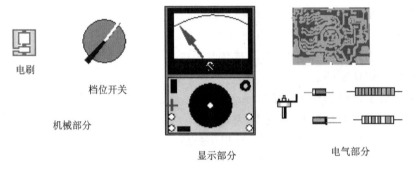

图 6 - 29　万用表结构

6.2.3　指针式万用表的工作原理

1. 指针式万用表最基本的工作原理

指针式万用表最基本工作原理如图 6 - 30 所示。

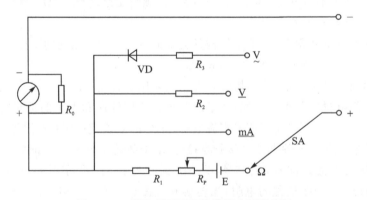

图 6 - 30　指针式万用表的最基本测量原理

指针式万用表由表头、电阻测量挡、电流测量挡、直流电压测量挡和交流电压测量挡几个部分组成,图中"－"为黑表棒插孔,"＋"为红表棒插孔。

测电压和电流时,外部有电流通入表头,因此不须内接电池。

当把挡位开关旋钮 SA 拨到交流电压挡时,通过二极管 VD 整流,电阻 R_3 限流,由表头显示出来;当拨到直流电压挡时不须二极管整流,仅须电阻 R_2 限流,表头即可显示;拨到直流电流挡时既不须二极管整流,也不须电阻 R_2 限流,表头即可显示;测电阻时将转换开关 SA 拨到 Ω 挡,这时外部没有电流通入,因此必须使用内部电池作为电源。设外接的被测电阻为 R_x,表内的总电阻为 R,形成的电流为 I,由 R_x、电池 E、可调电位器 R_P、固定电阻 R_1 和表头部分组成闭合电路,形成的电流 I 使表头的指针偏转。红表棒与电池的负极相连,通过电池的正极与电位器 R_P 及固定电阻 R_1 相连,经过表头接到黑表棒与被测电阻 R_x 形成回路产生电流使表头显示。回路中的电流为:

$$I = E/(R_x + R)$$

从上式可知:I 和被测电阻 R_x 不成线性关系,所以表盘上电阻标度尺的刻度是不均匀的。当电阻越小时,回路中的电流越大,指针的摆动越大,因此电阻挡的标度尺刻度是反向分度。

当万用表红黑两表棒直接连接时,相当于外接电阻最小 $R_x = 0$,则:

$$I = E/(R_x + R) = E/R$$

此时通过表头的电流最大,表头摆动最大,因此指针指向满刻度处,向右偏转最大,显示阻值为 0 Ω。反之,当万用表红黑两表棒开路时,相当于外接电阻 $R_x \to \infty$,R 可以忽略不计,则:

$$I = E/(R_x + R) \approx E/R_x \approx 0$$

此时通过表头的电流最小,因此指针指向 0 刻度处,显示阻值为∞。

2. MF47 型万用表的工作原理

MF47 型万用表的原理图如图 6-31 所示,其显示表头是一个直流 μA 表,WH2 是电位器用于调节表头回路中的电流大小,D3、D4 两个二极管反向并联并与电容并联,用于保护限制表头两端的电压起保护表头的作用,使表头不至电压、电流过大而烧坏。电阻挡分为×1 Ω、×10 Ω、×100 Ω、×1 kΩ、×10 kΩ、几个量程,当转换开关拨到某一个量程时,与某一个电阻形成回路,使表头偏转,测出阻值的大小。

MF47 型万用表由 5 个部分组成:公共显示部分;直流电流部分;直流电压部分;交流电压部分和电阻部分。线路板上每个挡位的分布如图 6-32 所示。上面为交流电压挡,左边为直流电压挡,下面为直流 mA 挡,右边是电阻挡。

3. MF47 万用表电阻挡工作原理

MF47 万用表电阻挡工作原理如图 6-33 所示。电阻挡分为×1 Ω、×10 Ω、×100 Ω、×1 kΩ、×10 kΩ 5 个量程。例如将挡位开关旋钮拨到×1 Ω 时,外接被测电阻通过"—COM"端与公共显示部分相连;通过"＋"经过 0.5 A 熔断器接到电池,再经过电刷旋钮与 R18 相连,WH1 为电阻挡公用调零电位器,最后与公共显示部分形成回路,使表头偏转,测出阻值的大小。

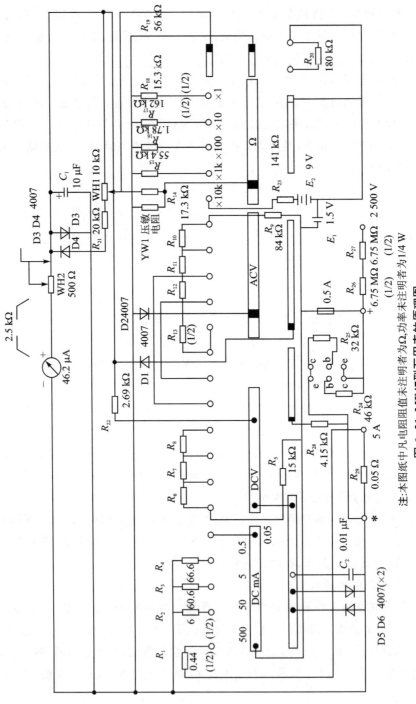

注：本图纸中凡电阻阻值未注明者为Ω，功率未注明者为1/4 W

图 6-31　MF47型万用表的原理图

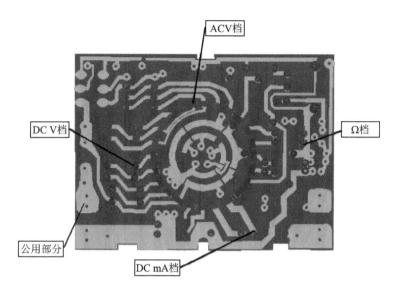

图 6 - 32 MF47 万用表的测量线路板及 5 个组成部分

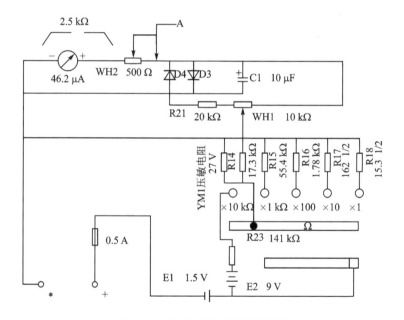

图 6 - 33 万用表电阻挡工作原理

6.2.4 MF47 型万用表安装步骤

1. 清点材料

表 6 - 2 列出 MF47 型万用表所用材料清单。

表 6 - 2　MF47 型万用表元件清单

名　称	图　形	数　量
电阻		28 个
电阻分流器		1 个
压敏电阻		1 个
电位器		1 个
可调电阻		1 个
二极管		6 个
电解电容		1 个
涤纶电容		1 个
保险丝		1 个
保险丝夹		2 个
电路板		1 个
面板表头		1 个
挡位开关旋钮		1 个

续表 6 - 2

名　称	图　形	数　量
电刷旋钮(正反两面)	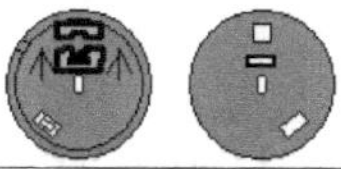	1 个
钮钉		1 个
电位器旋钮		1 个
晶体管插座		1 个
后盖	 后盖 1 个	1 个
螺钉		2 个
弹簧		1 个
钢珠		1 个
橡胶垫圈		2 个
电池极片		2 个
铭牌		1 个
V 形电刷		1 个
晶体管插片		6 个
表笔		2 个

2. 焊接前的准备工作

(1) 清除元件表面的氧化层

元件经过长期存放,会在元件表面形成氧化层,不但使元件难以焊接,而且影响焊接质量。因此,当元件表面存在氧化层时,应首先清除元件表面的氧化层,注意用力不能过猛,以免使元件引脚受伤或折断。

清除元件表面氧化层的方法如图 6 - 34 所示,左手捏住电阻或其他元件的本体,右手用锯条轻刮元件引脚的表面,左手慢慢地转动,直到表面氧化层全部去除。为了使电池夹易于焊接要用尖嘴钳前端的齿口部分将电池夹的焊接点锉毛,去除氧化层。

图 6 - 34　清除表面氧化层

(2) 元件引脚的弯制成形

左手用镊子紧靠电阻的本体,夹紧元件的引脚,如图 6 - 35 所示,使引脚的弯折处,距离元件的本体有 2 mm 以上的间隙。左手夹紧镊子,右手食指将引脚弯成直角。注意:不能用左手捏住元件本体,右手紧贴元件本体进行弯制,如果这样,引脚的根部在弯制过程中容易受力而损坏,元件弯制后的形状如图 6 - 36,引脚之间的距离,根据线路板孔距而定。引脚修剪后的长度大约为 8 mm,如果孔距较小,元件较大,应将引脚往回弯折成形如图 6 - 36 中(c)、(d)。电容的引脚可以弯成直角,将电容水平安装如图 6 - 36 中(e),或弯成梯形,将电容垂直安装如图 6 - 36 中(h)。二极管可以水平安装,当孔距很小时应垂直安装如图 6 - 36 中(i),为了将二极管的引脚弯成美观的圆形,应用螺丝刀辅助弯制(图 6 - 37)。将螺丝刀紧靠二极管引脚的根部,十字交叉,左手捏紧交叉点,右手食指将引脚向下弯,直到两引脚平行。

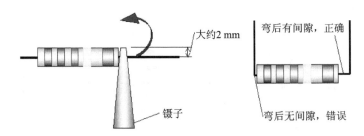

图 6 - 35　元器件引脚弯制成形

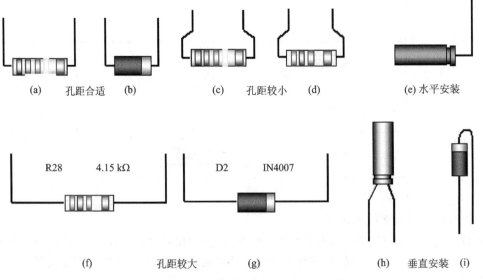

(a)　孔距合适　(b)　(c)　孔距较小　(d)　(e) 水平安装

(f)　孔距较大　(g)　(h)　垂直安装　(i)

图 6 - 36　元器件引脚弯制成形后的形状

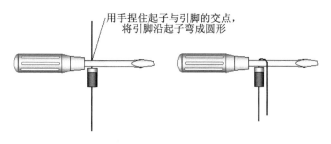

图 6 - 37　用螺丝刀辅助弯制

有的元件安装孔距离较大,应根据线路板上对应的孔距弯曲成形(见图 6 - 38)。

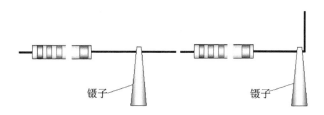

图 6 - 38　元器件孔距较大时弯制成形

3. 元器件的焊接与安装

(1) 焊接练习

焊接前一定要注意,烙铁的插头必须插在右手的插座上,不能插在靠左手的插座上;如果是左撇子就插在左手。烙铁通电前应将烙铁的电线拉直并检查电线的绝缘层是否有损坏,不能使电线缠在手上。通电后应将电烙铁插在烙铁架中,并检查烙铁头是否会碰到电线、书包或其他易燃物品。

烙铁加热过程中及加热后都不能用手触摸烙铁的发热金属部分,以免烫伤或触电。烙铁架上的海绵要事先加水。

① 烙铁头的保护。为了便于使用,烙铁在每次使用后都要进行维修,将烙铁头上的黑色氧化层锉去,露出铜的本色,在烙铁加热的过程中要注意观察烙铁头表面的颜色变化,随着颜色的变深,烙铁的温度渐渐升高,这时要及时把焊锡丝点到烙铁头上,焊锡丝在一定温度时熔化,将烙铁头镀锡,保护烙铁头,镀锡后的烙铁头为白色。

② 烙铁头上多余锡的处理。如果烙铁头上挂有很多的锡,不易焊接,可在烙铁架中带水的海绵上或者在烙铁架的钢丝上抹去多余的锡,不可在工作台或者其他地方抹去。

③ 在练习板上焊接。焊接练习板是一块焊盘排列整齐的线路板,学生将一根 7 股多芯电线的线芯剥出,把一股从焊接练习板的小孔中插入,练习板放在焊接木架上,从右上角开始,排列整齐,进行焊接(见图 6 - 39)。

练习时注意不断总结,把握加热时间、送锡多少,不可在一个点加热时间过长,否则会使线路板的焊盘烫坏。注意应尽量排列整齐,以便前后对比,改进不足。

焊接时先将电烙铁在线路板上加热大约 2 s 后,送焊锡丝,观察焊锡量的多少,不能太多,造成堆焊;也不能太少,造成虚焊。当焊锡熔化发出光泽时,焊接温度最佳,此时应立即将焊锡丝移开,再将电烙铁移开。为了在加热中使加热面积最大,要将烙铁头的斜面靠在元件引脚上

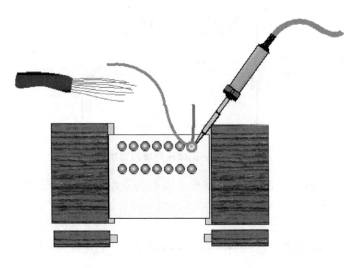

图 6 - 39　焊接练习

(见图 6 - 40),烙铁头的顶尖抵在线路板的焊盘上。焊点高度一般在 2 mm 左右,直径应与焊盘相一致,引脚应高出焊点大约 0.5 mm。

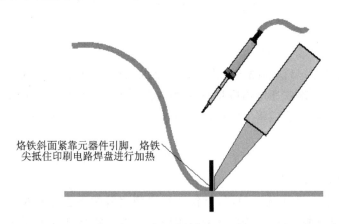

烙铁斜面紧靠元器件引脚,烙铁尖抵住印刷电路焊盘进行加热

图 6 - 40　焊接时电烙铁的正确位置

　　④ 焊点的正确形状。焊点的各种形状如图 6 - 41 所示,焊点 a 一般焊接比较牢固;焊点 b 为理想状态,一般不易焊出这样的形状;焊点 c 焊锡较多,当焊盘较小时,可能会出现这种情况,但是往往有虚焊的可能;焊点 d、e 焊锡太少;焊点 f 提烙铁时方向不合适,造成焊点形状不规则;焊点 g 烙铁温度不够,焊点呈碎渣状,这种情况多数为虚焊;焊点 h 焊盘与焊点之间有缝隙为虚焊或接触不良;焊点 i 引脚放置歪斜。一般形状不正确的焊点,元件多数没有焊接牢固,一般为虚焊点,应重焊。

　　焊点的俯视形状如图 6 - 42 所示,焊点 a、b 形状圆整,有光泽,焊接正确;焊点 c、d 温度不够,或抬烙铁时发生抖动,焊点呈碎渣状;焊点 e、f 焊锡太多,将不该连接的地方焊成短路。焊接时一定要注意尽量把焊点焊得美观牢固。

　　⑤ 元器件的插放。将弯制成型的元器件对照图纸插放到线路板上。注意:一定不能插错位置;二极管、电解电容要注意极性;电阻插放时要求读数方向排列整齐,横排的必须从左向

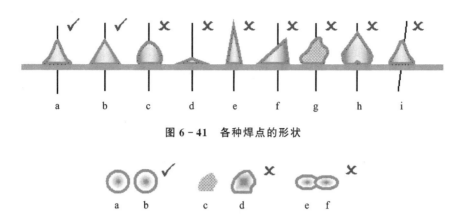

图 6 - 41　各种焊点的形状

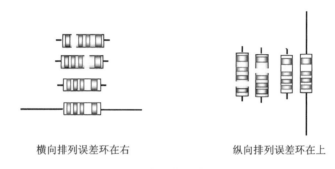

图 6 - 42　各种焊点的俯视形状

右读,竖排的从下向上读,保证读数一致(见图 6 - 43)。

图 6 - 43　色环电阻的排列方向

⑥ 元器件参数的检测。每个元器件在焊接前都要用万用表检测其参数是否在规定的范围内。二极管、电解电容要检查它们的极性,电阻要测量阻值。测量阻值时应将万用表的挡位开关旋钮调整到电阻挡,预读被测电阻的阻值,估计量程,将挡位开关旋钮拨到合适的量程,短接红黑表棒,调整电位器旋钮,将万用表调零(见图 6 - 44)。注意电阻挡调零电位器在表的右侧,不能调表头中间的小旋钮,该旋钮用于表头本身的调零。调零后,用万用表测量每个插放好的电阻的阻值。测量不同阻值的电阻时要使用不同的挡位,每次换挡后都要调零。为了保证测量的精度,要使测出的阻值在满刻度的 2/3 左右,过大或过小都会影响读数,应及时调整量程。要注意一定要先插放电阻,后测阻值,这样不但检查了电阻的阻值是否准确,而且同时还检查了元件的插放是否正确,

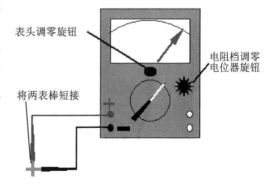

图 6 - 44　万用表调零

如果插放前测量电阻,只能检查元件的阻值,而不能检查插放是否正确。

(2)元器件的焊接

① 焊接元器件。在焊接练习板上练习合格,对照图纸插放元器件,用万用表校验,检查每

个元器件插放是否正确、整齐,二极管、电解电容极性是否正确,电阻读数的方向是否一致,全部合格后方可进行元器件的焊接。

焊接完后的元器件,要求排列整齐,高度一致(见图 6 - 45)。为了保证焊接的整齐美观,焊接时应将线路板架在焊接木架上焊接,两边架空的高度要一致,元件插好后,要调整位置,使它与桌面相接触,保证每个元件焊接高度一致。焊接时,电阻不能离开线路板太远,也不能紧贴线路板焊接,以免影响电阻的散热。

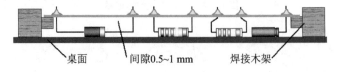

图 6 - 45　元器件的排列 1

焊接时如果线路板未放水平(见图 6 - 46),应重新加热调整。图中线路板未放水平,使二极管两端引脚长度不同,离开线路板太远;使电阻放置歪斜;电解电容折弯角度大于 90°,易将引脚弯断。

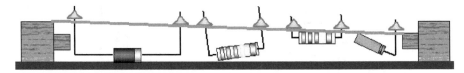

图 6 - 46　元器件的排列 2

应先焊水平放置的元器件,后焊垂直放置的或体积较大的元器件,如分流器、可调电阻等(见图 6 - 47)。焊接时不允许用电烙铁运载焊锡丝,因为烙铁头的温度很高,焊锡在高温下会使助焊剂分解挥发,易造成虚焊等焊接缺陷。

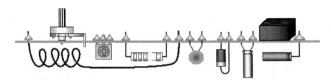

图 6 - 47　元器件的排列 3

② 错焊元件的拔除。当元件焊错时,要将错焊的元件拔除。先检查焊错的元件应该焊在什么位置,正确位置的引脚长度是多少,如果引脚较长,为了便于拔出,应先将引脚剪短。在烙铁架上清除烙铁头上的焊锡,将线路板绿色的焊接面朝下,用烙铁将元件脚上的锡尽量刮除,然后将线路板竖直放置,用镊子在黄色的面将元件引脚轻轻夹住,在绿色面,用烙铁轻轻烫,同时用镊子将元件向相反方向拔除。拔除后,焊盘孔容易堵塞,有两种方法可以解决这一问题。

➤ 烙铁稍烫焊盘,用镊子夹住一根废元件脚,将堵塞的孔通开;

➤ 将元件做成正确的形状,并将引脚剪到合适的长度,镊子夹住元件,放在被堵塞孔的背面,用烙铁在焊盘上加热,将元件推入焊盘孔中。注意用力要轻,不能将焊盘推离线路板,使焊盘与线路板间形成间隙或者使焊盘与线路板脱开。

③ 电位器的安装。电位器安装时,应先测量电位器引脚间的阻值,电位器共有 5 个引脚(见图 6 - 48)。其中 3 个并排的引脚中,1、3 两点为固定触点,2 为可动触点,当旋钮转动时,

1、2 或者 2、3 间的阻值发生变化。电位器实质上是一个滑线电阻,电位器的两个粗的引脚主要用于固定电位器。安装时应捏住电位器的外壳,平稳地插入,不应使某一个引脚受力过大。不能捏住电位器的引脚安装,以免损坏电位器。安装前应用万用表测量电位器的阻值,1、3 之间的阻值应为 10 kΩ,拧动电位器的黑色小旋钮,测量 1 与 2 或者 2 与 3 之间的阻值应在 0～10 kΩ 间变化。如果没有阻值,或者阻值不改变,说明电位器已经损坏,不能安装,否则 5 个引脚焊接后,要更换电位器就非常困难。

注意电位器要装在线路板的焊接绿面,不能装在黄色面。

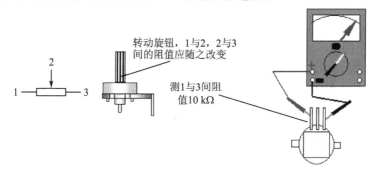

图 6 - 48　电位器阻值的测量

④ 分流器的安装。安装分流器时要注意方向,不能让分流器影响线路板及其余电阻的安装(见图 6 - 49)。

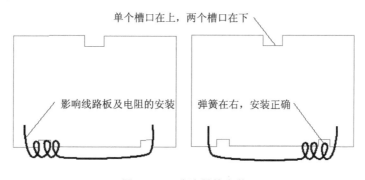

图 6 - 49　分流器的安装

⑤ 输入插管的安装。输入插管装在绿面,是用来插表棒的,因此一定要焊接牢固。将其插入线路板中,用尖嘴钳在黄面轻轻捏紧,将其固定,一定要注意垂直,然后将两个固定点焊接牢固。

⑥ 晶体管插座的安装。晶体管插座装在线路板绿面,用于判断晶体管的极性。在绿面的左上角有 6 个椭圆的焊盘,中间有两个小孔,用于晶体管插座的定位,将其放入小孔中检查是否合适,如果小孔直径小于定位突起物,应用锥子稍微将孔扩大,使定位突起物能够插入。

将晶体管插片(见图 6 - 50)插入晶体管插座中,检查是否松动,应将其拨出并将其弯成图 6 - 50 中 b 的形状,插入晶体管插座中(见图 6 - 50 中 c),将其伸出部分折平(见图 6 - 50 中 d)。

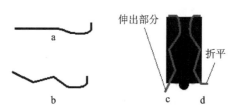

图 6 - 50　晶体管插片的弯制与固定

晶体管插片装好后,将晶体管插座装在线

路板上,定位,检查是否垂直,并将 6 个椭圆的焊盘焊接牢固。

⑦ 焊接时的注意事项。焊接时一定要注意电刷轨道上不能粘上锡,否则会严重影响电刷的运转(见图 6 - 51)。为了防止电刷轨道粘锡,切忌用烙铁运载焊锡。由于焊接过程中有时会产生气泡,使焊锡飞溅到电刷轨道上,因此应用一张圆形厚纸垫在线路板上。

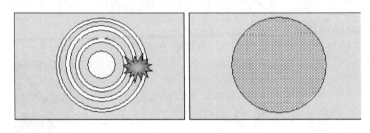

图 6 - 51 电刷轨道的保护

如果电刷轨道上粘了锡,应将其绿面朝下,用没有焊锡的烙铁将锡尽量刮除。但由于线路板上的金属与焊锡的亲和性强,一般不能刮尽,只能用小刀稍微修平整。

在每一个焊点加热的时间不能过长,否则会使焊盘脱开或脱离线路板。对焊点进行修整时,要让焊点有一定的冷却时间,否则不但会使焊盘脱开或脱离线路板,而且会使元器件温度过高而损坏。

⑧ 电池极板的焊接。焊接前先要检查电池极板的松紧,如果太紧应将其调整。调整的方法是用尖嘴钳将电池极板侧面的突起物稍微夹平,使它能顺利地插入电池极板插座,且不松动(见图 6 - 52)。

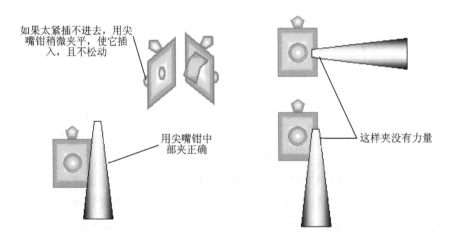

如果太紧插不进去,用尖嘴钳稍微夹平,使它插入,且不松动

用尖嘴钳中部夹正确

这样夹没有力量

图 6 - 52 调整电池极板松紧

电池极板安装的位置如图 6 - 53 所示。平极板与突极板不能对调,否则电路无法接通。

焊接时应将电池极板拨起,否则高温会把电池极板插座的塑料烫坏。为了便于焊接,应先用尖嘴钳的齿口将其焊接部位部分锉毛,去除氧化层。用加热的烙铁沾一些松香放在焊接点上,再加焊锡,为其搪锡。

将连接线线头剥出,如果是多股线应立即将其拧紧,然后沾松香并搪锡(提供的连接线已经搪锡)。用烙铁运载少量焊锡,烫开电池极板上已有的锡,迅速将连接线插入并移开烙铁。

如果时间稍长将会使连接线的绝缘层烫化,影响其绝缘。

连接线焊接的方向如图 6 - 54 所示。连接线焊好后将电池极板压下,安装到位。

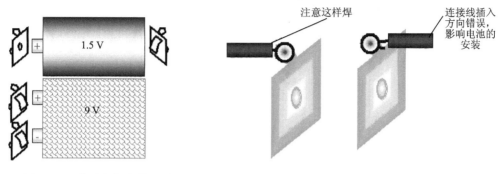

图 6 - 53   电池极板安装位置   图 6 - 54   连接线焊接方向

4. 机械部件的安装调整

(1) 提把的安装

后盖侧面有两个"O"形小孔,是提把铆钉安装孔。观察其形状,思考如何将其卡入,但注意现在不能卡进去。

提把放在后盖上,将两个黑色的提把橡胶垫圈垫在提把与后盖中间,然后从外向里将提把铆钉按其方向卡入,听到"咔嗒"声后说明已经安装到位。如果无法听到"咔嗒"声可能是橡胶垫圈太厚,应更换后重新安装。

大拇指放在后盖内部,四指放在后盖外部,用四指包住提把铆钉,大拇指向外轻推,检查铆钉是否已安装牢固。注意一定要用四指包住提把铆钉,否则会使其丢失。

将提把转向朝下,检查其是否能起支撑作用,如果不能支撑,说明橡胶垫圈太薄,应更换后重新安装。

(2) 电刷旋钮的安装

取出弹簧和钢珠,并将其放入凡士林油中,使其粘满凡士林。加油有两个作用:使电刷旋钮润滑,旋转灵活;起黏附作用,将弹簧和钢珠黏附在电刷旋钮上,防止其丢失。

将加上润滑油的弹簧放入电刷旋钮的小孔中(见图 6 - 55),钢珠黏附在弹簧的上方,注意切勿丢失。

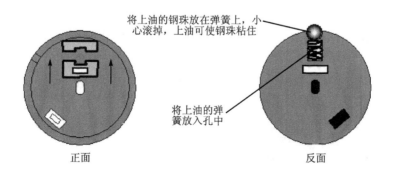

图 6 - 55   弹簧、弹珠的安装

　　观察面板背面的电刷旋钮安装部位(见图 6 - 56),它由 3 个电刷旋钮固定卡、2 个电刷旋钮定位弧、1 个钢珠安装槽和 1 个花瓣形钢珠滚动槽组成。

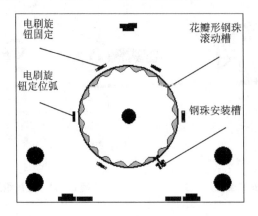

图 6 - 56　背面电刷旋钮安装部位

　　将电刷旋钮平放在面板上(见图 6 - 57),注意电刷放置的方向。用起子轻轻顶,使钢珠卡入花瓣槽内,小心滚掉,然后手指均匀用力将电刷旋钮卡入固定卡。

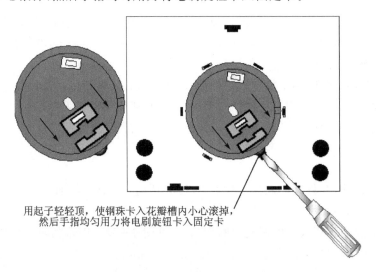

用起子轻轻顶,使钢珠卡入花瓣槽内小心滚掉,
然后手指均匀用力将电刷旋钮卡入固定卡

图 6 - 57　电刷旋钮的安装

将面板翻到正面(见图 6 - 58),挡位开关旋钮轻轻套在从圆孔中伸出的小手柄上,慢慢转

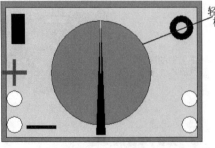

轻轻套上挡位开关,转动
检查电刷旋钮是否装好

图 6 - 58　检查电刷旋钮是否安装好

动旋钮,检查电刷旋钮是否安装正确,应能听到"咔嗒"、"咔嗒"的定位声,如果听不到则可能钢珠丢失或掉进电刷旋钮与面板间的缝隙,这时挡位开关无法定位,应拆除重装。

将挡位开关旋钮轻轻取下,用手轻轻顶小孔中的手柄(见图 6 - 59),同时反面用手依次轻轻扳动 3 个定位卡,注意用力一定要轻且均匀,否则会把定位卡扳断,小心钢珠不能滚掉。

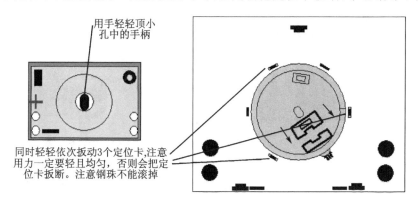

图 6 - 59　电刷旋钮的拆除

(3) 挡位开关旋钮的安装

电刷旋钮安装正确后,将它转到电刷安装卡向上位置(见图 6 - 60),将挡位开关旋钮白线向上套在正面电刷旋钮的小手柄上,向下压紧即可。

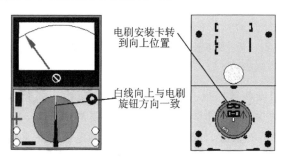

图 6 - 60　挡位开关旋钮的安装

如果白线与电刷安装卡方向相反,必须拆下重装。拆除时用平口起子对称地轻轻撬动,依次按左、右、上、下的顺序,将其撬下。注意用力要轻且对称,否则容易撬坏(见图 6 - 61)。

(4) 电刷的安装

将电刷旋钮的电刷安装卡转向朝上,V 形电刷有一个缺口,应该放在左下角,因为线路板的 3 条电刷轨道中间 2 条间隙较小,外侧 2 条间隙较大,与电刷相对应,当缺口在左下角时电刷接触点上面 2 个相距较远,下面 2 个相距较近,一定不能放错,如图 6 - 62 所示。电刷 4 周都要卡入电刷安装槽内,用手轻轻按,看是否有弹性并能自动复位。

如果电刷安装的方向不对,将使万用表失效或损坏(见图 6 - 63)。图中(a)开口在右上角,电刷中间的触点无法与电刷轨道接触,使万用表无法正常工作,且外侧的两圈轨道中间有焊点,使中间的电刷触点与之相摩擦,易使电刷受损;(b)、(c)使开口在左上角或在右下角,3个电刷触点均无法与轨道正常接触,电刷在转动过程中与外侧两圈轨道中的焊点相刮,会使电刷很快折断,使电刷损坏。

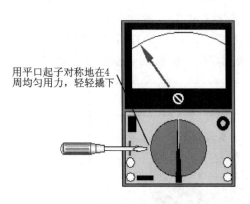

用平口起子对称地在4
周均匀用力,轻轻撬下

图 6 - 61　挡位开关旋钮的拆除

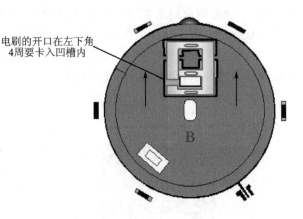

电刷的开口在左下角
4周要卡入凹槽内

图 6 - 62　电刷的安装

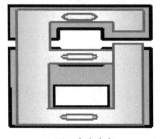

(a) 开口在右上角

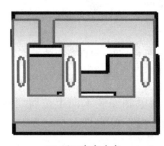

(b) 开口在左上角

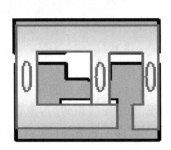

(c) 开口在右下角

图 6 - 63　电刷的错误安装方法

（5）线路板的安装

电刷安装正确后方可安装线路板。安装线路板前先应检查线路板焊点的质量及高度,特别是在外侧两圈轨道中的焊点(见图 6 - 64),由于电刷要从中通过,安装前一定要检查焊点高度,不能超过 2 mm,直径不能太大,如果焊点太高会影响电刷的正常转动甚至刮断电刷。

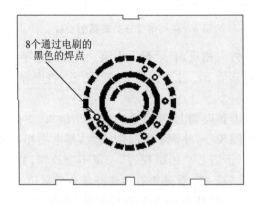

8个通过电刷的
黑色的焊点

图 6 - 64　外侧两圈轨道中的焊点

线路板用 3 个固定卡固定在面板背面,将线路板水平放在固定卡上,依次卡入即可。如果要拆下重装,依次轻轻扳动固定卡。注意在安装线路板前先应将表头连接线焊上。

最后是装电池和后盖,装后盖时左手拿面板,稍高,右手拿后盖,稍低,将后盖向上推入面板,拧上螺丝,注意拧螺丝时用力不可太大或太猛,以免将螺孔拧坏。

5. 万用表故障的排除

① 表头没任何反应。

表头、表棒损坏;

接线错误;

保险丝没装或损坏;

电池极板装错:如果将两种电池极板装反位置,电池两极无法与电池极板接触,电阻挡就无法工作。

电刷装错。

② 电压指针反偏。

这种情况一般是表头引线极性接反。如果 DCA、DCV 正常,ACV 指针反偏,则为二极管 D1 接反。

③ 测电压示值不准。

这种情况一般是焊接有问题,应对被怀疑的焊点重新处理。

6. 万用表的使用

(1) MF47 型万用表的认识

① 表头的特点。表头的准确度等级为 1 级(即表头自身的灵敏度误差为 $\pm 1\%$),水平放置,整流式仪表,绝缘强度试验电压为 5 000 V。表头中间下方的小旋钮为机械零位调节旋钮。表头共有 7 条刻度线,从上向下分别为电阻(黑色)、直流毫安(黑色)、交流电压(红色)、晶体管共射极直流放大系数 h_{EF}(绿色)、电容(红色)、电感(红色)、分贝(红色)等。

② 挡位开关。挡位开关共有 5 挡,分别为交流电压、直流电压、直流电流、电阻及晶体管,共 24 个量程。

③ 插孔。MF47 万用表共有 4 个插孔,左下角红色"＋"为红表棒,正极插孔;黑色"－"为公共黑表棒插孔;右下角"2 500 V"为交直流 2 500 V 插孔;"5 A"为直流 5 A 插孔。

④ 机械调零。旋动万用表面板上的机械零位调整螺钉,使指针对准刻度盘左端的 0 位置。

⑤ 读数。读数时目光应与表面垂直,使表指针与反光铝膜中的指针重合,确保读数的精度。检测时先选用较高的量程,根据实际情况,调整量程,最后使读数在满刻度的 2/3 附近。

(2) 测量直流电压

把万用表两表棒插好,红表棒接"＋",黑表棒接"－",把挡位开关旋钮拨到直流电压挡,并选择合适的量程。当被测电压数值范围不确定时,应先选用较高的量程,把万用表两表棒并接到被测电路上,红表棒接直流电压正极,黑表棒接直流电压负极,不能接反。根据测出电压值,再逐步选用低量程,最后使读数在满刻度的 2/3 附近。

(3) 测量交流电压

测量交流电压时将挡位开关旋钮拨到交流电压挡,表棒不分正负极,与测量直流电压相似进行读数,其读数为交流电压的有效值。

(4) 测量直流电流

把万用表两表棒插好,红表棒接"＋",黑表棒接"－",把挡位开关旋钮拨到直流电流挡,并选择合适的量程。当被测电流数值范围不确定时,应先选用较高的量程。把被测电路断开,将万用表两表棒串接到被测电路上,注意直流电流从红表棒流入,黑表棒流出,不能接反。根据测出电流值,再逐步选用低量程,保证读数的精度。

(5) 测量电阻

插好表棒,拨到电阻挡,并选择量程。短接两表棒,旋动电阻调零电位器旋钮,进行电阻挡调零,使指针偏转到电阻刻度右边的 0 Ω 处。将被测电阻脱离电源,用两表棒接触电阻两端,从表头指针显示的读数乘所选量程的分辨率数即为挥发油电阻的阻值。如选用 R×10 挡测量,指针指示 50,则被测电阻的阻值为:50 Ω×10＝500 Ω。如果示值过大或过小要重新调整挡位,保证读数的精度。

7. 使用万用表的注意事项

➢ 测量时不能用手触摸表棒的金属部分,以保证安全和测量准确性。测电阻时如果用手捏住表棒的金属部分,会将人体电阻并接于被测电阻而引起测量误差。

➢ 测量直流量时注意被测量的极性,避免反偏打坏表头。

➢ 不能带电调整挡位或量程,避免电刷的触点在切换过程中产生电弧而烧坏线路板或电刷。

➢ 测量完毕后应将挡位开关旋钮拨到交流电压最高挡或空挡。

➢ 不允许测量带电的电阻,否则会烧坏万用表。

➢ 表内电池的正极与面板上的"－"插孔相连,负极与面板"＋"插孔相连,如果不用时误将两表棒短接会使电池很快放电并流出电解液,腐蚀万用表,因此不用时应将电池取出。

➢ 在测量电解电容和晶体管等器件的阻值时要注意极性。

➢ 电阻挡每次换挡都要进行调零。

➢ 不允许用万用表电阻挡直接测量高灵敏度的表头内阻,以免烧坏表头。

➢ 一定不能用电阻挡测电压,否则会烧坏熔断器或损坏万用表。

6.3　51 单片机开发板

单片机开发板是用于学习单片机的实验器件,在开发板上集成了常用的单片机外围电路,例如数码管,LED 灯,键盘,时钟,蜂鸣器,EEPROM,继电器等。通过通信接口与 PC 机相连,可方便地进行单片机学习,并可基于该开发板进行一些小型项目的开发,从而缩短开发周期,节省硬件成本。本单片机开发板可满足在校学生相关课程的学习需要。学生可通过该开发板了解单片机及其外围电路,以便在后续的单片机学习中进行程序编写调试。

6.3.1　51 单片机简介

单片机全称单片微型计算机(Sing Chip Microcomputer),又称 MCU(Micro Controller Unit),就是将 CPU、系统时钟、RAM、ROM、定时器/计数器和多种 I/O 接口电路都集成在一块芯片上的微型计算机,其外形如图 6－65 所示。

MCS－51 系列单片机包括下列型号:

① 8031、8051、8751、8951 四种型号的单片机通常称为 8051 子系列,区别仅仅在于:8031 没有片内程序存储器,8051 内含 4KB 的 ROM;8751 片内有 4K 的 EPROM,8951 片内有 4KB

图 6 - 65　MCS - 51 单片机外形

的 E2PROM。

② 8032、8052、8752、8952 是 8031、8051、8751、8951 的增强型,内部 RAM 为 256 字节,片内程序存储器为 8KB,比 8051 子系列各增加了一倍,同时还增加了一个定时器/计数器和一个中断源。

③ 80C31、80C51、87C51、89C51 是 8051 子系列的 CHMOS 芯片,两者功能兼容。CHMOS 型芯片的基本特点是功耗低。

1. 单片机结构

典型的单片机结构框图如图 6 - 66 所示,包括以下几个部分:

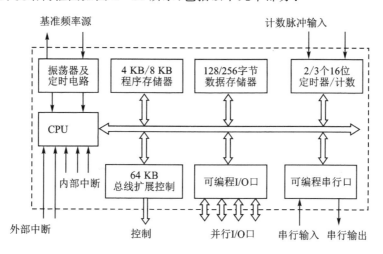

图 6 - 66　单片机结构框图

① 8 位中央处理单元(CPU)。CPU 是单片机的核心,MCS - 51 系列单片机内含一个高性能的 8 位中央处理器。CPU 的作用是从 ROM 中读取指令并进行分析,然后根据指令的功能控制单片机的功能部件执行指定的操作。CPU 由运算器和控制器两大功能部件组成,用于数据处理、位操作(位测试、置位、复位)。

② 128/256 字节的数据存储器(RAM)。用于永久性存储应用程序,掩膜 ROM、EPROM、EEPROM。

③ 4KB/8KB 的片内 ROM/EPROM。用于程序运行中存储工作变量和数据。

④ 4 个 8 位并行 I/O 口 P0~P3。用作系统总线、扩展外存、I/O 接口芯片。

⑤ 2 个定时器/计数器。它与 CPU 之间各自独立工作,当它计数满时向 CPU 中断。

⑥ 5 个中断源。五源中断、两级优先,可编程进行控制。

⑦ 1 个全双工的 UART(通用异步接收、发送器)。串行通信、扩展 I/O 接口芯片。

⑧ 片内振荡与时钟产生电路。分为内部振荡器、外接振荡电路。

2. MCS - 51 单片机的引脚及其功能

MCS - 51 单片机的引脚如图 6 - 67 所示。

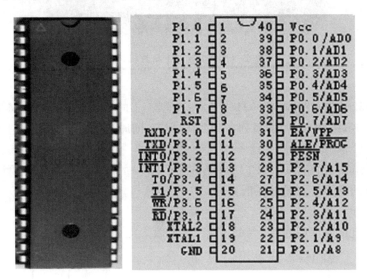

图 6 - 67　MCS - 51 单片机引脚

RST：复位信号输入端,用于通电时对单片机内部寄存器进行初始化,只需接上相应的电阻、电容。

XTAL1、XTAL2：用于产生单片机工作所需的时钟信号,只要接上晶振、电容就可以了。

EA：—通常直接将该引脚与电源 VCC 相连。高电平时,对于低 4KB 程序存储器的读操作,将针对片内 ROM 进行,当地址范围超出低 4KB 时,读操作将自动切换到片外程序存储器中进行;低电平时,片内的程序存储器被屏蔽,对 ROM 的读操作限定在外部程序存储器。

ALE：地址锁存允许信号。在访问外部存储器时,8051 通过 P0 口输出片外存储器的低 8 位地址,ALE 用于将片外存储器的低 8 位地址锁存到外部地址锁存器中。

PSEN：外部程序存储器 ROM 的读选通信号。在访问外部 ROM 时,引脚产生负脉冲,用于选通片外程序存储器。

并行 I/O 口：单片机内部有 P0、P1、P2、P3 四个 8 位双向 I/O 口,外设与这些端口可以直接相连,无需另外的接口芯片。P0～P3 既可以按字节输入或输出,也可以按位进行输入或输出,共 32 条口线,其控制十分灵活方便。各个端口的结构、功能有所不同。

VCC：单片机电源输入端,接＋5V。

GND：单片机的地线,接地。

为了防止电源脉冲对单片机的影响,一般在 VCC 和 GND 之间接上一个 $1 \mu F$ 的电容。

3. 单片机的时序单位

时钟周期：又称振荡周期,是最小的时序单位。如果时钟频率 $f_{osc}=12$ MHz,则时钟周期$=1/f_{osc}=0.0833 \mu s$。

状态周期：连续的两个时钟脉冲称为一个状态,即一个状态周期＝2 个时钟周期。

机器周期：1 个机器周期由 6 个状态周期即 12 个时钟周期组成,是单片机完成某种基本操作的时间单位,如果时钟频率 $f_{osc}=12\,\text{MHZ}$,则机器周期 $=12/f_{osc}=1\,\mu s$。

　　指令周期:执行一条指令所需的时间。一个指令周期由 $1\sim4$ 个机器周期组成,依据指令的不同而不同。

6.3.2　单片机开发板简介

　　MCS-51 系列单片机是一款应用非常广泛的 8 位微处理芯片,其功能齐全,产品技术成熟,资料广泛,同时也是学习其他很多单片机的基础。

　　本次设计的单片机开发板结构示意框图如图 6-68 所示,包括单片机最小系统,及外围驱动电路、显示电路、电源接口电路、A/D、D/A 转换电路、通信接口电路、外引的 I/O 端口、键盘/中断及温度传感器、蜂鸣器等。

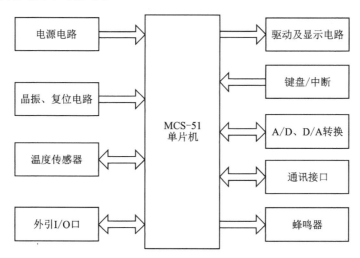

图 6-68　单片机开发板结构示意框图

6.3.3　硬件设计

　　1. 单片机开发板设计整体思路

　　单片机开发板设计的整体思路如下,首先作为一种辅助学习实验器材,应能通过该开发板,尽可能的包括单片机的从硬件到软件的知识点的学习,包括常用的各类元器件及不同的封装形式,同时也可以通过开发板进行各种简单项目的开发与创新,将单片机的 I/O 端口引出,并方便功能的扩展。在编程与调试上,使用最常用的 USB 串口及 KEIL C 软件。在单片机的PCB 板设计上,应注意元器件合理布置及充分考虑电磁兼容,确保开发板能有效、稳定的运行。

　　2. 主要电路部分电路设计

　　(1) 电源接口电路设计

　　电源接口电路设计如图 6-69 所示。

　　开发板电源接口电路有两种供电方式,第一种是外部电源适配器,通过 J1_+5 接口供电;第二种通过 USB 接口供电。按下电源开关 K_Pow,当+5 V 电源接入时,D1_Pow 电源指示灯亮,并利用,C1_Pow,C1_Pow 电容进行滤波。

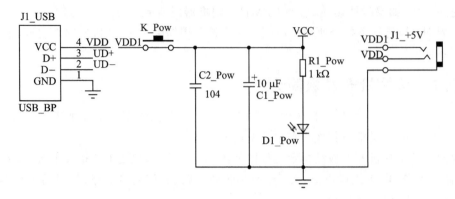

图 6 - 69　电源接口电路

（2）51 单片机最小系统设计

51 单片机最小系统包括单片机、晶振电路、复位电路，如图 6 - 70 所示。XTAL1 和 XTAL2 是独立的输入和输出反相放大器，它们可以被配置为使用石英晶振的片内振荡器，或者是器件直接由外部时钟驱动。内时钟模式，即利用芯片内部的振荡电路，在 XTAL1、XTAL2 的引脚上外接定时元件（一个石英晶体和两个电容），内部振荡器便能产生自激振荡。一般来说晶振可以在 1.2～12 MHz 之间任选，本单片机开发板采用 12M 石英晶振，晶振并联的两个电容的大小对振荡频率起到频率微调作用，电容在 20～40 pF 之间选择。印刷电路板（PCB）设计时，晶体和电容应尽可能与单片机芯片靠近，以减少引线的寄生电容，保证振荡器可靠工作。

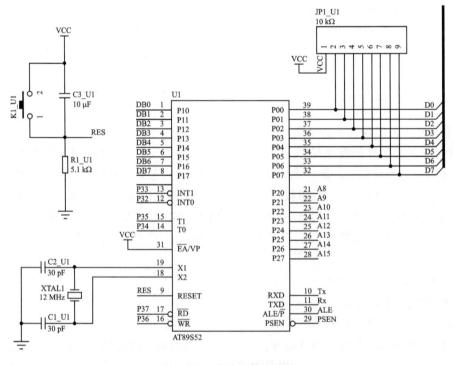

图 6 - 70　单片机最小系统

　　单片机系统中,复位电路是非常关键的,MCS-51 系列单片机的复位引脚 RST(第 9 脚)出现 2 个机器周期以上的高电平时,单片机就执行复位操作。如果 RST 持续为高电平,单片机就处于循环复位状态。复位操作通常有两种基本形式:上电自动复位和开关复位。上电瞬间,电容两端电压不能突变,此时电容的负极和 RESET 相连,电压全部加在了电阻上,RESET 的输入为高,芯片被复位。随之+5 V 电源给电容充电,电阻上的电压逐渐减小,最后约等于 0,芯片正常工作。并联在电容的两端为复位按键,当复位按键没有被按下的时候电路实现上电复位,在芯片正常工作后,通过按下按键使 RST 管脚出现高电平达到手动复位的效果。一般来说,只要 RST 管脚上保持 10 ms 以上的高电平,就能使单片机有效的复位。

　　(3) LED、数码管及 LCD 显示部分电路设计

　　单片机应用系统中,显示器是一个不可缺少的人机交互设备之一,单片机应用系统最常用的显示器有 LED 和 LCD,显示数字、字符及系统的状态。常用的 LED 显示器有 LED 状态显示器、LED 7 段显示器、LED16 段显示器及点阵显示器。如图 6-71、图 6-72 所示,为 LED 灯及 LED 数码管显示电路。其中,U2(74HC573)实现数码管段显示控制,U3(74HC573)、U4(UN2803)实现数码管位选及驱动。

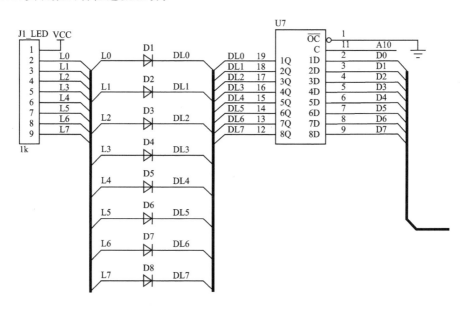

图 6-71　LED 灯显示电路

　　LED 数码管由 8 个发光二极管构成。按照一定的图形及排列封转在一起的显示器件。其中 7 个 LED 构成 7 笔字形,1 个 LED 构成小数点(固有时成为八段数码管)LED 数码管有两大类,一类是共阴极接法,另一类是共阳极接法,共阴极就是 7 段的显示字码共用一个电源的负极,是高电平点亮,共阳极就是 7 段的显示字码共用一个电源的正极,低电平点亮。只要控制其中各段 LED 的亮灭即可显示相应的数字、字母或符号。如图 6-73 所示,为 LED 数码管引脚定义及 2 位数码管实物图。只要在 VT 端(3/8 脚)加正电源并使相应的(a,b,c,d,e,f,g,dp)端接低电平或“0”电平,即可实现数码管显示。

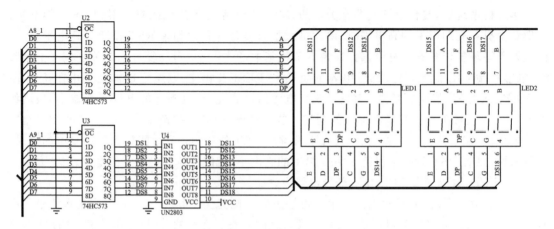

图 6-72　数码管显示电路

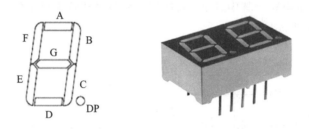

图 6-73　LED 数码管引脚定义及 2 位数码管实物图

液晶显示模块具有体积小、功耗低、显示内容丰富等特点得到越来越广泛的应用。如图 6-74 为 LCD1206 引脚列表及显示电路。工业字符型液晶,能够同时显示 16×02 即 32 个字符。1602 字符型 LCD 通常有 14 条引脚线或 16 条引脚线的 LCD,多出来的 2 条线是背光电源线。电位器 W_LCD 用来调节液晶显示的对比度,电位器 R1_LCD 调节液晶显示背光亮度。

（4）D/A 电路设计

DAC0832 是 8 分辨率的 D/A 转换集成芯片。该 DA 芯片以其价格低廉、接口简单、转换控制容易等优点,在单片机应用系统中得到广泛的应用。D/A 转换器由 8 位输入锁存器、8 位 DAC 寄存器、8 位 D/A 转换电路及转换控制电路构成。可单缓冲、双缓冲或直接数字输入;DAC0832 有三种工作方式:直通方式、单缓冲方式和双缓冲方式。芯片内带有资料锁存器,可与数据总线直接相连。电路有极好的温度跟随性,使用了 COMS 电流开关和控制逻辑而获得低功耗、低输出的泄漏电流误差。芯片采用 R-2RT 型电阻网络,对参考电流进行分流完成 D/A 转换。转换结果以一组差动电流 IOUT1 和 IOUT2 输出。

如图 6-75 为 D/A 转换电路,由于 DAC0832 输出的是电流,一般要求输出是电压,所以还必须经过一个外接的运算放大器转换成电压。

（5）键盘电路设计

如图 6-76 所示为键盘接口电路,包括独立式键盘接口电路和矩阵式键盘两种。键盘接口电路中采用 74HC245 方向可控的八路缓冲器,实现数据总线的双向异步通信。同时在主控芯片的并行接口与外部受控设备的并行接口间添加缓冲器,实现对主控芯片的保护。

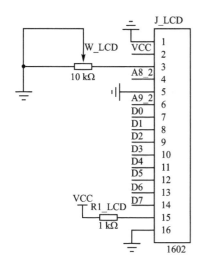

引脚号	符号	状态	功能
1	Vss		电源地
2	Vdd		电源+5 V
3	V0		液晶驱动电源
4	RS	输入	寄存器选择
5	R/W	输入	读、写操作
6	E	输入	使用信号
7	DB0	三态	数据总线(LSB)
8	DB1	三态	数据总线
9	DB2	三态	数据总线
10	DB3	三态	数据总线
11	DB4	三态	数据总线
12	DB5	三态	数据总线
13	DB6	三态	数据总线
14	DB7	三态	数据总线(MSB)
15	LEDA	输入	背光+5 V
16	LEDK	输入	背光地

图 6-74 LCD1206 引脚列表及显示电路

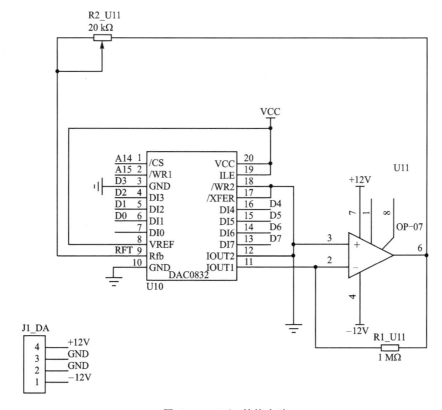

图 6-75 D/A 转换电路

74HC573(见图 6-72)为八进制 3 态非反转透明锁存器,当锁存使能端为高时,这些器件的锁存对于数据是透明的(也就是说输出同步)。当锁存使能变低时,符合建立时间和保持时间的数据会被锁存。当键盘中按键数量较多时,为了减少 I/O 口的占用,通常将按键排列成矩阵形式。在矩阵式键盘中,每条水平线和垂直线在交叉处不直接连通,而是通过一个按键加以连接。这样,一个端口(如 P0 口)就可以构成 $4\times4=16$ 个按键,比之直接将端口线用于多出了一倍,而且线数越多,区别越明显,比如再多加一条线就可以构成 20 键的键盘,而直接用端口线则只能多出一个键(9 键)。

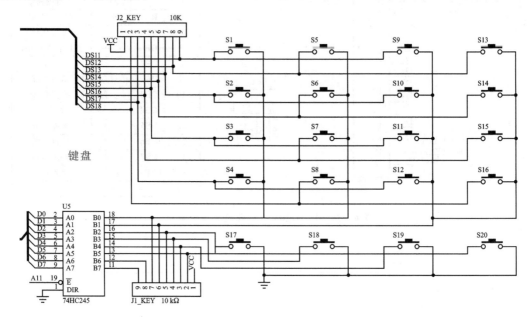

图 6-76　键盘电路

(6) 通讯接口设计

单片机内部集成有一个功能很强的全双工串行通信口。设有 2 个互相独立的接收、发送缓冲器,可以同时发送和接收数据。发送缓冲器只能写入而不能读出,接收缓冲器只能读出而不能写入,因而两个缓冲器可以共用一个地址码(99H)。两个缓冲器统称串行通信特殊功能寄存器 SBUF。

串行通信设有 4 种工作方式,其中两种方式的比特率是可变的,另两种是固定的,以供不同应用场合选用。比特率由内部定时器/计数器产生,用软件设置不同的比特率和选择不同的工作方式。主机可通过查询或中断方式对接收/发送进行程序处理,使用十分灵活。单片机串行口对应的硬件部分对应的管脚是 P3.0/RxD 和 P3.1/TxD。

单片机的串行通信口,除用于数据通信外,还可方便地构成一个或多个并行 I/O 口,或作串-并转换,或用于扩展串行外设等。

如图 6-77 和图 6-78 所示,为 RS232 和 USB 通信接口电路。由于进行串行通讯时电脑的串口是 RS232 电平的,而单片机的串口是 TTL 电平的,两者之间必须有一个电平转换电路,因此采用了专用芯片 MAX232 进行转换。CH340 将 USB 转换为异步串口、打印口、EPP并口、类似 I2C 或 SPI 串行接口等。CH340 串口波特率支持 50 bps 到 2 Mbps,内置 USB 上拉电阻,CH340 芯片正常工作时需要外部向 XI 引脚提供 12 MHz 的时钟信号,时钟信号由CH340 芯片内置的反相器通过晶体稳频振荡产生,外围电路只需要在 XI 和 XO 引脚之间连接一个 12 MHz 的晶体,并且分别为 XI 和 XO 引脚对地连接振荡电容。

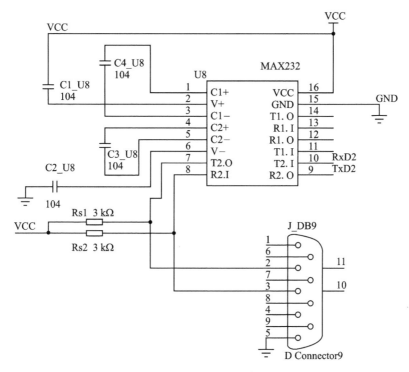

图 6 - 77　RS232 通信接口电路

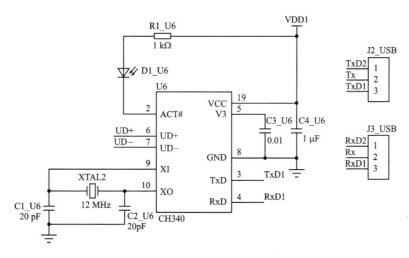

图 6 - 78　USB 通信接口电路

（7）其余外围电路设计

单片机开发板其余外围电路如图 6 - 79、图 6 - 80 所示,为蜂鸣器电路和 DS18B20 温度传感器电路。当 A12 为低,则蜂鸣器响。DS18B20 为单总线连接,只需连接电源和地,将数据线连接在单片机 IO 口即可,由于 DS18B20 内部开漏,所以外接 10 kΩ 的上拉电阻,保证温度传感器正常工作。

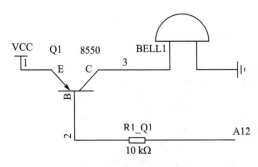

图 6-79　蜂鸣器电路

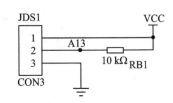

图 6-80　18B20 温度传感器电路

6.3.4　软件编程设计

Keil C51 是一款十分流行的 MCS-51 内核单片机 C 语言开发环境,Keil C51 的开发方法与 C 语言基本相同,内容和 C 语言的基础知识差不多,可以参考一些 C 语言的教程。

C51 源程序结构与一般 C 语言基本一致,C51 源程序文件的扩展名为".c",如 Add.c、Max.c 等。一个 C51 源程序大体上是一个函数定义的集合,在这个集合中有且仅有一个名为 main( )的函数,也称为该程序的主函数。

主函数是程序的入口,它是一个特殊的函数,程序的执行都是从 main( )函数开始的。主函数中的所有语句执行完毕,则程序执行结束。

程序编写界面如图 6-81 所示。

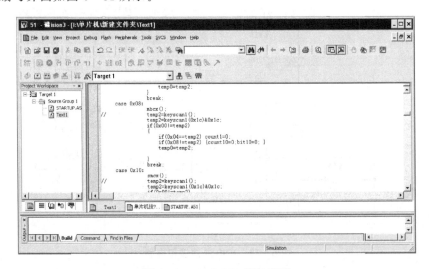

图 6-81　Keil C51 编程界面

6.3.5　产品组装及测试

产品的调试与测试主要分两个环节,一是硬件的调试与测试,二是软件的调试与测试;硬件测试一般包括以下几个步骤:焊点测试、局部功能测试、整机功能测试、系统功能测试、例行试验测试、破坏性抽测、技术指标抽测。软件测试一般包括以下几个步骤:单元测试、集成测试和调试运行测试。

1. 硬件测试

由于电子产品的焊点测试、局部功能测试、整机功能测试、系统功能测试、例行试验测试、破坏性抽测、技术指标抽测等测试都在 PCB 板制成后由专门的测试仪器进行测试,当取到 PCB 板后,这些测试都已经完成。从单片机开发板的功能来看,需要学生手工来测试的主要是线路测试和电压测试。

(1) 线路测试

在线路测试中,主要就是测试焊接完成的电路板线路是否短路,焊盘与引脚是否已经连接。这个测试很简单,借助万用表来进行测试。测试方法是把万用表调到测试二极管区,利用两表笔分别与要测试线路的起始点和终点相接触,如果存在短路或连接正常,万用表会发出提示音。

(2) 电压测试

测试工具:万用表或示波器

测试方法:在一般的万用表中,有两根表笔,一红一黑,红色表笔代表正,黑色表笔代表负,在测试过程中,首先把万用表调到测试直流电压区,为了保证测量的精确度,万用表的量程要调整合适。当使用示波器时刻,测试方法基本一样,示波器测试结果比万用表更加的精确,它能用波形来显示输出电压是否稳定。

检测晶振是否起振的方法可以用示波器可以观察到 XTAL2 输出的十分漂亮的正弦波,也可以使用万用表测量(把挡位拨到直流挡,这个时候测得的是有效值)XTAL2 和地之间的电压时,可以看到 2 V 左右一点的电压。

2. 软件测试

软件编写结束后,进行编译,编译完成之后,软件的 Output Window 窗口会出现如图 6 - 82 所示,说明编译成功。

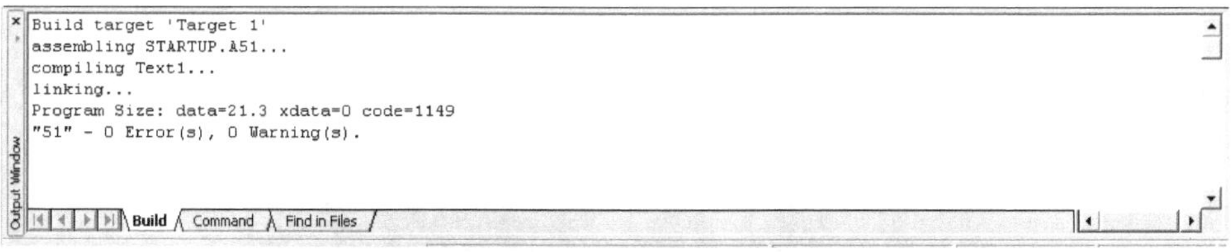

```
Build target 'Target 1'
assembling STARTUP.A51...
compiling Text1...
linking...
Program Size: data=21.3 xdata=0 code=1149
"51" - 0 Error(s), 0 Warning(s).
```

图 6 - 82　程序编译结果

生成 HEX 文件:右击 Project Workspace 窗口下的 Target 1,单击下拉菜单中的"Options for Target'Target 1'",出现下面对话框,选中 Output 选项卡下的"Create HEX File"单击确定。再单击"Project"下拉菜单的"Rebuild all target files"选项或单击▦快捷键,"Output Windows"会出现"Creating hex file from…"如图 6 - 83 所示,HEX 文件成功生成。

下载软件:如图 6 - 84 所示。选择与所使用单片机相同型号的单片机,调整波特率选择与程序相适应的波特率,一般默认的比特率为 115 200;单击 Open File 按钮,打开 HEX 文件,按照文件设置的保存路径选择用 Keil uVision3 编译的扩展名为 HEX 的文件,打开文件;单击"Download/下载"按钮,下载程序。

如图 6 - 85 所示,为单片机开发板下载程序测试图片,具体功能测试及显示结果可根据编写程序而异。

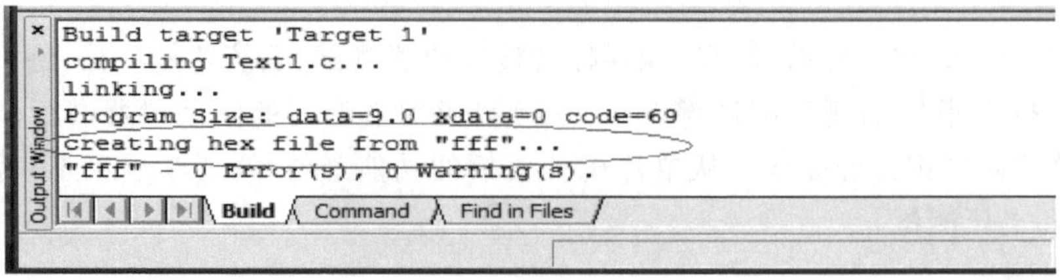

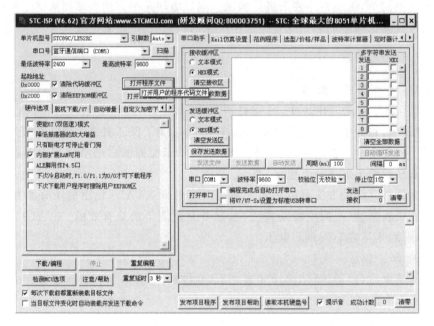

图 6-83　生成 HEX 文件

图 6-84　下载程序

图 6-85　单片机开发板测试

思 考 题

1. 什么是无线电波？
2. 简述无线电信号的传送与接收原理。
3. 简述 ZX‑921 型超外差收音机电路原理。
4. 简述收音机的焊接、装配的步骤和注意事项。
5. 简述收音机的调试方法与步骤。
6. 简述常见故障的检修方法。
7. 简述万用表的焊接、装配的步骤和注意事项。
8. 什么是单片机？

附录A HX108-2型7管半导体收音机原理、装配、调试实例

A.1 HX108-2型7管半导体收音机电路原理

HX108-2型7管半导体收音机的主要性能为频率范围：$525 \sim 1\,605$ kHz；输出功率：100 mW(最大)；扬声器：$\phi 57$ mm，$8\,\Omega$；电源：3 V(5号电池二节)；体积：122 mm×66 mm× 26 mm。HX108-2型7管半导体收音机的电路原理图如图A-1所示。由图可见，整机中含有7只三极管，因此称为7管收音机。其中，三极管V_1为变频管，V_2、V_3为中放管，V_4为检波管，V_5为低频前置放大管，V_6、V_7为低频功放管。

天线回路选出所需的电台信号，经过变压器T_{r1}(或B_1)耦合到变频管V_1的基极。与此同时，由变频管V_1、振荡线圈B_2、双联同轴可变电容C_{1B}等元器件组成的共基调射型变压器反馈式本机振荡器，其本振信号经电容C_3注入到变频管V_1的发射极。电台信号与本振信号在变频管V_1中进行混频，混频后，V_1管集电极电流中将含有一系列的组合频率分量，其中也包含本振信号与电台信号的差频(465 kHz)分量，经过中周B_3(内含谐振电容)，选出所需的中频(465 kHz)分量，并耦合到中放管V_2的基极。图中电阻R_3是用来进一步提高抗干扰性能的，二极管V_{D3}是用以限制混频后中频信号振幅(即二次AGC)。

中放是由V_2、V_3等元器件组成的两级小信号谐振放大器。通过两级中放将混频后所获得的中频信号放大后，送入下一级的检波器。检波器是由三极管V_4(相当于二极管)等元件组成的大信号包络检波器。检波器将放大了的中频调幅信号还原为所需的音频信号，经耦合电容C_{10}送入后级低频放大器中进行放大。在检波过程中，除产生了所需的音频信号之外，还产生了反映了输入信号强弱的直流分量，由检波电容之一C_7两端取出后，经R_8、C_4组成的低通滤波器滤波后，作为AGC电压($-U_{AGC}$)加到中放管V_2的基极，实现反向AGC。即当输入信号增强时，AGC电压降低，中放管V_2的基极偏置电压降低，工作电流I_E将减小，中放增益随之降低，从而使得检波器输出的电平能够维持在一定的范围。

低放部分是由前置放大器和低频功率放大器组成。由V_5组成的变压器耦合式前置放大器将检波器输出的音频信号放大后，经输入变压器B_6送入功率放大器中进行功率放大。功率放大器是由V_6、V_7等元器件组成的，它们组成了变压器耦合式乙类推挽功率放大器，将音频信号的功率放大到足够大后，经输出变压器T_{r7}耦合去推动扬声器发声。其中R_{11}、V_{D4}是用来给功放管V_6、V_7提供合适的偏置电压，消除交越失真。

本机由3 V直流电压供电。为了提高功放的输出功率，3 V直流电压经滤波电容C_{15}去耦滤波后，直接给低频功率放大器供电。而前面各级电路是用3 V直流电压经过由R_{12}、V_{D1}、V_{D2}组成的简单稳压电路稳压后(稳定电压约为1.4 V)供电，目的是用来提高各级电路静态工作点的稳定性。

A.2 HX108-2型7管半导体收音机电路原理图

HX108-2型7管半导体收音机电路原理如图A-1所示。

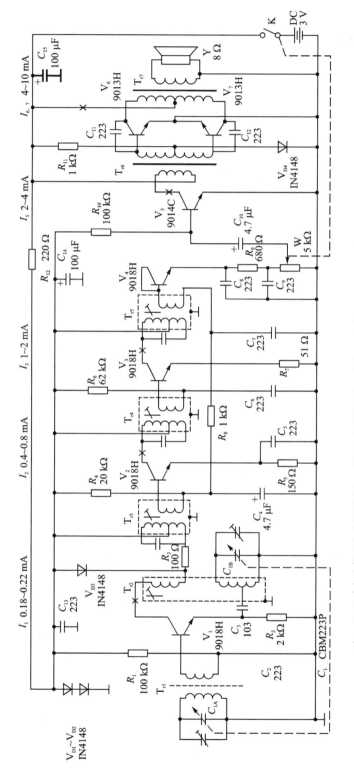

图 A-1　HX108-2型收音机电路原理图

注:"×"为集电极工作电流测试点,电流参考值见上方。电容223即为0.022 μF,103即为0.01 μF。
焊接要求:中周外壳(T_{r2})应弯脚与铜箔焊接牢固,以防调谐卡盘。

A.3 电子元器件的识别、质量检验及整机装配

1. 元器件准备

元器件及结构件清单如表 A-1 和表 A-2 所列。

表 A-1 元器件清单

位 号	名称规格	位 号	名称规格	位 号	名称规格
R_1	电阻 100 kΩ	C_3	元片电容 0.01 μF	T_{r3}	中周(黄)
R_2	2 kΩ	C_4	电解电容 4.7 μF	T_{r4}	中周(白)
R_3	100 Ω	C_5	元片电容 0.022 μF	T_{r5}	中周(黑)
R_4	20 kΩ	C_6	元片电容 0.022 μF	T_{r6}	输入变压器(蓝绿)
R_5	150 Ω	C_7	元片电容 0.022 μF	T_{r7}	输出变压器(黄)
R_6	62 kΩ	C_8	元片电容 0.022 μF	V_{D1}、V_{D2}	二极管 IN4148
R_7	51 Ω	C_9	元片电容 0.022 μF	V_{D3}、V_{D4}	二极管 IN4148
R_8	1 kΩ	C_{10}	电解电容 4.7 μF	V_1	三极管 9018H
R_9	680 Ω	C_{11}	元片电容 0.022 μF	V_2	三极管 9018H
R_{10}	100 kΩ	C_{12}	元片电容 0.022 μF	V_3	三极管 9018H
R_{11}	1 kΩ	C_{13}	元片电容 0.022 μF	V_4	三极管 9018H
R_{12}	220 Ω	C_{14}、C_{15}	电解电容 100 μF	V_5	三极管 9014C
W	电位器 5 kΩ		磁棒 B5×13×55	V_6	三极管 9013H
C_1	双连 CBM223P	T_{r1}	天线线圈	V_7	三极管 9013H
C_2	元片电容 0.022 μF	T_{r2}	振荡线圈(红)	Y	$2\frac{1}{4}$ 扬声器 8 Ω

表 A-2 结构件清单

序 号	名称规格	数 量	序 号	名称规格	数 量
1	前框	1个	11	沉头螺钉 M2.5×5	3个
2	后盖	1个			
3	周率板	1块	12	自攻螺钉 M2.5×5	1个
4	调谐盘	1个			
5	电位盘	1个	13	电位器螺钉 M1.7×4	1个
6	磁棒支架	1个			
7	印制板	1块	14	正极导线(9 cm)	1根
8	正极片	2只	15	负极导线(10 cm)	1根
9	负极簧	2只	16	扬声器导线(10 cm)	2根
10	拎带	1条			

　　首先根据元器件清单清点所有元器件,并用万用表粗测元器件的质量好坏。再将所有元器件上的漆膜、氧化膜清除干净,然后进行搪锡(如元器件引脚未氧化则省去此项),最后将电阻、二极管进行弯脚。

2. 插件焊接

① 按照装配图(见图 A - 2)正确插入元件(先小后大),其高低、极性应符合图纸规定。

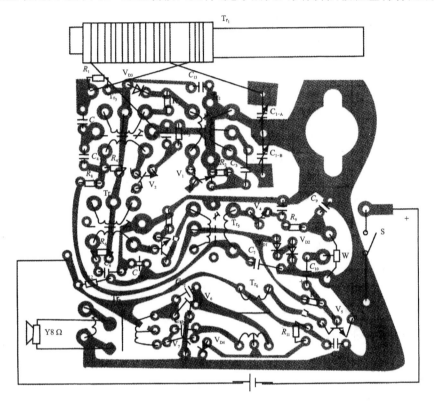

图 A - 2　HX108 - 2 型收音机装配图

② 焊点要光滑,大小最好不要超出焊盘,不能有虚焊、搭焊、漏焊。

③ 注意二极管、三极管的极性以及色环电阻的识别,如图 A - 3 所示。

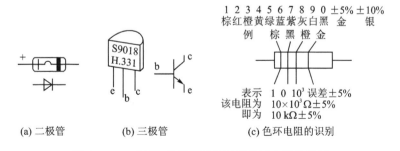

(a) 二极管　　　　　(b) 三极管　　　　　(c) 色环电阻的识别

图 A - 3　二极管、三极管极性以及色环电阻的识别

④ 输入(绿或蓝色)、输出(黄色)变压器不能调换位置。

⑤ 红中周 T_{r2} 插件后外壳应弯脚焊牢,否则会造成卡调谐盘。

3. 组合件准备

① 将电位器拨盘装在 W-5k 电位器上,用 M1.7×4 螺钉固定。

② 将磁棒按图 A-4 所示套入天线线圈及磁棒支架。

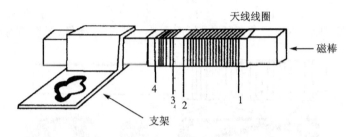

图 A-4　磁棒天线装配示意图

4. 安装大件

① 将双联 CBM-223 pF 安装在印刷电路板正面,将天线组合件上的支架放在印刷电路板反面双联上,然后用 2 只 M2.5×5 螺钉固定,并将双联引脚超出电路板部分,弯脚后焊牢。

② 天线线圈的 1 端焊接于双联天线联 C_{1-A} 上,2 端焊接于双联中点地线上,3 端焊接于 V_1 基极(b)上,4 端焊接于 R_1、C_2 公共点。

③ 将电位器组合件焊接在电路板指定位置。

5. 检查与试听

收音机装配焊接完成后,请检查元件有无装错位置,焊点是否脱焊、虚焊、漏焊。所焊元件有无短路或损坏。发现问题要及时修理、更正。用万用表进行整机工作点、工作电流测量,如检查都满足要求,即可进行接收各台试听。

各级工作点参考值如下:

$V_{cc} = 3$ V

$U_{c1} = 1.35$ V　　　　　　$I_{c1} = 0.18 \sim 0.22$ mA;

$U_{c2} = 1.35$ V　　　　　　$I_{c2} = 0.4 \sim 0.8$ mA;

$U_{c3} = 1.35$ V　　　　　　$I_{c3} = 1 \sim 2$ mA;

$U_{c4} = 1.4$ V(0.7 V);

$U_{c5} = 2.4$ V　　　　　　$I_{c5} = 2 \sim 4$ mA;

$U_{c6,7} = 3$ V　　　　　　$I_{c6,7} = 4 \sim 10$ mA;

6. 前框准备

① 将电池负极弹簧、正极片安装在塑壳上,如图 A-5 所示,同时焊好连接点及黑色、红色引线。

② 将周率板反面的双面胶保护纸去掉,然后贴于前框,注意要安装到位,并撕去周率板正面保护膜。

③ 将扬声器 Y 安装于前框,用一字小螺丝批导入压脚,再用烙铁热铆 3 只固定脚。如图 A-6 所示。

④ 将拎带套在前框内。

⑤ 将调谐盘安装在双联轴上,如图 A-7 所示,用 M2.5×5 螺钉固定,注意调谐盘方向。

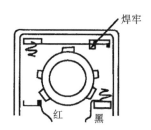
图 A - 5　电池簧片安装示意图

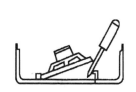
图 A - 6　扬声器安装示意图

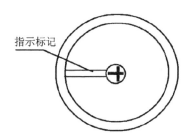
图 A - 7　调谐盘安装示意图

⑥ 根据装配图,分别将二根白色或黄色导线焊接在扬声器与线路板上。

⑦ 将正极(红)、负极(黑)电源线分别焊在线路板指定位置。

⑧ 将组装完毕的机心按图 A - 8 所示装入前框,一定要到位。

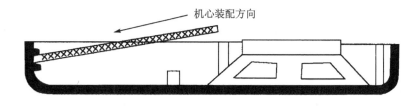

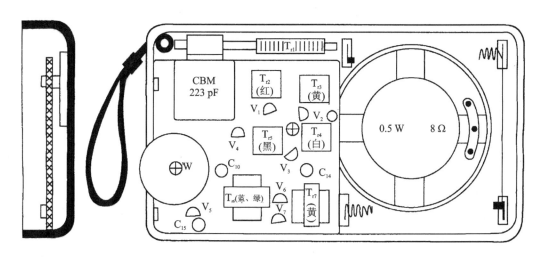

图 A - 8　机心安装示意图

A.4　整机调试

1. 仪器设备

常用仪器设备有：稳压电源(200 mA、3 V)；XFG - 7 高频信号发生器；示波器(一般示波器即可)；DA - 16 毫伏表(或同类仪器)；圆环天线(调 AM 用)；无感应螺丝批。

2. 调试步骤

① 在元器件装配焊接无误及机壳装配好后,将机器接通电源,应在中波段内能收到本地

电台后,即可进行调试工作。仪器连接方框图如图 A－9 所示。

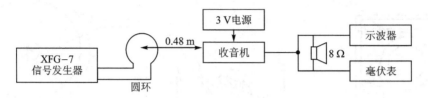

图 A－9　仪器连接方框图

② 中频调试。首先将双联旋至最低频率点,XFG－7 信号发生器置于 465 kHZ 频率处,输出场强为 10 mV/m,调制频率为 1 000 Hz,调幅度为 30％。收音机收到信号后,示波器应有 1 000 Hz 信号波形,用无感应螺丝批依次调节黑、白、黄 3 个中周,且反复调节,使其输出最大,此时,465 kHz 中频即调好。

③ 频率覆盖。将 XFG－7 置于 520 kHz,输出场强为 5 mV/m,调制频率 1 000 kHz,调幅度 30％。双联调至低端,用无感应螺丝批调节红中周(振荡线圈),收到信号后,再将双联旋至最高端,XFG－7 信号发生器置于 1 620 kHz,调节双联振荡联微调电容 C_{1B},收到信号后,再重复将双联旋至低端,调红中周,以此类推。高低端反复调整,直至低端频率为 520 kHz,高端频率为 1 620 kHz 为止,频率覆盖调节到此结束。

④ 统调。将 XFG－7 置于 600 kHz 频率,输出场强为 5 mV/m 左右,调节收音机调谐旋钮,收到 600 kHz 信号后,调节中波磁棒线圈位置,使输出最大,然后将 XFG－7 旋至 1 400 kHz,调节收音机,直至收到 1 400 kHz 信号后,调双联微调电容 C_{1A},使输出为最大,重复调节 600 kHz 和 1 400 kHz 统调点,直至二点均为最大为止,至此统调结束。

在中频、覆盖、统调结束后,机器即可收到高、中、低端电台,且频率与刻度基本相符。至此,放入 2 节 5 号电池进行试听,在高、中、低端都能收到电台后,即可将后盖盖好。

A.5　故障检测

A.5.1　故障排除的一般方法

1. 直观检查法

① 电路的电源是否接触良好,导线和接线叉之间是否有虚焊点,导线有无折损。

② 元器件有无烧焦和毁坏现象。

③ 电路中的元器件之间有无相碰。

④ 各元器件引线有无脱落,各焊点有无虚焊和漏焊。

⑤ 所用的三极管的管型和所加的电压是否正确。

2. 电流电压法

① 测试三极管的管压降是否正常。

② 断开集电极电阻串上电流表应有电流显示。

③ 测量集电极电阻和基极电阻上的压降。

3. 跟踪法

① 用电子示波器从信号输入端对地观察是否有输入信号波形。

② 逐级逐点观察波形的变化状态。如果在哪一点失掉波形就从那一点查起。

4. 信号注入法

将万用表电阻挡置于 R×1,黑表笔接地,红表笔从后一级往前一级查找。对照原理图,从扬声器开始,顺着信号传播方向逐级往前碰触,扬声器应发出"喀喀"声,当碰触到哪一级无声时,则故障就在哪一级。用测量工作电压、工作电流判断本级工作状态,并检查各元器件有无接错、焊错、虚焊、漏焊等,如果在整机上无法查出元器件的好坏,则可拆下检查。

5. 代替法

如果怀疑哪一个元器件有问题,就用同样规格的器件代替。比如:怀疑某一电解电容短路或者断路,就可以用一只同样的好电容并接在这个电容上,如果现象消失,说明原来的电容是坏的。

A.5.2　HX108－2 型超外差式收音机一般故障排除方法

前提:安装正确,元器件无缺焊、错焊,连接无误,印制板焊点无虚焊、漏焊、短路等。

检测按步骤进行,一般由后级向前检测。先判定故障位置(用信号注入法),再查找故障点(电流电压法),循序渐进,排除故障。忌讳乱调乱拆,盲目烫焊。

处理方法如下:

1. 测量整机静态总电流

本机静态总电流≤25 mA,无信号时,若大于 25 mA,则该机出现短路或局部短路;若无电流,则电源没有接通。

2. 工作电压测量(总电压 3 V)

在正常情况下,V_{D1}、V_{D2} 两二极管电压在(1.3±0.1) V。当此电压大于 1.4 V 或者小于 1.2 V 时,均不能正常工作。

① 大于 1.4 V 时检查点:二极管 V_{D1}、V_{D2}(IN4148)可能极性接反或者已坏。

② 小于 1.2 V 或无电压时检查点:3 V 电源没有接上;R_{12} 电阻 220 Ω 没有焊接好或者阻值接错;中周(尤其是白中周和黄中周)初级线圈与其外壳短路。

3. 变频级无工作电流

检查点:天线线圈次级没有接好;三极管 V_1(9018)已坏或未按要求接好;本振线圈(红色)次级不通,R_3(100 Ω)电阻虚接或错焊了大阻值的电阻;电阻 R_1(100 kΩ)和 R_2(2 kΩ)接错或虚焊。

4. 一中放电流测量

① 一中放无工作电流。检查点:三极管 V_2 已坏或 3 个引脚(e、b、c)接错位置;R_4(20 kΩ)电阻没有焊接好;黄中周次级开路;C_4(4.7 μF)电解电容短路;R_5(150 Ω)开路或虚接。

② 一中放工作电流大,为 1.5~2 mA(标准是在 0.4~0.8 mA,见原理图)。检查点:R_8(1 kΩ)电阻没有接好或连接此电阻的铜箔里有断裂的现象;C_5(223)电容短路或 R_5(150 Ω)接错,接成 51 Ω;电位器坏或 R_9(680 Ω)未接好;检波管 V_4(9018)坏或引脚插错。

5. 二中放电流测量

① 二中放无电流。检查点:B_5(黑中周)初级开路;B_3(黄中周)次级开路;R_7(51 Ω)电阻未接上;V_3(9018H)三极管坏或引脚接错;R_6(62 kΩ)电阻未接上。

② 二中放电流大于 2 mA。检查点：R_6(62 kΩ)电阻是否接错，其阻值远小于 62 kΩ。

6. 低放级电流测量

① 低放级无工作电流。检查点：输入变压器 B_6(蓝色)初级开路；V_5(9014)三极管坏或引脚接错；电阻 R_{10}(51 kΩ)没有焊接好。

② 低放级工作电流大于 6 mA。检查点：R_{10}(51 kΩ)电阻焊错，阻值太小。

7. 功放级电流测量(V_6、V_7)

① 功放级无工作电流。检查点：输入变压器 B_6(蓝色)次级不通；输出变压器 B_7(红色)不通；V_6、V_7(9013H)三极管坏或引脚接错；电阻 R_{11}(1 kΩ)未接好。

② 功放级工作电流大于 20 mA(标准是在 4～10 mA，见原理图)。检查点：二极管 V_{D3}(IN4148)坏或极性接反、引脚未焊好；电阻 R_{11}(1 kΩ)接错，用了远远小于 1 kΩ 的电阻。

8. 整机无声

检查点：检查电源有无接上；检查二极管 V_{D1}、V_{D2}(IN4148)两端电压是否在(1.3±0.1) V 范围之内；有无静态电流(应该≤25 mA)；检查各级电流是否符合给出的参考数值；检查扬声器是否正常，用万用表电阻挡检查扬声器应有 8 Ω 左右的阻值，表棒接触扬声器引出接头处应有"咯咯"声，若无此现象也无阻值，说明扬声器已坏(注意：测量扬声器时，将其与电路断开，不可连机测量)；B_3(黄中周)外壳未焊好；音量电位器 W(5 kΩ)未打开。

附录 B　TF2010 型手机万能充电器
原理、装配、调试实例

　　TF2010 型手机万能充电器适合充电量为 250～3 000 mA 锂离子、镍氢电池。该充电器采用双色发光二极管,充电时发红光,电充满后发黄光。TF2010 型手机万能充电器内设自动识别线路,可自动识别电池极性;输出电压为标准 4.2 V,能自动调节输出电压,使电池到达最佳充电状态,可保护电池,延长电池的使用寿命。该充电器采用分离元器件的开关电源,电路可靠、体积小、质量轻、效率高。

　　主要的技术参数:输入电压为 AC 220 V;频率为 50/60 Hz。卡针处输出:DC 4.2 V;电流为(200±80) mA。USB 接口处输出:5 V,(180±80) mA。

B.1　TF2010 型手机万能充电器电路原理

　　该电路由开关电源和充电电路两部分组成。

　　① 开关电源。开关电源是一种利用开关功率器件并通过功率器件变换技术而制成的直流稳压电源,对电网电压及频率的变化适应性强,是利用间歇振荡电路组成。

　　当接入电源后,通过整流二极管 D1、R3 给开关管 Q1 提供启动电流,使 Q1 开始导通,其集电极电流 I_c 在 L1 中线性增长,在 L2 中感应出使 Q1 基极为正,发射极为负的正反馈电压,使 Q1 很快饱和。与此同时,感应电压给 C1 充电,随着 C1 充电电压的升高,Q1 基极电位逐渐变低,致使 Q1 退出饱和区。I_c 开始减小,在 L2 中感应出使 Q1 基极为负、发射极为正的电压。直流供电输入电压又经 R1 给 C1 反向充电,逐渐提高 Q1 基极电位,使其重新导通,再次翻转达到饱和状态,电路就这样重复振荡下去。这就像单端反激式开关电源那样,由变压器 T 的次级绕组向负载输出所需的电压,供充电电路工作。

　　② 充电电路。CT3582B 与其他外围元件 LED1、LED3 组成充电指示电路。TC3588A1 自动识别电池极性,并根据极性自动调整。

B.2　TF2010 型手机万能充电器电路原理图

TF2010 型手机万能充电器电路原理图如图 B-1 所示。

B.3　TF2010 型手机万能充电器装配图

TF2010 型手机万能充电器装配图如图 B-2 所示。

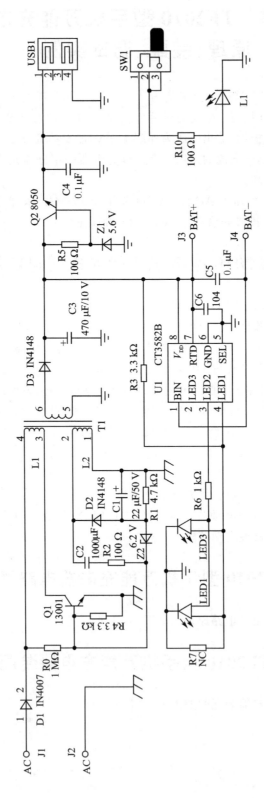

图 B-1　TF2010型手机万能充电器电路原理图

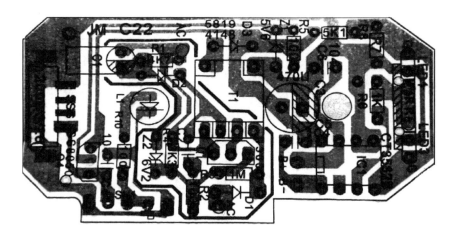

图 B-2 TF2010 型手机万能充电器装配图

B.4 TF2010 型手机万能充电器的安装及使用说明

① 按照元器件清单(见表 B-1)认真清点元器件及配件数量,特别是电阻器、稳压二极管、三极管等要认真识别其参数和型号。

② 根据元器件的孔距来确定安装方式,孔距长的采用卧式安装。安装发光二极管时,注意区分大小;套件中有 1 塑料柱用来控制 2 只二极管的高度,将它们套上塑料柱后插到 PCB 板上即可焊接。

③ 套件中的金属结构件有 1 个 220 V 的插头片、两个插头接触铜片、2 个卡针片、2 个接线铜片、2 个弹簧、1 个轴。先将 220 V 插头片上好,然后把两个铜片在相应位置安装好,再用塑料件盖上用螺钉固定好,插到位后焊上两根红色的导线,另外一端与连接片的一端放在一起,用 2 颗一样的自攻螺钉通过塑料把手固定在一起,并能调整卡针之间的角度。

弹簧的短线端插到塑料孔中,并放置好,然后用轴穿过弹簧、白色面壳、前壳的塑料孔中,保证能夹好充电电池。

蓝色导线一端焊接在电路板的"-"处,白色导线一端焊接在电路板的"+"处,蓝、白线另外一端分别焊接在连接片上。

④ 白色胶垫粘贴在前盖的弧形槽中。

⑤ 安装完后,认真检查有无错误,然后通上 220 V 的交流电,两颗 LED 黄色检测灯亮,即可使用。电池充电:打开充电器上盖,将电池装入并拨动金属触片。对准电池正负极触片,此时检测两颗 LED 灯,亮黄灯表明可以充电。然后将充电器插入市电,指示灯变为红色,表明在充电状态。

USB 端口充电:将手机、MP3、MP4 等配有充电功能的数据线插入充电器 USB 端口,然后将充电器插入市电即可对其充电。

表 B - 1　元器件及结构件清单

序 号	名 称	型 号	数 量	安装位置
1	电阻	4.7 kΩ	1 只	R1
2	电阻	100	3 只	R2、R5、R10
3	电阻	1 MΩ	1 只	R3
4	电阻	3.3 kΩ	2 只	R4
5	电阻	1 kΩ	1 只	R6
6	电阻	5.1 kΩ	1 只	R8
7	R7 不装	—	—	—
8	涤纶电容	102	1 只	C2
9	电解电容	2.2 μF/50 V	1 只	C1
10	电解电容	470 μF/10 V	1 只	C3
11	瓷片电容	104	3 只	C4、C5、C6
12	稳压二极管	5.6 V	1 只	Z1
13	稳压二极管	6.2 V	1 只	Z2
14	二极管	IN4148	2 只	D2、D3
15	二极管	IN4007	1 只	D1
16	三极管	13001	1 只	Q1
17	三极管	S8050	1 只	Q4
18	集成块	CT3582B	1 块	U1
19	LED	¤3 红绿双色	2 只	LED1、LED3
20	LED	¤5 白	1 只	L1
21	高频变压器	卧式 Y - 10	1 只	T1
22	导线	红色,L=80 mm	1 根	—
23	排线	蓝白排,L=80 mm	1 根	—
24	开关	1P2T	1 只	SW1
25	USB	贴片插座	1 只	USB
26	线路板	1 块	—	—
27	泡膜垫	3 张	注意:1 张垫线路板上;1 张垫在 USB 接口上防止短路

附录 C　51 单片机开发板

1. 51 单片机开发板元器件

51 单片机开发板元器件清单如表 C-1 所列。

表 C-1　51 单片机开发板元器件清单：

元器件清单				
名称	封装	库元件名称	大小/型号	数量
排阻	HDR1X9	Header9	10 kΩ	1 个
排阻	HDR1X9	CON9	1 kΩ	1 个
电阻	805	RES1	10 kΩ	4 个
电阻	805	RES2	5.1 kΩ	3 个
电阻	805	RES2	3 kΩ	2 个
电阻	805	Res2	1 kΩ	4 个
按键(板子 6×5)	KEY	微动开关	*	21 个
可调电位器	VR5	POT2	10 kΩ	2 个
USB(母)	USB	USB_BP	USB_BP	1 个
4 位共阴数码管(小)	LED-4(SMALL)	LED-4	*	1 个
2 位共阴数码管(小)	LED-2(SMALL)	RED4GND	*	1 个
74HC573	74HC573	74HC573	74HC573	3 个
U4(MAX232)	SOP16	LQ4.S01_ICL232_2	MAX232	1 台
ATC89C52	DIP40	8031	ATC89C52	1 个
8550	HDR1X3	PNP	8550	1 个
KPOW1 波段开关	SWITCH(波动标准)	SW-PB	SW-PB	1 个
1602	HDR1X16	CON16	1602	1 块
串口(母)	DSUB1.385-2H9	D Connector 9	D Connector 9	1 根
DA0832	DIP20-duplicate	DAC0832	DAC0832	1 个
发光二极管	805	Diode 1N5408	Diode 1N5408	10
晶振	XTAL	CRYSTAL	12 MHz	1 个
电解电容滤波	CAPPR2-5X6.8	Cap Pol1	10 μF	1 个
电容	805	CAP	30 pF	2 个
电容	805	普通电容	0.1 μF	6 个
电解电容	CAPPR2-5X6.8	CAP	22 μF	1 个
BELL1 蜂鸣器	SOUNDER	BELL	*	1 个
AD0804	DIP20-duplicate	AD0804	AD0804	1 个
24C08	SOP8	24CXX	24C08	1 个
18B20 温度传感器	HDR1X3	CON3	CON3	1 根

2. 51 单片机开发板完整 PCB 图

51 单片机开发板完整 PCB 图如图 C-1 所示。

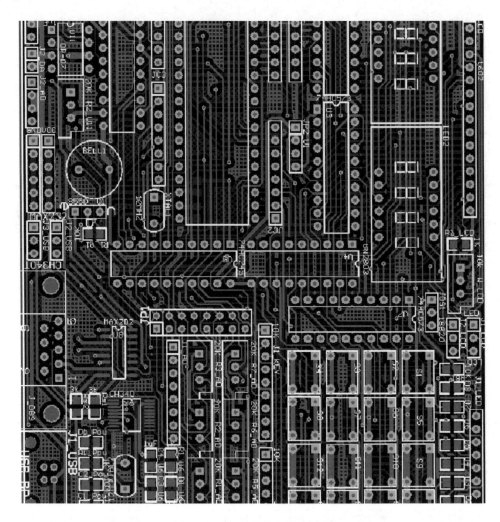

图 C - 1　51 单片机完整 PCB 图

3. 51 单片机开发板完成代码示例

51 单片机开发板完成代码示例如下所示：

***************** 简易时钟测试程序 ***************

```
# include<reg52.h>
//# include<absacc.h>
//# include<intrins.h>
# define uchar unsigned char
# define uint unsigned int
uchar code table1[] = {0X01,0X00,0X01,0X0,0X01,0X00,0X01,0X00};
uchar code wei_1[] = {0X01,0X02,0X04,0X08,0X10,0X20,0X40,0X80};
uchar code table[] = {0X3F,0X06,0X5B,0X4F,0X66,0X6D,0X7D,0X07,0X7F,0X6F,0X00,0X40};//0 - 9
uchar code table2[] = {0X01,0X02,0X03,0X0c,0X07,0X08,0X09,0X0e,0X04,0X05,0X06,0X0d,0x0a,
0x00,0x0b,0x0f};    //0 - f
```

```
//0,  1  ,2  ,  3,   4,   5,   6,   7,  8,   9,   a,   b,   c,   d,   e,   f
sbit A8 = P2^0;                              //LED 显示段选控制
sbit A9 = P2^1;                              //LED 显示位选控制
sbit A11 = P2^3;
sbit bit1 = P2^4;
sbit bit2 = P2^5;
sbit bit3 = P2^6;
sbit bit4 = P3^7;
sbit p10 = P1^0;
bit bit0,bit10;
sfr D_LED = 0x80;                            //P0 口定义
sfr W_LED = 0x80;
sfr R_P3 = 0xb0;                             //P3 口定义
sfr p1 = 0x90;
void delay_ms(uint z);                       //延时子程序
void display_sfm(uchar add,uchar num,bit b0); //显示子程序
void display(uchar wei,uchar duan,bit bitx);  //显示子程序
void dispaly1();
void IN_LE();                                //输出锁存器
void init();                                 //初始化子程序
void display_off();                          //显示子程序消隐
void szcx();                                 //时钟程序
void smcx();
uchar keyscan1(uchar);      //读功能键值。返回值 = 0x10,时钟功能;返回值 = 0x20,秒表功能;
                            //返回值 = 0x40,计算器功能;返回值 = 0x80,设置功能
uchar keyscan2();           //读矩阵键盘值。返回值 = 0xff,无键盘按下;返回值为 0——9 为数字键,
                            //返回值为 0x0a,0x0b,0x0c,0x0d,0x0e,0x0f 为其他键,由用户自定义;
uchar keyscan3();

void mbcx();                //秒表程序。
uchar count,count1;
uint count10;
uchar num = 0;              //赋初值 0
uchar shi = 10,fen = 10,miao;

void main()
{
    uchar temp0 = 0x04,temp2;
    IN_LE();
    init();
    while(1)
    {
    switch(temp0)
```

```
        {case 0x04：
                    szcx();
//                  temp2 = keyscan1();
                    temp2 = keyscan1(0x1c)&0x1c;
                    if(0x00！ = temp2)
                    {
                        if(0x04！ = temp2)
                        {
                            count1 = 4;
                        }
                        temp0 = temp2;
                    }
                    break;
        case 0x08：
                    mbcx();
//                  temp2 = keyscan1();
                    temp2 = keyscan1(0x1c)&0x1c;
                    if(0x00！ = temp2)
                    {
                        if(0x04 = = temp2) count1 = 0;
                        if(0x08！ = temp2)    {count10 = 0;bit10 = 0;    }
                        temp0 = temp2;
                    }
                    break;
        case 0x10：
                    smcx();
//                  temp2 = keyscan1();
                    temp2 = keyscan1(0x1c)&0x1c;
                    if(0x00！ = temp2)
                    {
                        if(0x04 = = temp2) count1 = 0;
//keyscan2();
                        temp0 = temp2;
                    }
                    break;
        default：
//                      temp2 = keyscan1();
//                      if(0x00！ = temp2)    temp0 = 0x20;
//                      if(0x70！ = (keyscan1()&0x70)) temp0 = 0x70&keyscan1();
                        break;
        }
        }
    }
```

```
void szcx()
{
//    bit   bit1 = 1,bit2 = 1,bit3 = 1;
    uchar key0;
        if(miao> = 60)
        {
//            beep_int();                           //每到一分钟,蜂鸣器响
            p10 = 1;
            miao = 0;
            fen + + ;
            if(fen> = 60)
            {
                fen = 0;
                shi + + ;
                if(shi> = 24)
                    shi = 0;
            }
        }
        p10 = 0;
        if(0x20 = = keyscan1(0x20))
        {
            count1 + + ;
            if(count1> = 4) count1 = 0;
        }
        switch(count1)
            {case 0x01:bit1 = bit0;bit2 = 1;bit3 = 1;
                key0 = keyscan2();
                if(0x0c = = key0) shi + + ;
                if(shi> = 24) shi = 0;
                if(0x0d = = key0) shi - - ;
                if(shi = = 0xff) shi = 23;
                break;
            case 0x02:bit1 = 1;bit2 = bit0;bit3 = 1;
                key0 = keyscan2();
                if(0x0c = = key0) fen + + ;
                if(fen> = 60) fen = 0;
                if(0x0d = = key0) fen - - ;
                if(fen = = 0xff) fen = 59;
                break;
            case 0x03:bit1 = 1;bit2 = 1;bit3 = bit0;
                key0 = keyscan2();
                if(0x0c = = key0) miao + + ;
```

```
                                    if(miao> = 60) miao = 0;
                                    if(0x0d = = key0) miao - - ;
                                    if(miao = = 0xff) miao = 59;
                                    break;
                            default:bit1 = 1;bit2 = 1;bit3 = 1;
                                    break;
                    }
            display(0,shi,bit1);                    //时显示函数
            display_off();
            display(3,fen,bit2);                    //分显示函数
            display_off();
            display(6,miao,bit3);                   //秒显示函数
            display_off();
            dispaly1();
            display_off();
}


void mbcx()
{
uchar     xs_l,xs_h;
uchar     key0;
          key0 = keyscan2();
          if(0x0c = = key0)
          {
              bit10 = ~bit10;
          }
          if(0x0d = = key0)
          {
              bit10 = 0;count10 = 0;
          }
          xs_h = count10/100;
          xs_l = count10 % 100;
          display(4,xs_h,1);                        //分显示函数
          display_off();
          display(6,xs_l,1);                        //秒显示函数
          display_off();
}


void smcx()
{
uchar     db0;
uchar     db10,db11;
```

```
        db0 = keyscan2();
        if(0xff! = db0)
        {
        db10 = db0;     db11 = db0;
        }
        display(3,db11,1);                    //分显示函数
        display_off();
        display(6,db10,1);                    //秒显示函数
        display_off();
}


void delay_ms(uint z)                         //延时函数
{
    uint x,y;
    for(x = z;x>0;x − −)
        for(y = 110;y>0;y − −);
}


void IN_LE()                                  //使能 74HC573(LE1)
{
    A8 = 0;
    A9 = 0;
}


void display_off()
{
    W_LED = 0x0;      A9 = 1; A9 = 0;
    D_LED = 0x00;      A8 = 1; A8 = 0;
}


void display(uchar wei,uchar duan,bit bitx)
{
    uchar shi,ge;
    shi = duan/10;
    ge = duan % 10;
    if(bitx)
    {
        W_LED = wei_1[wei];                   //第 2 位
        A9 = 1;
        A9 = 0;
        D_LED = table[shi];
        A8 = 1;
        A8 = 0;
```

```
            delay_ms(3);
            W_LED = wei_1[wei + 1];              //第 1 位
            A9 = 1;
            A9 = 0;
            D_LED = table[ge];
            A8 = 1;
            A8 = 0;
            delay_ms(3);
        }
    }


void dispaly1()
{
                W_LED = 0x04 | 0x20;
                A9 = 1;
                A9 = 0;
                D_LED = table[11];
                A8 = 1;
                A8 = 0;
                delay_ms(3);
    }


uchar keyscan1(uchar key)
{
    uchar temp1;
    A11 = 0;
    W_LED = 0xff;
    temp1 = (~D_LED) & key;                 //读取功能按键
    A11 = 1;
    if (0x00!  = temp1)
    {
        delay_ms(2);
        A11 = 0;
        temp1 = (~D_LED) & key;             //读取功能按键
        A11 = 1;
        if (0x00!  = temp1)
        {
            A11 = 0;
            while(0x00!  = ((~D_LED)&key));
            A11 = 1;
        }
    }
    return temp1;
```

```
}
uchar keyscan2()
{
    uchar temp1;
    uchar    i;
    for(i = 0;i<8;i + + )
    {
        W_LED = 0x01<<i;
        A9 = 1;
        A9 = 0;
        W_LED = 0xff;
        A11 = 0;
        temp1 = 0x03&(~D_LED);              //读取按键
        A11 = 1;
        if (0x00! = temp1)
        {
            delay_ms(2);
            A11 = 0;
            temp1 = 0x03&(~D_LED);          //读取功能按键
            A11 = 1;
            if (0x00! = temp1)
            {
                A11 = 0;
                while(~D_LED&0x03);
                A11 = 1;
                if(0x01 = = (temp1&0x01))
                {
                    temp1 = 0x00;
                }
                else if(0x02 = = (temp1&0x02))
                {
                    temp1 = 0x08;
                }
                temp1 = temp1 + i;
                W_LED = 0x00;    A9 = 1; A9 = 0;
                temp1 = table2[temp1];
                return temp1;
            }
        }
    }
    W_LED = 0x00;    A9 = 1; A9 = 0;
    return 0xff;
}
```

```
void init()
{
    TMOD = 0X01;                        //设置定时器 0 为工作方式 1
    TH0 = (65536 - 10000)/256;          //装初值
    TL0 = (65536 - 10000)%256;
    EA - 1,                             //开总中断
    ET0 = 1;                            //开定时器 0 中断
    TR0 = 1;                            //启动定时器 0
}


void t0_time() interrupt 1      using 1
{
    TH0 = (65536 - 10000)/256;
    TL0 = (65536 - 10000)%256;
    if(bit10)     count10 + + ;
    if(count10> = 9999)   count10 = 0;
    if(count1 = = 0)
    {
        count + + ;
        if(count> = 100)                //如果 count 等于 20,说明 1 秒时间到
        {
            count = 0;
            miao + + ;
//          LED1 = ~table1[num];
//          num = _crol_(num,1);        //将 num 循环左移 1 位
        }
    }
    num + + ;
    if(num> = 20)
    {
        num = 0;
        bit0 = ~bit0;
    }
}
```

附录 D　常用电工与电子学图形符号

表 D-1 为常用电工与电子学图形符号。

表 D-1　常用电工与电子学图形符号

序　号	符　号	名称与说明
1	—	直流 电压可标注在符号右边,系统类型可标注在左边
2	= =	直流 若上述符号可能引起混乱,也可采用本符号
3	～	交流 频率值或频率范围以及电压的数值应标注在符号的右边,系统类型应标注在符号的左边
	～ 50 Hz	示例 1:交流 50 Hz
	～ 100～600 Hz	示例 2:交流 频率范围 100～600 Hz
	～ 380/220 V 3/N 50 Hz	示例 3:交流,三相带中性线,50 Hz,380 V(中性线与相线之间为 220 V)。3/N 可用 3+N 代替
	3/N ～ 50 Hz/TN-S	示例 4:交流,三相,50 Hz,具有一个直接接地点且中性线与保护导线全部分开的系统
4	～	低频(工频或亚音频)
5	≈	中频(音频)
6	≋	高频(超音频,载频或射频)
7	～	交直流
8	～ =	具有交流分量的整流电流(当需要与稳定直流相区别时使用)
9	N	中性(中性线)
10	M	中间线
11	+	正极性
12	−	负极性
13	⊐	热效应
14	⊃ ⊃--	电磁效应 电磁器件操作,例如过电流保护
15	⊐⊏--	电磁执行器操作
16	⊐--	热执行器操作,例如热继电器、热过电流保护

序　号	符　号	名称与说明
17	(M)--	电动机操作
18	⊓	正脉冲
19	⊔	负脉冲
20	∿	交流脉冲
21	⌐	正阶跃函数
22	⌐	负阶跃函数
23	∧∧	锯齿波
24	⏚	接地,一般符号
25	⏚	无噪声接地 抗干扰接地
26	⏚	保护接地
27	⊥ ⊥	接机壳或接底板
28	↓	等电位
29	⊖	理想电流源
30	φ	理想电压源
31	)C[	理想回转器
32	ϟ	故障(用以表示假定故障的位置)
33	ϟ	闪绕、击穿
34	∐	永久磁铁
35	↙	动(滑动)触点
36	╎	测试点指示符

续表 D-1

序 号	符 号	名称与说明
37		变换器,一般符号/转换器,一般符号 若变换方向不明确可用箭头在符号轮廓上标明
38	✳	电机一般符号 符号内的星号用下述字母之一代替: C 同步交流机;　　　　G 发电机; G_S 同步发电机;　　　M 电动机; MG 拟作为发电机或电动机使用的电机; MS 同步电动机(可以加上符号—或∽); SM 伺服电机;　　　　TG 测速发电机; TM 力矩电动机;　　　　IS 感应同步器
39		三相鼠笼式感应电动机;
40		三相绕线式转子感应电动机
41		三相并励同步旋转变流机
42		直流力矩电动机 步进电动机,一般符号
43		电机示例: 短分路复励直流发电机示出接线端子和电刷
44		直流串励电动机
45		直流并励电动机
46		单相鼠笼式有分相绕组引出端的感应电动机
47		单相交流串励电动机

序　号	符　　号	名称与说明
48		单向同步电动机
49		单向磁滞同步电动机 自整角机一般符号 符号内的星号用下列字母之一代替： CX　控制式自整角发送机；　CT　控制式自整角变压器； TX　力矩式自整角发送机；　TR　力矩式自整角接收机
50		手动操作开关,一般符号
51		按钮开关(不闭锁)
52		拉拔开关(不闭锁)
53		旋钮开关、旋转开关(闭锁)
54		位置开关,动合触点 限制开关,动合触点
55		位置开关,动断触点 限制开关,动断触点
56		热敏自动开关,动断触点
57		热敏开关,动断触点
58		接触器触点(在非动作位置断开)
59		接触器触点(在非动作位置闭合)
60		操作器件一般符号 具有几个绕组的操作器件,可由包含在内的适当数量的斜线或重复本符号来表示
61		缓慢释放继电器的线圈
62		缓慢吸合继电器的线圈

序　号	符　号	名称与说明
63		缓吸和缓放继电器的线圈
64		快速继电器(快吸和快放)的线圈
65		对交流不敏感继电器的线圈
66		交流继电器的线圈
67		热继电器的驱动器件
68		熔断器一般符号
69		熔断器式开关
70		熔断器式隔离开关
71		熔断器式负荷开关
72		火花间隙
73		双火花间隙
74		动合(常开)触点 本符号也可以用做开关一般符号
75		动断(常闭)触点
76		先断后合的转换触点
77		中间断开的双向触点
78		先合后断的转换触点(桥接)

序 号	符 号	名称与说明
79		当操作器件被吸合时延时闭合的动合触点
80		有弹性返回的动合触点
81		无弹性返回的动合触点
82		有弹性返回的动断触点
83		左边弹性返回,右边无弹性返回的中间断开的双向触点
84	⊛	指示仪表的一般符号　星号须用有关符号替代,如 A 代表电流表等
85	▣	记录仪表一般符号　星号须用有关符号替代,如 W 代表功率表等
86	Ⓥ	指示仪表示例:电压表
87	Ⓐ	电流表
88	$\frac{A}{\sin\varphi}$	无功电流表
89	var	无功功率表
90	cosφ	功率因数表
91	φ	相位表
92	Hz	频率表
93	↑	检流计
94	Ⓝ	示波器
95	n	转速表
96	W	记录仪表示例:记录式功率表

序　号	符　号	名称与说明
97	W | var	组合式记录功率表和无功功率表
98	/N/	记录式示波器
99	Wh	电度表(瓦特小时计)
100	varh	无功电度表
101	⊗	灯一般符号,信号灯一般符号 注:① 如果要求指示颜色则在靠近符号处标出下列字母:RD 红、YE 黄、GN 绿、BU 蓝、WH 白 ② 如要指出灯的类型,则在靠近符号处标出下列字母:Ne 氖、Xe 氙、Na 钠、Hg 汞、I 碘、IN 白炽、EL 电发光、ARC 弧光、FL 荧光、IR 红外线、UV 紫外线、LED 发光二极管
102	⊗	闪光型信号灯
103	⌂	电警笛、报警器
104	优选型　其他型	蜂鸣器
105		电动汽笛
106		电扬声器
107	优选型　其他型	电铃
108		可调压的单向自耦变压器
109		绕组间有屏蔽的双绕组单向变压器
110		在一个绕组上有中心点抽头的变压器

序　号	符　号	名称与说明
111		耦合可变的变压器
112		三相变压器 星形-三角形连接
113		三相自耦变压器,星形连接
114		单向自耦变压器
115		双绕组变压器 注：瞬时电压的极性可以在形式 Z 中表示 示例：示出瞬时电压极性标记的双绕组变压器 流入绕组标记端的瞬时电流产生辅助磁通
116		三绕组变压器
117		自耦变压器
118		电抗器,扼流圈
119	优选型 其他型	电阻器一般符号
120		可变电阻器或可调电阻器
121	U	压敏电阻器、变阻器 注：U 可以用 V 代替
122		滑线式变阻器
123		带滑动触点和断开位置的电阻器
124		滑动触点电位器

序　号	符　号	名称与说明
125	优选型 其他型	电容器一般符号 注：如果必须分辨同一电容器的电极时，弧形的极板表示： ① 在圈定的纸介质和陶瓷介质电容器中表示外电极； ② 在可调和可变的电容器中表示动片电极； ③ 在穿心电容器中表示纸电位电极
126		极性电容器
127		可变电容器 可调电容器
128	优选型	预调电容器
129		电感器、线圈、绕组、扼流圈
130		半导体二极度管一般符号
131		发光二极管一般符号
132	Q	利用温室效应的二极管，Q 可用 t 代替
133		用作电容性器件的二极管（变容二极管）
134		隧道二极管
135		单向击穿二极管 电压调整二极管 江崎二极管
136		双向击穿二极管
137		反向二极管（单隧道二极管）
138		双向二极管 交流开关二极管
139		三极晶体闸流管（注：当没有必要规定控制极的类型时，这个符号用于表示反向阻断）
140		反向阻断三极晶体闸流管，N 型控制极（阳极侧受控）

序　号	符　号	名称与说明
141		反向阻断三极晶体闸流管,P 型控制极(阴极侧受控)
142		可关断三极晶体闸流管,未规定控制极
143		可关断三极晶体闸流管,N 型控制极(阳极侧受控)
144		可关断三极晶体闸流管,P 型控制极(阴极侧受控)
145		反向阻断四极晶体闸流管
146		双向三极晶体闸流管 三端双向晶体闸流管
147		反向导通三极晶体闸流管,未规定控制极
148		反向导通三极晶体闸流管,N 型控制极(阳极侧受控)
149		反向导通三极晶体闸流管,P 型控制极(阴极侧受控)
150		光控晶体闸流管
151		PNP 型半导体管
152		NPN 型半导体管,集电极接管壳
153		NPN 型雪崩半导体管
154		具 P 型基极单结型半导体管
155		具有 N 型基极单结型半导体管
156		N 型沟道结型场效应半导体管 注:栅极与源极引线应绘在一直线上

续表 D-1

序 号	符 号	名称与说明
157		P 型沟道结型场效应半导体管
158		增强型、单栅、P 沟道和衬底无引出线绝缘相场效应半导体管
159		增强型、单栅、N 沟道和衬底无引出线绝缘相场效应半导体管
160		增强型、单栅、P 沟道和衬底有引出线绝缘相场效应半导体管
161		增强型、单栅、N 沟道和衬底与源极在内部连接绝缘相场效应半导体管
162		耗尽型、单栅、N 沟道和衬底无引出线的栅场效应半导体管
163		耗尽型、单栅、P 沟道和衬底无引出线的栅场效应半导体管
164		耗尽型、单栅、N 沟道和衬底有引出线的栅场效 注：在多栅的情况下，主栅极与源极的引线应在一条直线上
165		光敏电阻 具有对称导电性的光电器件
166		光电二极管 具有非对称导电性的光电器件
167		光电池
168		光电半导体管（示出 PNP 型）
169		原电池或蓄电池
170		原电池组或蓄电池组
171		"或"单元,通用符号 只有一个或一个以上的输入呈现 1 状态,输出才呈现 1 状态 注：如果不会引起意义混淆,≥1 可以用 1 代替

续表 D-1

序　号	符　号	名称与说明
172	&	"与"单元,通用符号 只有所有输入呈现 1 状态,输出才呈现"1"状态
173	≥m	逻辑门槛单元,通用符号 只有呈现"1"状态输入的数目等于或大于限定符号中用 m 表示的数值,输出才呈现"1"状态 注：① m 总是小于输出端的数目 　　② 具有 m＝1 的单元就是上述"或"单元
174	=m	等于 m 单元,通用符号 只有呈现 1 状态输入的数目等于限定符号中以 m 表示的数值,输出才呈现 1 状态 注：① m 总是小于输出端的数目 　　② m＝1 的 2 输入单元就是通常所说的"异或"单元
175	>n/2	多数单元,通用符号 只有多数输入呈现 1 状态,输出才呈现 1 状态
176	=	逻辑恒等单元,通用符号 只有所有输入呈现相同的状态,输出才呈现 1 状态
177	2k+1	奇数单元(奇数校验单元) 模 z 加单元,通用符号 只有呈现 1 状态的输入数目为奇数(1、3、5 等),输出才呈现 1 状态
178	2k	偶数单元,(偶数校验单元)通用符号 只有呈现 1 状态的输入数目为偶数(0、2、4 等),输出就呈现 1 状态
179	=1	"异或"单元,只有两个输入之一呈现 1 状态,输出才呈现 1 状态
180	1	输出无专门放大的缓冲单元 只有输入呈现 1 状态,输出才呈现 1 状态
181	1	"非"门 反相器(在用逻辑非符号表示器件的情况下) 只有输入呈现外部 1 状态,输出才呈现外部 0 状态
182	1	反相器(在用逻辑极性符号表示器件的情况下),只有输入呈现高电平,输出才呈现低电平
183	&	3 输入"与非"门 例如：CTCT1010(国外对应号 SN7410)的一部分
184	≥1	3 输入"或非"门 例如：CTCT1027(国外对应号 SN7427)的一部分

续表 D-1

序　号	符　号	名称与说明
185	12 13 &⎍ 11	2 输入与非门(具有斯密特触发器) 例如：CTCT1132(国外对应号 SN74132)的一部分 只有加到每一个输入的外部电平达到其门槛值 V_1 时,输出才呈现其内部 1 状态, 输出维持其内部 1 状态,直到加在两输入端外部电平有一个达到它的门槛值 V_2 为止 注：本符号不等效于 12 13 ⎍ ⎍ & 11
186	X/Y Y	编码器/代码转换器,通用符号 注：X 和 Y 可分别用表示输入和输出信号代码的适当符号代替
187	Σ	加法器,通用符号
188	P－Q	减法器,通用符号
189	Π	乘法器,通用符号
190	Σ CO	半加器
191	Σ CI CO	一位全加器 注：简单的一位全加器可用奇数单元(模 2 加单元)和逻辑门槛单元另行描述。如下所示： CI　2k+1 Σ　≥2 CO
192	S R	RS 触发器 RS 锁存器
193	S I=0 R	初始 0 状态的 RS—双稳,在电源接通瞬间,输出处在其内部 0 状态
194	S I=1 R	初始 1 状态的 RS 双稳 在电源接通瞬间,输出处在其内部 1 状态

续表 D－1

序　号	符　号	名称与说明
195		非易失的 RS 双稳 在电源接通瞬间,输出的内部逻辑状态与电源断开时的状态相同
196		单稳,可重复触发 (在输出脉冲期间)}通用符号 单个发射 每次输入变到其 1 状态,输出就变到或维持其 1 状态,经过由特定器件的特性决定的时间间隔后,输出回到其 0 状态。从输入最后一次变到其 1 状态开始算起
197		单稳,非重复触发(在输出脉冲期间),通用符号 只有输入变到其 1 状态时,输出才变到其 1 状态。经过由特定器件的特性决定的时间间隔后,输出回到 0 状态,不管在此期间输入变量有什么变化
198		当 m＝1 时,数字 1 可以省略。符号总是应保持在模拟输出端,在额定开路增益非常高而且不特别关心其具体数值的场合,推荐用符号∞作为放大系数, 示例:高增益差分放大器(运算放大器)
199		额定放大系数为 10 000 并有两个互补输出的高增益放大器
200		放大系数为 1 的反相放大器
201		具有两个输出的放大器,上面一个不反相,放大系数为 2,下面一个反相,放大系数为 3
202		非稳态单元,通用符号。 产生 0 和 1 交替序列的信号发生器 注:在此符号中,G 是发生器的限定符号,如波形明显时,可不加符号
203		受控的非稳态单元,通用符号说明图

序　号	符　号	名称与说明
204		运算放大器一般符号 $a_1 \cdots a_k$ 为输入信号； $u_1 \cdots u_k$ 为输出信号； $W_1 \cdots W_k$ 代表加权系数有正负号的数值； $m_1 \cdots m_k$ 代表放大系数有正负号的数值。 除了那些实质上是数字的以外,放大系数的符号都应保持在每个输出上。 当整个单元只有一个放大系数,或者从加权系数和放大系数提出公因子时,定性符号中的 m 可以用绝对值代替

注：1. 根据国际 GB 4728《电气图用图形符号》,并参照国际电工委员会(IEC)的规定。

　　2. 本表有可能存在录入错误,本表仅供参考,请用户在使用时查阅相关的国际标准以最后确认。

参 考 文 献

[1] 王卫平,等.电子工艺基础[M].北京:电子工业出版社,1997.

[2] 孙惠康,冯增水.电子工艺实训教程[M].3 版.北京:机械工业出版社,2010.

[3] 张翠霞,盛鸿宇.电子工艺实训教材[M].北京:科学出版社,2009.

[4] 张立毅,王华奎.电子工艺学教程[M].北京:北京大学出版社,2006.

[5] 殷志坚.电子工艺实训教程[M].北京:北京大学出版社,2007.

[6] 殷小贡,等.现代电子工艺实习教程[M].武汉:华中理工大学出版社,2010.

[7] 钱培怡,李悦.电子工艺实训教程[M].北京:中国石化出版社,2009.

[8] 毛书凡.电气工程与电子工艺实践教程[M].天津:天津大学出版社,2008.

[9] 毕满清.电子工艺实习教程[M].北京:国防工业出版社,2009.

[10] 王涛.电工电子工艺实习实验教程[M].济南:山东大学出版社,2006.

[11] 王建花,茆姝.电子工艺实习[M].北京:清华大学出版社,2010.

[12] 宁铎,马令坤.电子工艺实训教程[M].西安:西安电子科技大学出版社,2010.

[13] 梁湖辉,郑秀华.电子工艺实训教程[M].北京:中国电力出版社,2009.

[14] 沈白浪.电子工艺技术[M].北京:中国劳动社会保障出版社,2009.

[15] 王学屯.现代电子工艺技术[M].北京:电子工业出版社,2011.